JN231603

現場至上主義

Spring Boot 2 徹底活用

高安 厚思 監修

廣末 丈士／宮林 岳洋 著

●商標等について

・Apple、iCloud、iPad、iPhone、Mac、Macintosh、macOS は、米国およびその他の国々で登録された Apple Inc. の商標です。
・その他、本書に記載されている社名、製品名、ブランド名、システム名などは、一般に商標または登録商標でそれぞれ帰属者の所有物です。
・本文中では©、®、™ は表示していません。

●諸注意

・本書はソシム株式会社が出版したもので、本書に関する権利、責任はソシム株式会社が保有します。
・本書に記載されている情報は、2018 年 11 月現在のものであり、URL などの各種の情報や内容は、ご利用時には変更されている可能性があります。
・本書の内容は参照用としてのみ使用されるべきものであり、予告なしに変更されることがあります。また、ソシム株式会社がその内容を保証するものではありません。
・本書に記載されている内容の運用によっていかなる損害が生じても、ソシム株式会社および著者は責任を負いかねますので、あらかじめご了承ください。
・本書のいかなる部分についても、ソシム株式会社との書面による事前の同意なしに、電気、機械、複写、録音その他のいかなる形式や手段によっても、複製、および検索システムへの保存や転送は禁止されています。

はじめに

本書の想定読者

本書は、Springの入門書を読んでチュートリアルなどを動かしているけど、いまひとつプロジェクトで適用しにくい、あるいはうまい方法がないかと実践的な活用方法を模索している方を読者に想定しています。このため、Spring/Spring Bootを知らない読者には敷居が高い内容かもしれません。筆者らがプロジェクトの中で発生した課題を解決し、別のメンバーに説明、共有するために作ったサンプルプログラムをもとに説明しているので、非常に実践的なノウハウになっていると考えています。本書を読んでいてわからないことがあれば、参考文献で記載している入門書や公開されている文書をあたりながら読み進めるのが効果的だと思います。

本書の読み方

本書は各章・各節である程度独立して読めるように考慮してあります。

そのため、なにか課題と感じているものがあれば、目次を見てその課題に当てはまる内容を探し、該当箇所を読んでいただくと解決にたどり着くでしょう。各章は著者らが属する株式会社ビッグツリーテクノロジー&コンサルティングの開発したサンプルプログラムをベースに説明をしているので、まずは第1章を読んで、本書で想定しているSpring Bootソースコードの構成を理解してください。そのうえで、各章を読み進めていただければ効果的です。

本書の構成

第1章では、本書で想定しているSpring/Spring Bootのプロジェクト構成を説明しています。とくにWebアプリケーションにおいてどのようなディレクトリ構造になるかを説明しています。

第2章では、Webアプリケーションを構築する上で、機能仕様によって変わりにくい共通の処理部分について説明しています。

第3章では、データベースアクセスのライブラリの統合、利用の仕方について説明しています。筆者らは、Spring Data JPAに「プログラムから実行されるSQLが想像しにくい」という課題があるため、Doma 2というO/Rマッパーを使用しています。この章ではDoma 2の使い方について説明しています。

第4章では、Spring Securityの使い方、応用の仕方について説明しています。Spring Securityそのものは入門書やガイドラインに説明がありますが、少し応用しようとすると迷いが発生するでしょう。筆者らがプロジェクトで悩んだ内容をそれぞれ説明しています。

第5章では、Thymeleafを使った画面開発について説明しています。多国言語化など課題になりそうな内容を説明しています。

第6章では、REST APIの作り方、REST APIの呼び出し方について説明しています。

第7章では、Spring/Spring Bootの内容を超えて、チーム開発で必要となる環境、データベースの構成管理、単体テストのやり方などを説明しています。

第8章では、運用時に課題になりそうな点について、防止策あるいは解決するための情報を適用する仕組みについて説明しています。

第9章では、Spring Bootを用いたアプリケーションを適切に配置するためのシステム構成について説明しています。昨今のコンテナ技術やクラウド技術は本番環境で十分に使える状況になっています。そのため、Spring Bootのアプリケーションをクラウドのコンテナに搭載する例で説明しています。

第10章では、Spring 5で新しく採用されたWebFluxについて簡単に説明しています。WebFluxは今後重要になると思われますので、知識として知っておいてください。

第11章では、本書で用いるサンプルプロジェクトを用いた開発環境の構築方法を紹介します。

第12章では、本書で用いるサンプルプロジェクトの利用方法や提供機能を簡単に紹介します。

本書の開発スタイル

次の図のようなシステムの枠組みで開発を進めていきます。

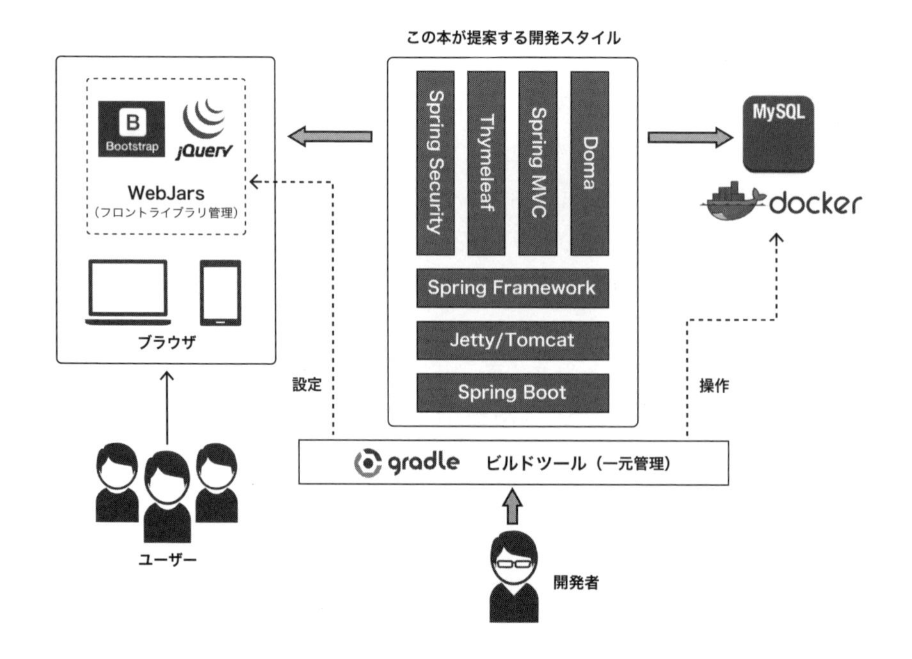

本書で用いるビルドツール

Spring Bootの推奨ビルドツールは、Maven/Gradleのいずれかです。本書では、より柔軟なビルドができるGradleを中心に説明します。MavenについてはSpring Bootの公式リファレンスなど[注1]をご参照ください。

本書で用いるSpring Bootバージョン

本書および本書で用いるサンプルプロジェクトでは、2018年3月に正式リリースされたSpring Boot 2系（2.x）を対象にしています。

本書で用いるサンプルプロジェクト

本書で用いるサンプルプロジェクトはGitHubにアップしています。紙面の都合上紹介できない部分については、GitHubレポジトリをご参照ください。

※ PullRequestやIssue大歓迎です。

https://github.com/miyabayt/spring-boot-doma2-sample

免責事項

本書に記載された内容は、情報の提供のみを目的としています。したがって、本書を用いた開発、制作、運用は、必ずご自身の責任と判断によって行ってください。これらの情報による開発、制作、運用の結果について、著者はいかなる責任も負いません。

※注1　Spring Boot Reference Guide URL https://docs.spring.io/spring-boot/docs/current/reference/htmlsingle/

Contents

chapter 1 Spring Bootの構成

Spring Bootは、Spring MVCやSpring Batchなど、様々なフレームワークから構成されています。本chapterでは、その構成について説明します。

chapter 2 Webアプリケーションにおける共通処理

サンプルプロジェクトにおける共通処理とその実装方法について説明します。

chapter 3 データアクセス

「Doma」は SQL テンプレートを利用でき、SQL 文の見通しがよくなるという特徴があります。本 chapter では、O/R マッパー Doma を使った実装方法を説明します。

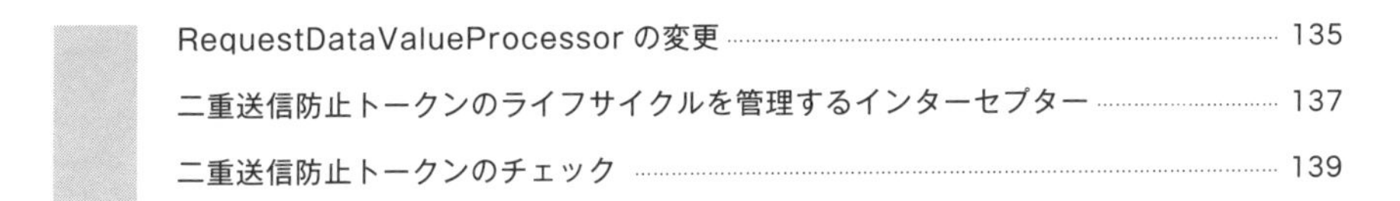

画面開発

Web アプリケーション開発で重要となる「Thymeleaf」による画面開発について説明します。

chapter 6 API開発

システム開発でもAPI連携は欠かせず、API連携の重要度は日に日に高まってきています。本chapterでは、API連携について説明します。

chapter 7 チーム開発

システム開発を効率化するには、チーム開発を円滑に進めることが重要です。本chapterでは「チーム開発」について説明します。

chapter 8

運用

「開発を完了させること」＝「業務やサービスの提供が滞りなく進むこと」ではありません。本 chapter では、システム開発に欠かせない「運用」について述べます。

chapter 9

（Spring Bootアプリケーションが想定している）システム構成

Spring Boot で作成したアプリケーションを中心とした、本番環境のシステムアーキテクチャ構成について検討します。

chapter 12

サンプルアプリについて

サンプルプロジェクトの機能と使い方を説明します。

Spring Bootの構成

chapter 1

Spring Bootの構成

Spring Bootは、本番環境で実行できる水準のアプリケーションの開発を簡単にします。サードパーティのライブラリやSpringプラットフォームの設定がはじめから入っているので、最小限の手間で開発に取りかかることができます。設定を変更しなければ組み込みのコンテナとしてTomcatが使われるといったように、あらかじめ敷かれたレールに沿って動作するようになっています。

Spring Bootを使ってアプリケーションを開発すると、コマンドラインで実行可能な1つのJarファイルを作成することができます。コマンドラインからjava -jarコマンドの引数に作成したJarファイルを指定して実行すると、組み込まれたTomcatが立ち上がり、開発したアプリケーションが実行されます。つまり開発者は、Tomcatなどのアプリケーションサーバーを用意する必要がなく、単に実行するだけでアプリケーションが動作します。

また、Warファイルを作成することもできるので、既存環境にアプリケーションサーバーがある場合は、従来どおりの方法でSpring Bootを使ったアプリケーションをデプロイすることもできます。

1.1 Spring Bootの基礎

Spring Bootとは

Spring Bootは、それ自体で完結するフレームワークではありません。Spring Bootを使ってWebアプリケーションを開発する場合は、SpringでおなじみのSpring MVCフレームワークを使って開発するといったように、Springで提供されているSpring MVCやSpring Batchなどの様々なフレームワークを組み合わせて、素早く、簡潔にアプリケーションを開発するための機能を提供してくれます。

Spring Bootには、以下の代表的な特徴があります。次項からそれぞれの特徴について説明していきます。

- **スターター …… 依存関係をシンプルに定義するためのモジュール。**
- **ビルドツール …… バージョンの解決など、開発を効率化するためのプラグイン。**
- **コンフィグレーションクラス …… XML ではなく、アノテーションと Java で設定が書ける。**
- **オートコンフィグレーション …… デフォルトのコンフィグレーションが適用されて、必要なところだけを設定すればよくなる。**
- **メインアプリケーションクラス …… Java コマンドで組み込みの Tomcat を起動できる。**
- **設定ファイル …… プロパティを外部ファイルに定義でき、動作仕様を簡単に変更できる。**

スターター

スターターは、Spring Boot の特徴的な構成要素の 1 つで、一連の依存関係をセットとして揃えるためのモジュールです。スターターを利用することで、必要なライブラリを準備したり、それぞれのバージョンを選定したりする煩わしい作業から開放されます。例えば spring-boot-starter-web を 1 つ依存関係に追加するだけで、Spring MVC や Tomcat など、Web アプリケーションに必要なライブラリがセットになって追加されます。

以下のスターターは、よく使われる例です。他にどのようなスターターがあるのかは、Spring Boot リファレンス[注1] に記載があるので、参考にしてください。

- **spring-boot-starter-web …… Spring MVC、Tomcat が依存関係に追加される。**
- **spring-boot-starter-jdbc …… Spring JDBC、Tomcat JDBC Pool が依存関係に追加される。**

また、独自のスターターを作成することもできます。スターターを作成する際は、*-spring-boot-starter という命名規則が定められていることに注意してください。なお、オフィシャルのアーティファクトによって予約されているため、spring-boot から始まる名称を付けないようにしましょう。

ビルドツール

Spring Boot は、通常の Java ライブラリと同様にクラスパスに spring-boot-*.jar を含めることで利用することができますが、依存関係の管理が可能なビルドツールを利用することが強く推奨されています。

Java アプリケーション向けのビルドツールはいくつか存在します。Spring Boot の推奨は、Apache Maven（以降は Maven と略す）あるいは Gradle のどちらかです。Ant など他のビルドツールを利用するこ

※注 1　Spring Boot Reference Guide URL https://docs.spring.io/spring-boot/docs/current/reference/htmlsingle/#using-boot-starter

ともできますが、手厚いサポートを受けることはできません。本書では、より柔軟なビルドができるGradleをベースとして説明をしています。

Gradleを使うメリットは、以下の点が挙げられます。

- **スクリプトを記述するタイプのビルドツールのため、Antのようにタスクを自由に記述することができる。**
- **マルチプロジェクト構成の場合は、サブプロジェクトに対して一括設定をして、必要に応じて個別に設定することができるため、記述量がMavenよりも少なくなる。**
- **Mavenの場合は、特殊な処理が必要になったときに独自プラグインを実装する必要があるのに対して、Gradleはスクリプトを書くだけで対応することができる。**

Maven

ビルドツールとしてMavenを利用する場合は、「spring-boot-starter-parent」プロジェクトを親プロジェクトとして継承することで、プラグインのデフォルト設定、依存ライブラリのバージョンの定義、Javaコンパイラー準拠レベル、文字コードを引き継ぐことができます。値を指定したり上書きしたりしないのであれば、それらを定義しなくとも、あらかじめ用意されたデフォルトの設定が有効になります。

▼ リスト1.1　親プロジェクトの指定

```
<!-- Inherit defaults from Spring Boot -->
<parent>
  <groupId>org.springframework.boot</groupId>
  <artifactId>spring-boot-starter-parent</artifactId>
  <version>2.0.6.RELEASE</version>
</parent>
```

デフォルトのJavaコンパイラー準拠レベルは、1.8です。11に変更するには、下記のプロパティタグをpom.xmlファイルに記述してデフォルト値を上書きします。他のデフォルト設定も同様に値を上書きすることができますが、依存ライブラリのバージョンの上書きは推奨されていないので、特に変更の必要がなければデフォルトのまま利用するようにしましょう。

▼ リスト1.2　プロパティの上書き

```
<properties>
```

```
    <java.version>11</java.version>
</properties>
```


Gradle

Spring Boot 2.0.x は、Gradle 4.0 以降に対応しています。Gradle を利用する場合は、Maven とは違って設定を引き継ぐための親プロジェクトが存在しないため、単にスターターを依存関係として追加します。spring-boot-gradle-plugin という Gradle プラグインが用意されており、実行可能な Jar ファイルを作成するためのタスクを利用できます。また、Maven を利用する場合と同様に、dependency-management プラグインによって依存ライブラリのバージョンを省略できるようにする機能が提供されます。

リスト 1.3 の build.gradle ファイルは、Spring Boot を使った Web アプリケーションを開発する場合の標準的なビルドスクリプトです。ビルドスクリプト内の①～⑥は、以下のことを行っています。

① spring-boot-gradle-plugin をビルドスクリプトの依存関係に追加する。
② spring-boot-gradle-plugin と dependency-management プラグインを利用することを宣言する。
③ Java コンパイラー準拠レベルをデフォルトの 1.8 から 11 に変更する。
④ 文字コードは UTF-8 であることを指定する。
⑤ スターターをアプリケーションの依存関係に追加する。
⑥ テスト用のスターターをアプリケーションの依存関係に追加する。

本書では、いくつかの実践的な Gradle プラグインを紹介しながら、build.gradle ファイルを書き換えていくことで説明を進めていきます。

▼ リスト1.3　標準的なGradleビルドスクリプト

```
buildscript {
  ext {
    springBootVersion = "2.0.6.RELEASE"
    groovyVersion = "2.5.3"
  }
  repositories {
    jcenter()
  }
  dependencies {
```

```
    classpath "org.springframework.boot:spring-boot-gradle-
plugin:${springBootVersion}"  // ①
  }
}

apply plugin: "java"
apply plugin: "org.springframework.boot"  // ②
apply plugin: "io.spring.dependency-management"  // ②

sourceCompatibility = 11  // ③
targetCompatibility = 11  // ③
[compileJava, compileTestJava, compileGroovy, compileTestGroovy]*.
options*.encoding = "UTF-8"  // ④

repositories {
  jcenter()
}

dependencyManagement {
    imports {
        mavenBom org.springframework.boot.gradle.plugin.SpringBootPlugin.
BOM_COORDINATES
    }
}

dependencies {
  compile "org.springframework.boot:spring-boot-starter-thymeleaf"  // ⑤
  testCompile "org.springframework.boot:spring-boot-starter-test"  // ⑥
}
```

前述したとおり、build.gradle ファイルには、spring-boot-starter-thymeleaf のバージョンは記述していません。dependency-management プラグインが、自動的に spring-boot-starter-parent の BOM（Bill Of Materials）を読み込んでいるので、spring-boot-starter-web のバージョンは、BOM に定義されているバージョンで依存関係が解決されるのです。

どのバージョンがBOMに定義されているのかは、下記リファレンス[注2]に記述されているので、参考にしてください。

依存関係の管理

Spring Bootのリリースには、一連の依存関係が定義されているので、すべてのライブラリのバージョンを1つずつ指定するというような作業をする必要がありません。Spring Bootをアップグレードする場合は、依存関係に定義されているライブラリも一緒にバージョンアップします。もちろん、リスト1.4のように、必要に応じて依存ライブラリのバージョンを個別に指定することも可能です。

▼ リスト1.4　依存ライブラリのバージョンを上書きする（build.gradle）

```
ext["groovy.version"] = groovyVersion
```

extは、Gradleにおける拡張プロパティです。各ライブラリのバージョンが拡張プロパティに設定されているので、バージョンの値を上書きすることで利用するライブラリのバージョンを変更することができます。

Spring Bootのバージョンを上げる場合は、Project Wiki[注3]に載っているリリースノートを確認してください。アップグレードする手順や変更点、新しい機能の紹介などが記載されています。

コンフィグレーションクラス

Spring Bootでは、Javaベースのコンフィグレーションが好まれます。リスト1.5のように従来どおりのXMLファイルに記述することもできますが、推奨されている方法は@Configurationアノテーションを付与したクラスによるコンフィグレーションです。

コンフィグレーションクラスは、1つのクラスにする必要はありません。@Importアノテーションで別のコンフィグレーションを読み込むことができます。あるいは、@Configurationアノテーションをそれぞれのコンフィグレーションクラスに付与しておくことで、コンポーネントスキャンの機能により自動的にコンフィグレーションを設定することもできます。

※注2　依存ライブラリのバージョン URL https://docs.spring.io/spring-boot/docs/current/reference/htmlsingle/#appendix-dependency-versions
※注3　Project Wiki URL https://github.com/spring-projects/spring-boot/wiki

▼ リスト1.5　XMLによるコンフィグレーション

```
<beans xmlns="http://www.springframework.org/schema/beans"
    xmlns:context="http://www.springframework.org/schema/context"
    xmlns:xsi="http://www.w3.org/2001/XMLSchema-instance"
    xmlns:mvc="http://www.springframework.org/schema/mvc"
    xsi:schemaLocation="
    http://www.springframework.org/schema/beans
    http://www.springframework.org/schema/beans/spring-beans.xsd
    http://www.springframework.org/schema/mvc
    http://www.springframework.org/schema/mvc/spring-mvc.xsd
    http://www.springframework.org/schema/context
    http://www.springframework.org/schema/context/spring-context.xsd">

    <context:component-scan base-package="com.sample.web" />

  <mvc:annotation-driven />
  <mvc:resources mapping="/static/**" location="/WEB-INF/static/" />

</beans>
```

Spring Bootにおいて@Configurationアノテーションを使ってコンフィグレーションを定義すると、リスト1.6のようになります。後述するオートコンフィグレーションの機能によって、静的コンテンツを配信するための設定は自動で行われるので、設定を変更する必要がなければ記述する必要はありません。コンポーネントスキャンは、メインアプリケーションクラスの@SpringBootApplicationアノテーションを使ってスキャン対象パッケージを指定します。

▼ リスト1.6　JavaConfigによるコンフィグレーション

```
// デフォルト設定のため何も設定していない(例として表している)
@Configuration
public class ApplicationConfig extends WebMvcConfigurer {

}
```

```
@SpringBootApplication(scanBasePackages = { "com.sample.web" })
public class Application {

  public static void main(String[] args) {
    SpringApplication.run(Application.class, args);
  }
}
```

オートコンフィグレーション

前述のとおりSpring Bootでは、設定を変更しなければ、あらかじめ敷かれたレールに沿って動作するようになっています。これは、オートコンフィグレーションという機能がデフォルトの動作を設定することで実現されます。例えば、依存関係にHSQLDBライブラリを追加していて、データベースへの接続設定を定義していない場合は、埋め込み型のインメモリデータベースをデータソースとして使うように自動的に設定されます。

オートコンフィグレーションを利用するには、@EnableAutoConfiguration、あるいは@SpringBootApplicationアノテーションを付与してください。@EnableAutoConfigurationは複数を付与することができないので、プライマリのコンフィグレーションクラスに付与することが推奨されています。後述するメインアプリケーションクラスに付与することも、よくある例の1つです。

オートコンフィグレーションは、あなた自身が明示的に行ったコンフィグレーションを上書きすることはありません。データベースへの接続設定を定義した場合は、デフォルトの埋め込み型のデータベースは、オートコンフィグレーションの対象から外されます。もし、現在どのオートコンフィグレーションが適用されているかを知りたい場合は、引数に--debugを指定してアプリケーションを実行してください。そうすることでオートコンフィグレーションのレポートがコンソールに出力されます。

また、特定のオートコンフィグレーションを無効化したい場合は、リスト1.7のように@EnableAutoConfigurationアノテーションの属性に除外したいコンフィグレーションクラスを指定してください。設定ファイルによる設定（spring.autoconfigure.excludeプロパティ）でも同様に除外することができます。@SpringBootApplicationを利用している場合も、エイリアスとしてexclude属性が用意されているので、同様のことができるようになっています。

▼ リスト1.7　特定のオートコンフィグレーションを無効化する

```
import org.springframework.boot.autoconfigure.*;
import org.springframework.boot.autoconfigure.jdbc.*;
import org.springframework.context.annotation.*;

@Configuration
@EnableAutoConfiguration(exclude = { DataSourceAutoConfiguration.class })
public class MyConfiguration {
}
```

メインアプリケーションクラス

メインアプリケーションクラスは、Spring Boot のアプリケーションを起動するメソッドを呼び出すクラスです。Java アプリケーションのエントリポイントとなる main メソッドの中で、SpringApplication クラスの run メソッドを呼び出すと、組み込みの Tomcat が立ち上がり、Spring IoC コンテナの初期化が行われます。

メインアプリケーションクラスは、デフォルトパッケージではなく、ルートパッケージに配置することが推奨されています。その理由は、オートコンフィグレーションによって、@EnableAutoConfiguration が付与されたクラスのパッケージを基準として動作するものがあるためです。典型的なレイアウトは、図 1.1 のようになります。

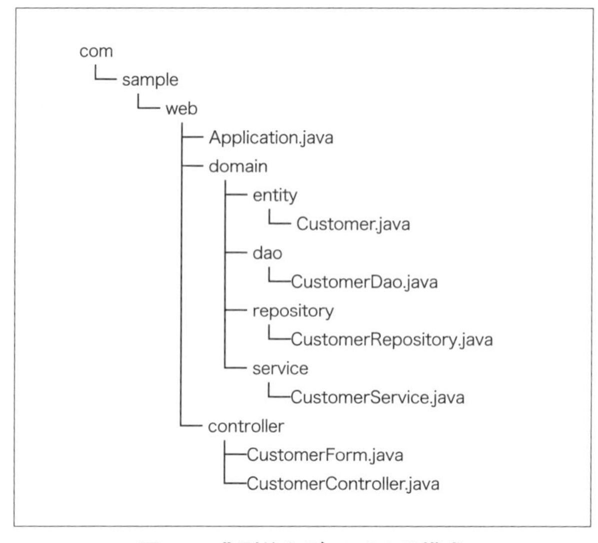

図 1.1　典型的なディレクトリ構成

ルートパッケージにメインアプリケーションクラスを配置することで、@ComponentScanのbasePackage属性を明示的に指定する必要はありませんが、リスト1.8のようにscanBasePackageClasses属性に、コンポーネントスキャンの基準パッケージに配置したクラスを指定することをお勧めします。こうすることで、リファクタリングが容易になる上に、基準パッケージがどのパッケージなのかがわかりやすくなります。

Spring Bootを利用するアプリケーションでは、メインアプリケーションクラスに、@Configuration、@EnableAutoConfiguration、@ComponentScanを指定することがほとんどです。これらに代わるアノテーションとして@SpringBootApplicationが提供されています。@SpringBootApplicationは、@EnableAutoConfigurationと@ComponentScanの属性をカスタマイズするエイリアスを持っているので、ほとんどのケースにおいて、1つのアノテーションを指定するだけで対応できるでしょう。

▼ リスト1.8　メインアプリケーションクラスのサンプル実装

```
package com.sample.web;

import org.springframework.boot.*;
import org.springframework.boot.autoconfigure.*;
import org.springframework.stereotype.*;
import org.springframework.web.bind.annotation.*;

import com.sample.ComponentScanBasePackage; // 上位パッケージをスキャンの基準にする

// @Configuration @EnableAutoConfiguration @ComponentScanを指定したときと同じ
@SpringBootApplication(scanBasePackageClasses = {
ComponentScanBasePackage.class })
@RestController // 本来はコントローラーに記述するアノテーション
public class Application {

  @RequestMapping("/") // 本来はコントローラーに記述するメソッド
  public String hello() {
    return "Hello World!";
  }

  public static void main(String[] args) {
```

```
    SpringApplication.run(Application.class, args);
  }
}
```

▼ リスト1.9　コンポーネントスキャンの基準となるパッケージを指定する

```
package com.sample;

/*
 * コンポーネントスキャンの basePackages を設定する
 */
public class ComponentScanBasePackage {
}
```


リスト 1.8、リスト 1.9 は、パッケージクラスをコンポーネントスキャンの設定としている例です。また、メインアプリケーションだけで動作できるように Controller クラスの実装を含んでいます。

設定ファイル

アプリケーションを起動すると、次の場所にある application.properties 設定ファイルを読み込みます。

① カレントディレクトリの /config サブディレクトリ
② カレントディレクトリ
③ クラスパスの /config パッケージ
④ クラスパスのルート

上から順に優先度が高くなるように読み込まれるので、複数の設定ファイルが存在する場合は、より優先される設定値で上書きされます。

設定ファイルは、プロファイルという単位で別々の設定を持たせることができます。開発環境・本番環境とで設定を分けたい場合には、application- {profile} .properties の名前付け規則で設定ファイルを作成します。例えば、本番環境のプロファイル名を production とした場合は、application-production.properties という設定ファイルに本番環境向けの設定を記述します。プロファイル別の設定は、application.properties の設定を上書きする仕組みになっているので、すべての設定をプロファイル別の設定に記述する必要はありません。

設定ファイルの記述形式はYAMLにすることができます。プロパティ形式の設定はリスト1.10のように記述しますが、YAMLの場合はリスト1.11のようになるので、見通しがよく管理しやすくなります。YAML形式の設定を使いたい場合は、単にapplication.ymlファイルをapplication.propertiesの代わりに配置するだけで自動的に読み込まれます。

▼ リスト1.10　プロパティ形式の設定

```
foo.remote-address=192.168.1.1
foo.security.username=admin
```

▼ リスト1.11　YAML形式の設定

```
foo:
  remote-address: 192.168.1.1
  security:
    username: admin
```

設定ファイルに記述した設定の値は、簡単にプログラムで利用することができます。プログラムからの利用方法は、リスト1.12とリスト1.13のように、構造化された設定クラスに読み込む方法と、クラスのフィールドに設定値を1つずつ読み込む方法があります。

▼ リスト1.12　@ConfigurationPropertiesを使ってプログラムから設定値を利用する

```
@Component
@ConfigurationProperties(prefix="foo")
@Validated
public class SomePojo {

  @NotNull
  InetAddress remoteAddress;

  @Valid
  Security security = new Security();
```

```
    public static class Security {

        @NotEmpty
        String username;

        // ... getters and setters
    }
}
```

@Validatedアノテーションを記述するとBean Validationによるプロパティ値のチェックを行うことができます。制約に違反した値が設定されている場合は、アプリケーション起動時に例外がスローされるので、設定漏れや設定の間違いをすぐに発見することができます。@ConfigurationPropertiesアノテーションを利用するとRelaxed binding（緩いバインディング）が行われるので、次のようにクラスの変数と設定ファイルのキーが厳密に一致していなくても緩やかにバインドされます。

- foo.remoteAddress
- foo.remote-address
- foo.remote_address
- FOO_REMOTE_ADDRESS

▼ リスト1.13　@Valueを使ってプログラムから設定値を利用する

```
@Component
public class SomePojo {

    @Value("${foo.remote-address}")
    String remoteAddress;

    @Value("${foo.security.username}")
    String securityUsername;
}
```

Column 外部設定ファイルの種類

Spring Bootでは、コマンドライン引数や環境変数など、様々な外部設定ファイルが利用できます。設定が有効化される優先順位が決まっていて、より優先順位が高い設定方法の値が最終的に使われるようになっています。

環境変数で設定値を渡す場合は、リスト1.14のように、大文字のスネークケースで指定します。システムプロパティはリスト1.15のように、コマンドライン引数はリスト1.16のように使います。それぞれ値の渡し方が異なるので、詳しくはリファレンス[注4]を参考にしてください。

▼ リスト1.14　環境変数で設定値を渡す

```
$ SPRING_APPLICATION_JSON='{"acme":{"name":"test"}}' java -jar
myapp.jar
```

▼ リスト1.15　システムプロパティで設定値を渡す

```
$ java -Dspring.application.json='{"name":"test"}' -jar myapp.jar
```

▼ リスト1.16　コマンドライン引数で設定値を渡す

```
$ java -jar myapp.jar --spring.application.json='{"name":"test"}'
```

アプリケーションの起動

この時点では、build.gradleファイルと、メインアプリケーションクラス、ComponentScanBasePackageクラスのみがある状態ですが、これだけでSpring Bootアプリケーションは起動することが可能です。実際に、次のコマンドで起動してみましょう。

※注4　Externalized Configuration URL https://docs.spring.io/spring-boot/docs/current/reference/html/boot-features-external-config.html

▼ リスト1.17　Spring Bootアプリケーションの起動

```
$ gradle bootRun
  .   ____          _            __ _ _
 /\\ / ___'_ __ _ _(_)_ __  __ _ \ \ \ \
( ( )\___ | '_ | '_| | '_ \/ _` | \ \ \ \
 \\/  ___)| |_)| | | | | || (_| |  ) ) ) )
  '  |____| .__|_| |_|_| |_\__, | / / / /
 =========|_|==============|___/=/_/_/_/
 :: Spring Boot ::  (v2.0.6.RELEASE)
～～～ 起動時のログが出力される ～～～
2018-02-27 10:34:23.816  INFO 44063 --- [           main]
s.b.c.e.t.TomcatEmbedded...
2018-02-27 10:34:23.839  INFO 44063 --- [           main] com.sample.web.
Applicati...
```

上記のログが表示されたら http://localhost:8080/ をブラウザで開いてみましょう。ブラウザで開くと「Hello World!」と表示されるはずです。この「Hello World!」は、リスト 1.8 に定義した hello メソッドが出力しています。@RequestMapping（"/"）アノテーションを付与することにより、「/」の URL にアクセスすると、hello メソッドの処理が行われます。hello メソッドは、コントローラーに定義すべきメソッドですが、ここでは説明の都合でアプリケーションクラスに定義しています。

IDE を使って起動する

Spring Boot は、シンプルな Java アプリケーションとして IDE（統合開発環境）から簡単に起動することができますが、ビルドツールを利用して起動する方法がより一般的です。IntelliJ IDEA（以降は IntelliJ と略す）であれば、Gradle プロジェクトを直接開くことができます。図 1.2 のように Gradle ツールウィンドウから bootRun タスクを実行するだけです。

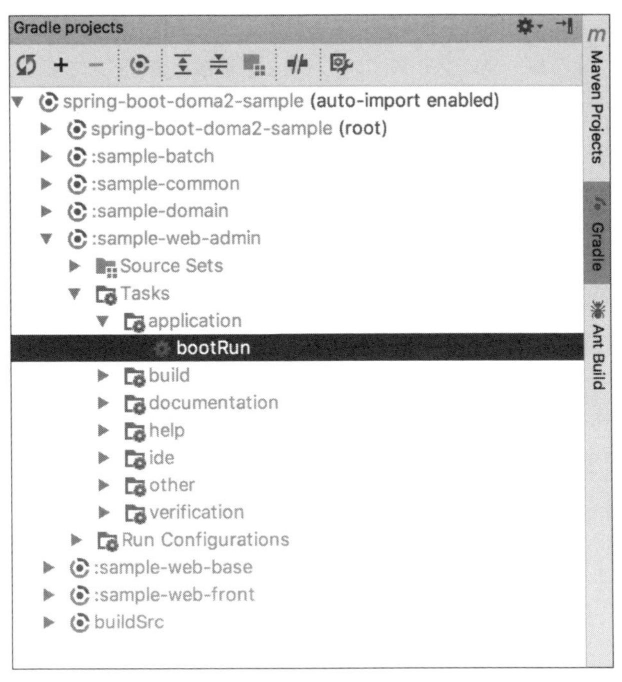

図 1.2　IntelliJ の Gradle ウィンドウから bootRun タスクを実行する

IntelliJ において、Gradle のタスク実行時に引数を渡したい場合は、Run Configuration から、タスク実行時の設定を指定することができます。

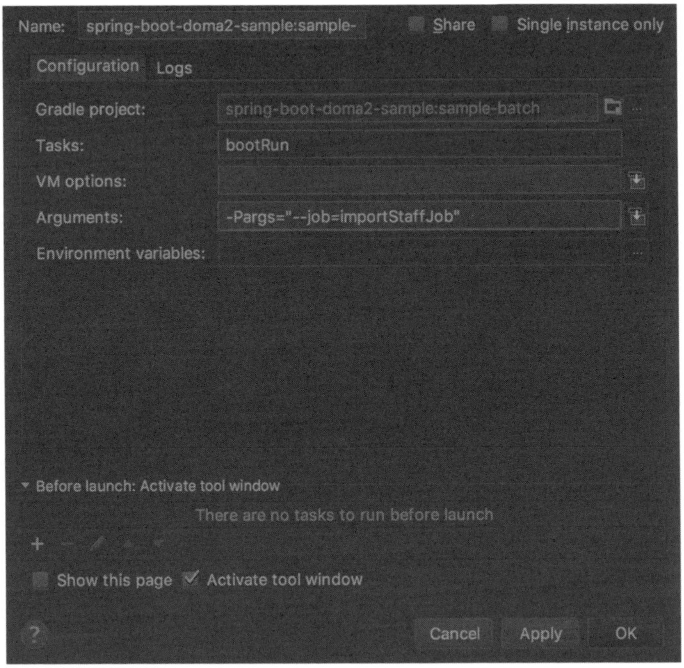

図 1.3　IntelliJ の Run Configuration ウィンドウで引数を指定する

Gradle タスクに対する引数と、実行するアプリケーションに対する引数は、渡し方が異なるので注意してください。リスト 1.18 のように、プロジェクトプロパティを引数として追加するように設定すると、開発時の実行が簡単になります。

▼ リスト1.18　バッチのジョブ名を引数で渡せるようにする (build.gradle)

```
project(":sample-batch") {
  bootRun {
    // プロジェクトプロパティを引数として渡す
    if (project.hasProperty("args")) {
      args project.args.split("\\s+")
    }
  }

  dependencies {
    (……省略……)
  }
}
```

1.2 Spring BootによるWebアプリケーション開発

Web アプリケーションを開発するときは、ローカルのアプリケーションを起動して、動作を確認しながら作業します。Java のソースコードに変更を加えた際は、動作確認をするためにアプリケーションの再起動が必要になるので、ビルドをしてアプリケーションを再起動するという手間が煩わしいと感じることがよくあります。

Developer tools

Spring Boot では、spring-boot-devtools モジュールが提供されていて、JVM hot-swapping とは異なるアプローチでアプリケーション開発を効率化してくれます。

devtools を利用するには、build.gradle ファイルに依存関係リスト 1.19 を追記します。java -jar コマンドで起動した場合は devtools が働かないようになっていますが、developmentOnly の依存関係にすることがベストプラクティスの1つとして知られています。

▼ リスト1.19　spring-boot-devtoolsを依存関係に追加する（build.gradle）

```
configurations {
  developmentOnly
  runtimeClasspath {
      extendsFrom developmentOnly
  }
}

dependencies {
  developmentOnly "org.springframework.boot:spring-boot-devtools"
}
```

デフォルトプロパティ

テンプレートエンジンなど、いくつかのライブラリでは、キャッシュを使うことでパフォーマンスの向上を図っています。キャッシュは、本番環境では必須といってもいいものですが、開発環境においてはアプリケーションの再起動が必要になるなど、かえって邪魔になる場合があります。

spring-boot-devtoolsは、application.propertiesにキャッシュを無効化する設定を記述しなくてもよいように、自動的に開発環境向けの設定を適用してくれます。DevToolsPropertyDefaultsPostProcessor[注5]にspring-boot-devtoolsが適用する設定がすべて載っているので参考にしてください。

再起動の自動化

spring-boot-devtoolsを使うと、クラスパスに含まれるファイルの変更を検知して、自動的にアプリケーションの再起動がかかります。ただし、静的リソースファイルやテンプレートなど、再起動が不要なファイルの変更は無視されます。

使用するIDEによっては、再起動がかかるタイミングが異なるので注意してください。Eclipseの場合は、ファイルを保存したときに再コンパイルが行われるので、何も設定を加えなくても再起動の自動化が働きます。

IntelliJの場合は、アプリケーションの起動中はファイルを変更しても即座に再コンパイルが行われないので、マクロを組んだり、アプリケーションの起動中に再コンパイルを行ったりするように設定を変更することで対応することができます。IntelliJのCtrl+Shift+Aのショートカットで表示されるダイアログにregistryと入力

※注5　DevToolsPropertyDefaultsPostProcessor URL https://github.com/spring-projects/spring-boot/blob/master/spring-boot-project/spring-boot-devtools/src/main/java/org/springframework/boot/devtools/env/DevToolsPropertyDefaultsPostProcessor.java

すると、候補に Registry... が現れるので、それを開きます。

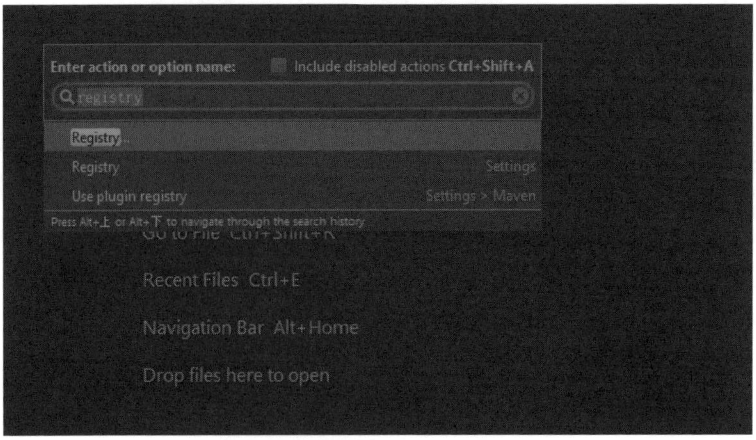

図 1.4　IntelliJ Registry を開く

Registry 画面が開いたら、compiler.automake.allow.when.app.running という項目を探してください。この項目にチェックを付けることで、アプリケーションが起動中でもコンパイルするようになります。

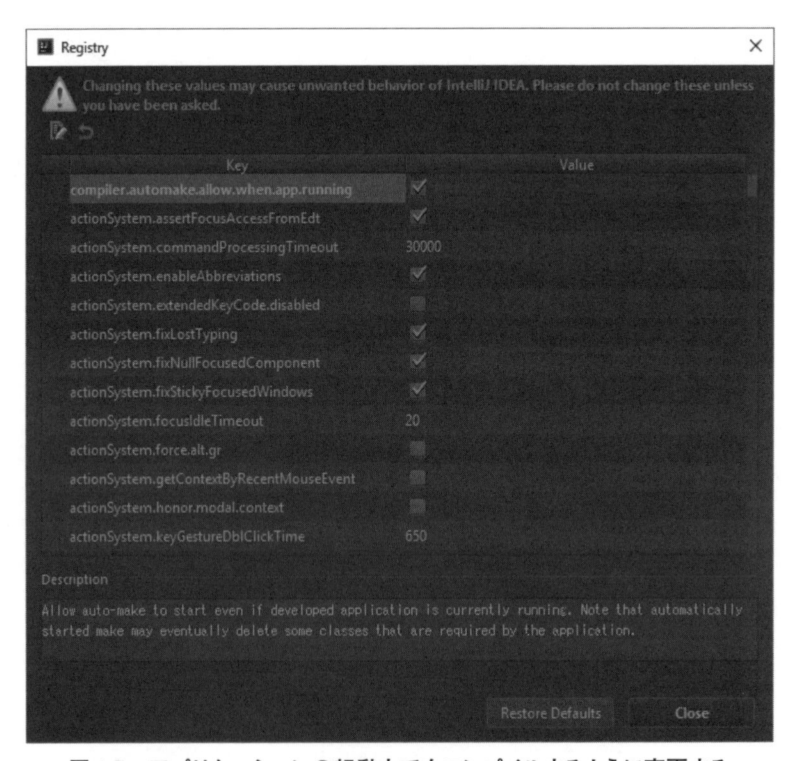

図 1.5　アプリケーションの起動中でもコンパイルするように変更する

spring-boot-devtoolsは、再起動の速度を上げるために2つのクラスローダーを用意していて、サードパーティのライブラリなど、変更がかからない部分をベースクラスローダーで読み込み、これを使い回します。変更がかかる部分は再起動向けのクラスローダーで読み込み、こちらは再起動のたびに破棄・作成を行うようにすることで、再起動するコストが初回の起動よりも少なくなる工夫が施されています。

リソースの除外

静的リソースの変更は、単に再読み込みするだけでよいのでアプリケーションの再起動が不要です。デフォルトの設定では、/META-INF/maven、/META-INF/resources、/resources、/static、/publicそして、/templatesに含まれるファイルの変更は、再起動がかからないようになっています。リスト1.20のプロパティを設定ファイルに記述することで、再起動のトリガーから除外するファイルを変更することができます。

▼ リスト1.20　再起動のトリガーから除外するファイルを設定する

```
spring.devtools.restart.exclude=static/**, public/**
```

JVM hot-swappingを使う場合は、リスト1.21の設定を入れると、spring-boot-devtoolsのLiveReload機能を活かせるのでとても便利です。

▼ リスト1.21　再起動のトリガーから除外するファイルを追加で設定する

```
spring.devtools.restart.additional-exclude=java/**, test/**
```

LiveReload

spring-boot-devtoolsモジュールを依存関係に追加し、ブラウザ拡張機能をインストールすることでライブラリロード環境を構成することができます。アプリケーションを起動して、ブラウザで開発中の画面を開き、ブラウザ拡張機能のアイコンをクリックするとLiveReloadサーバーとWebSocket通信が確立します。この状態で、テンプレートやCSS、JavaScirptファイルを変更すると、ブラウザのページ再読み込みが行われます。

何らかの理由でLiveReloadサーバーを立ち上げたくない場合は、リスト1.22の設定を行うことで無効化することができます。

▼ リスト1.22　LiveReloadを無効化する

```
spring.devtools.livereload.enabled=false
```

ブラウザ拡張機能は、Chrome、Firefox、Safari に対応しています。LiveReload のページ[注6] からダウンロードすることができます。

Restart vs Reload

spring-boot-devtools を使ったアプリケーションの起動は初回以降コストが少なくなる工夫がされていますが、変更しながらサクサク動作確認をしたい場合は、再読み込みのほうが効率よく作業が行えるかもしれません。spring-boot-devtools の再起動が遅くて困るときや、うまく動かないといった症状に出くわしたときに、JVM hot-swapping を試してみるのも 1 つの手です。

Spring Boot アプリケーションは、ただの Java アプリケーションなので、特に何もしなくても JVM hot-swapping が働きますが、JDK で提供される標準の JVM hot-swapping はいろいろな制限があるので、「すごく便利！」というものではありません。もし、JVM hot-swapping をよりよいものにしたい場合は、JRebel[注7] もしくは、Spring Loaded[注8] の利用を検討しましょう。

JRebel は、JVM hot-swapping の機能を大幅に向上してくれます。クラスの追加・削除、親クラスの置き換えなどに加えて、Spring beans のリロードにも対応するので、ほとんどのケースにおいてソースコードの変更が即座に反映されます。残念ながら JRebel は無償ではなく、個人利用においても年間約 450US$ のコストがかかってしまいます。

Spring Loaded は、Grails2 の内部で利用されていて、機能は JRebel にはおよばないのですが、無償で提供されています。起動時にソースコードの再読み込みを可能にして、ファイルの変更を検知して再読み込みを行う仕組みになっているので、コンストラクタ、メソッド、フィールド、アノテーション、enum 値の追加・変更・削除に対応していますが、新しいクラスの追加には対応していないようです。

もう 1 つの方法として、Dynamic Code Evolution VM（以降は DCEVM と略す）[注9] と HotSwapAgent[注10] を使った JVM hot-swapping があります。こちらもオープンソースのプロジェクトですので、無償で利用することができます。DCEVM は、JDK にパッチを当てて、クラスの再定義機能を強化してくれるので、Spring Loaded では対応していないクラスの追加に対しても hot-swapping が働きます。また、

※注6　LiveReload ブラウザ拡張機能を入手する URL http://livereload.com/extensions/
※注7　JRebel URL https://zeroturnaround.com/software/jrebel/
※注8　Spring Loaded URL https://github.com/spring-projects/spring-loaded
※注9　Dynamic Code Evolution VM URL http://ssw.jku.at/dcevm/
※注10　HotSwapAgent URL http://hotswapagent.org/

HotSwapAgentと一緒に使うことで、Spring beansの再読み込みができるのでDIしているサービスの変更が即座に反映されて非常に便利です。

DCEVM + HotSwapAgentの導入方法

DCEVMプロジェクトサイト[注11]から使用するJDK/JREのバージョン向けのDCEVMをダウンロードしましょう。インストールは、リスト1.23のようにダウンロードしたJarファイルを実行するだけです。Windowsの場合は、コマンドプロンプトを「管理者として実行する」から起動してインストーラーを起動することで、Program Filesの中にインストールされたJDKにパッチを当てることができます。

▼ リスト1.23　DCEVMのインストール

```
$ java -jar DCEVM-*-installer.jar
```

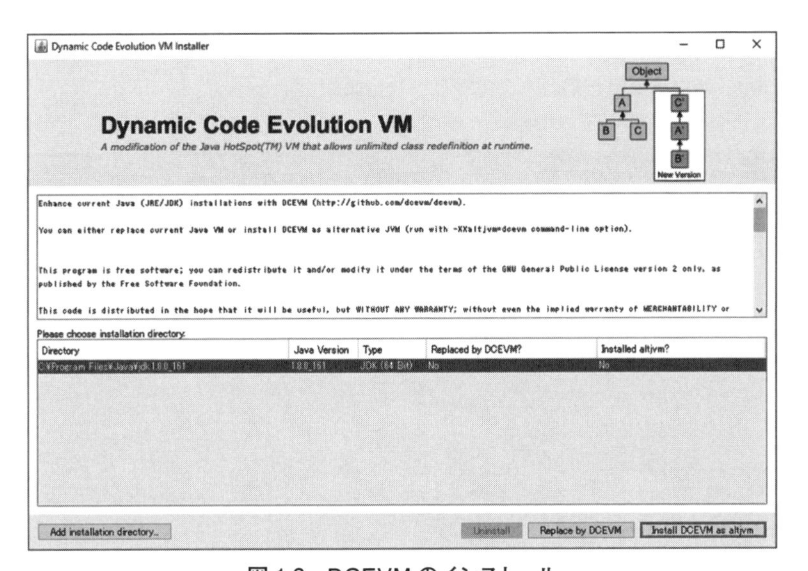

図1.6　DCEVMのインストール

HotSwapAgentは、IntelliJのプラグインがあるため導入が簡単です。IntelliJの「File」メニュー→「Settings」(Windowsの場合。Macの場合は「IntelliJ IDEA」→「Preferences」)→「Plugins」→「Browse repositories...」を開いて、「HotSwapAgent」を検索するとプラグインが表示されるので「Install」ボタンをクリックします。インストールが完了すると、IDEの再起動が求められるので再起動しましょう。

※注11　DCEVM Project URL https://dcevm.github.io/

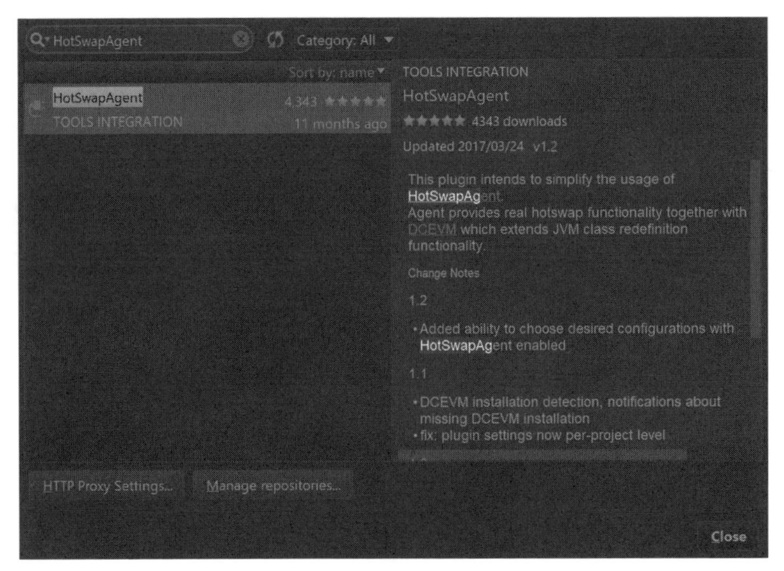

図 1.7　IntelliJ HotSwapAgent をインストールする

続いて、「Settings」の検索キーワードに「HotSwapAgent」を入力してください。すると「Tools」の中に「HotSwapAgent」という項目が現れるのでクリックします。

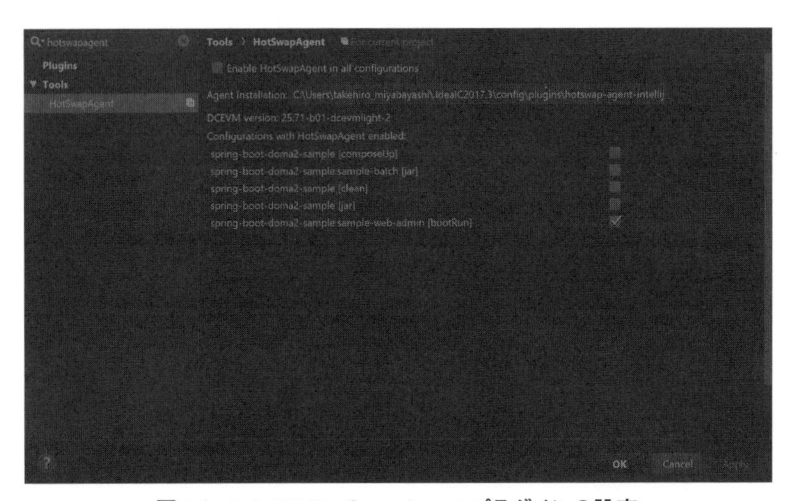

図 1.8　IntelliJ HotSwapAgent プラグインの設定

ウィンドウ上部の「Enable HotSwapAgent in all configurations」というチェックボックスは、すべての起動設定に対して hot-swapping が働くようにするものです。図 1.8 の例では、bootRun タスクだけを有効にするため、一番下のチェックボックスだけにチェックをしています。

あとは、今までどおり Gradle ツールウィンドウから「bootRun」タスクを実行すれば、DCEVM と HotSwapAgent による hot-swapping の恩恵を受けることができます。

1.3 サンプルプロジェクトの構成

マルチプロジェクト

本書は、「はじめに　本書で用いるサンプルプロジェクト」で説明したように、GitHubに公開しているサンプルプロジェクトに基づいて説明しています。このサンプルプロジェクトは、図1.9のように、複数のモジュールで構成されるマルチプロジェクトです。システムが複数のコンポーネントを必要とする場合は、シングルプロジェクトを複数作成するのではなく、マルチプロジェクトで構成すると、以下のメリットを期待できます。

- **ビルドスクリプトを共通化することができるので記述量が減る。**
- **ローカル／リモートリポジトリにアーティファクトをアップロードしなくてもソースコードの変更が反映される。**
- **それぞれのプロジェクトを関連付けてタスクを実行できる。**

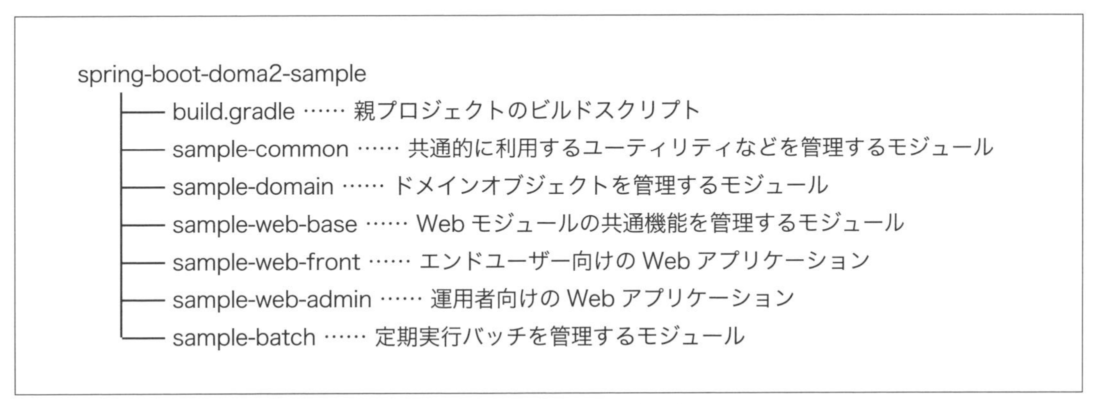

図1.9　サンプルプロジェクトのプロジェクト構成

Column **サンプルプロジェクトについて**

サンプルプロジェクトは、GitHub でオープンソースのプログラムとして公開しています。本書と併せて参考にしてください。随時ソースの修正・追加を行っているので、本書執筆時点と異なる部分があるかもしれません。その場合は、ソースコードのほうを最新版として見るようにしてください[注12]。

アプリケーション・アーキテクチャ

サンプルプロジェクトのアプリケーションは、以下のレイヤーに分割されたレイヤードアーキテクチャです。

プレゼンテーション層

プレゼンテーション層は、入力された値を受け取って、値をチェックしたり、値の変換を行ったりする層で、Web モジュールの Form クラス、FormValidator クラスが該当します。

アプリケーション層

アプリケーション層は、プレゼンテーション層から受け取った値をドメイン層に渡す層で、Web モジュールの Controller が該当します。ビジネスロジックは含まれないのですが、画面の遷移先を制御したり、セッションを用いて次画面に値を渡したりといった処理を担います。

ドメイン層

ドメイン層は、ドメインオブジェクトを持ち、ビジネスロジックを処理するメインの層で、ドメインモジュールの Service クラスが該当します。ドメインオブジェクトは、すべての層から利用されますが、逆にドメイン層は他の層に依存してはならない点に注意します。

インフラストラクチャ層

インフラストラクチャ層では、ドメイン層から渡されたデータを永続化する層で、ドメインモジュールの Repository クラスが該当します。アプリケーション層の影響を受けないように汎用的な部品として作るようにします。

※注12　サンプルプロジェクト URL https://github.com/miyabayt/spring-boot-doma2-sample

サンプルプロジェクトのビルドスクリプト

モジュールの依存関係は、Web モジュール→ドメインモジュール→共通モジュールの方向に依存します。相互参照したり、逆向きに依存したりしないようにする必要があります。Gradle などのビルドツールを利用することで意図しない相互参照は起こりませんが、このことを留意しておくと、実装フェーズにおいてどの層に配置すべきコンポーネントなのかを判断するのに役立ちます。

上述のプロジェクト構成をビルドスクリプトに適用すると、リスト 1.24 とリスト 1.25 のようになります。このビルドスクリプトには次項以降で説明する内容も含まれています。

▼ リスト1.24　サンプルプロジェクトのビルドスクリプト（build.gradle）

```
buildscript {
  ext {
    springBootVersion = "2.0.6.RELEASE" // ①
    spockVersion = "1.2-groovy-2.5"
    groovyVersion = "2.5.3"
    lombokVersion = "1.18.2"
    dockerComposePluginVersion = "0.6.6"
  }
  repositories {
    mavenLocal()
    mavenCentral()
    jcenter()
  }
  dependencies {
    classpath "org.springframework.boot:spring-boot-gradle-
plugin:${springBootVersion}" // ①
  }
}

subprojects {
  apply plugin: "java"
  apply plugin: "groovy" // ②
  apply plugin: "idea"
```

```
  apply plugin: "eclipse"
  apply plugin: "org.springframework.boot" // ③
  apply plugin: "io.spring.dependency-management" // ④
  sourceCompatibility = 11 // ⑤
  targetCompatibility = 11
  [compileJava, compileTestJava, compileGroovy, compileTestGroovy]*.
options*.encoding = "UTF-8"

  sourceSets {
    test.resources {
      // テスト時に src/main/resources にある設定ファイルを使用する
      srcDirs "src/main/resources"
      srcDirs "src/test/resources"
    }
  }

  repositories {
    mavenCentral()
    jcenter()

    // jasperreports
    maven { url "http://jasperreports.sourceforge.net/maven2/" }
    maven { url "http://jaspersoft.artifactoryonline.com/jaspersoft/
third-party-ce-artifacts/" }
  }

dependencyManagement {
    imports {
        mavenBom org.springframework.boot.gradle.plugin.SpringBootPlugin.
BOM_COORDINATES
    }
}

idea {
    module {
```

```
      downloadJavadoc = true
      downloadSources = true

      inheritOutputDirs = false
      outputDir = compileJava.destinationDir
      testOutputDir = compileTestJava.destinationDir
    }
  }

  eclipse {
    classpath {
      containers.remove("org.eclipse.jdt.launching.JRE_CONTAINER")
      containers "org.eclipse.jdt.launching.JRE_CONTAINER/org.eclipse.jdt.
internal.debug.ui.launcher.StandardVMType/JavaSE-11"
    }
  }

  ext["groovy.version"] = groovyVersion

  bootRun {
    sourceResources sourceSets.main // ⑥
    jvmArgs "-XX:TieredStopAtLevel=1", "-Xverify:none"
  }

  dependencies {
    compileOnly "org.projectlombok:lombok:${lombokVersion}"
    annotationProcessor "org.projectlombok:lombok:${lombokVersion}"
    testCompile "org.assertj:assertj-core"
    testCompile "org.spockframework:spock-core"
    testCompile "org.mockito:mockito-core"
  }
}

project(":sample-common") {
  bootJar {
```

```
    enabled = false
  }

  jar {
    enabled = true
  }
  dependencies {

    // springframework
    annotationProcessor "org.springframework.boot:spring-boot-
configuration-processor"
    compile "org.springframework.boot:spring-boot-starter"

    compile "org.apache.commons:commons-lang3"
    compile "org.apache.commons:commons-text:1.4"
    compile "org.apache.commons:commons-compress:1.14"
    compile "commons-codec:commons-codec"
    compile "org.apache.commons:commons-digester3:3.2"
    compile "commons-io:commons-io:2.5"
    compile "org.apache.tika:tika-core:1.15"
    compile "dom4j:dom4j"
    compile "com.ibm.icu:icu4j:59.1"
  }
}

project(":sample-domain") {
  bootJar {
    enabled = false
  }

  jar {
    enabled = true
  }

  // for Doma 2
```

```
  // Java クラスと SQL ファイルの出力先ディレクトリを同じにする
  processResources.destinationDir = compileJava.destinationDir // ⑦
  // コンパイルより前に SQL ファイルを出力先ディレクトリにコピーするために依存関係を逆転する
  compileJava.dependsOn processResources // ⑧

  dependencies {
    compile project(":sample-common")

    // springframework
    compile "org.springframework.boot:spring-boot-starter-aop"
    compile "org.springframework.boot:spring-boot-starter-validation"
    compile "org.springframework.boot:spring-boot-starter-mail"
    compile "org.springframework.boot:spring-boot-starter-thymeleaf"
    compile "org.springframework.boot:spring-boot-starter-jdbc"
    compile "org.springframework.boot:spring-boot-starter-json"

    // doma exclude springframework
    annotationProcessor "org.seasar.doma.boot:doma-spring-boot-
starter:1.1.1"
    compile("org.seasar.doma.boot:doma-spring-boot-starter:1.1.1") {
        exclude group: "org.springframework.boot" // ⑨
    }

    // jackson
    compile "com.fasterxml.jackson.dataformat:jackson-dataformat-csv"

    // modelmapper
    compile "org.modelmapper:modelmapper:0.7.5"

    // thymeleaf
    compile "org.codehaus.groovy:groovy:${groovyVersion}"
    compile("nz.net.ultraq.thymeleaf:thymeleaf-layout-dialect:2.3.0") {
        exclude group: "org.codehaus.groovy", module: "groovy"
    }
```

```
    // mysql database
    compile "mysql:mysql-connector-java"
    compile "org.flywaydb:flyway-core"

    testCompile "org.springframework.boot:spring-boot-starter-test"
    testCompile "org.spockframework:spock-spring:${spockVersion}"
  }
}

project(":sample-web-base") {
  bootJar {
    enabled = false
  }

  jar {
    enabled = true
  }

  dependencies {
    compile project(":sample-domain")

    // springframework
    compile "org.springframework.boot:spring-boot-starter-cache"
    compile("org.springframework.boot:spring-boot-starter-web") {
      // exclude embedded tomcat to use Jetty
      exclude module: "spring-boot-starter-tomcat"
    }
    compile "org.springframework.boot:spring-boot-starter-security"
    compile "org.springframework.boot:spring-boot-starter-jetty"

    // セッション格納先にDBを使う場合
    compile "org.springframework.session:spring-session-jdbc" // ⑩
    // セッション格納先にredisを使う場合
    // compile "org.springframework.boot:spring-boot-starter-data-redis"
```

```
    // thymeleaf
    compile "org.thymeleaf.extras:thymeleaf-extras-springsecurity5"

    // jasperreports
    compile "net.sf.jasperreports:jasperreports:6.4.0"
    compile "com.lowagie:itext:2.1.7.js5"

    // apache POI
    compile "org.apache.poi:poi:3.16"
    compile "org.apache.poi:poi-ooxml:3.16"

    // EhCache
    compile "net.sf.ehcache:ehcache"

    // webjars
    compile "org.webjars:webjars-locator-core"
    compile "org.webjars:bootstrap:3.3.7"
    compile "org.webjars:jquery:2.2.4"
    compile "org.webjars:jquery-validation:1.17.0"
    compile "org.webjars:bootstrap-datepicker:1.7.1"
    compile("org.webjars.bower:iCheck:1.0.2") {
      exclude module: "jquery"
    }
    compile "org.webjars:html5shiv:3.7.3"
    compile "org.webjars:respond:1.4.2"
    compile "org.webjars:AdminLTE:2.3.8"
    compile "org.webjars:font-awesome:4.7.0"
    compile "org.webjars:ionicons:2.0.1"

    testCompile "org.springframework.security:spring-security-test"
    testCompile "org.springframework.boot:spring-boot-starter-test"
    testCompile "org.spockframework:spock-spring:${spockVersion}"
  }
}
```

```
project(":sample-web-admin") {
  bootJar {
    launchScript()
  }

configurations {
    developmentOnly
    runtimeClasspath {
        extendsFrom developmentOnly
    }
}

dependencies {
    compile project(":sample-web-base")
    developmentOnly "org.springframework.boot:spring-boot-devtools"

    testCompile "org.springframework.security:spring-security-test"
    testCompile "org.springframework.boot:spring-boot-starter-test"
    testCompile "org.spockframework:spock-spring:${spockVersion}"
  }
}

project(":sample-web-front") {
  bootJar {
    launchScript()
  }

  configurations {
    developmentOnly
    runtimeClasspath {
        extendsFrom developmentOnly
    }
  }

  dependencies {
```

```
    compile project(":sample-web-base")
    developmentOnly "org.springframework.boot:spring-boot-devtools"

    testCompile "org.springframework.security:spring-security-test"
    testCompile "org.springframework.boot:spring-boot-starter-test"
    testCompile "org.spockframework:spock-spring:${spockVersion}"
  }
}

project(":sample-batch") {
  bootRun {
    // プロジェクトプロパティを引数として渡す
    if (project.hasProperty("args")) { // ⑪
      args project.args.split("\\s+")
    }
  }

  dependencies {
    compile project(":sample-domain")

    // springframework
    compile "org.springframework.boot:spring-boot-starter-batch"

    testCompile "org.springframework.boot:spring-boot-starter-test"
    testCompile "org.springframework.batch:spring-batch-test"
    testCompile "org.spockframework:spock-spring:${spockVersion}"
  }
}

task wrapper(type: Wrapper) {
  gradleVersion = "4.10.2"
}
```

▼ リスト1.25　サンプルプロジェクトの設定 (settings.gradle)

```
include "sample-common", "sample-domain", "sample-web-base", "sample-web-front", "sample-web-admin", "sample-batch"
```

リスト 1.24 のビルドスクリプトは、以下の設定を行っています。

① Spring Boot のバージョンを拡張プロパティにセットする。
② テストコードは Spock フレームワーク（Groovy 言語で記述する）を利用するため、Groovy を扱えるようにする。
③ すべてのサブプロジェクトにおいて spring-boot-gradle-plugin を利用できるようにする。
④ すべてのサブプロジェクトにおいて dependency-management プラグインを利用できるようにする。
⑤ Java コンパイラー準拠レベルを 11 に変更する。
⑥ src/main/resources をクラスパスに追加して、開発中の変更がすぐに反映されるようにする。
⑦ リソースファイルの出力先をソースファイルの出力先に変更する。
⑧ コンパイルの前に、リソースファイルの出力を行うようにする。
⑨ Doma の依存関係にあるバージョン違いの Spring Boot を除外する。
⑩ Spring Session モジュールを使ってセッション情報をデータベースに格納する。
⑪ Gradle のプロジェクトプロパティを bootRun の引数に渡せるようにする。

メインアプリケーションクラスが定義されていない共通モジュールは、bootJar タスク（実行可能な Jar ファイルの作成タスク）が実行されたときにエラーになってしまうので、リスト 1.26 の設定を行う必要があります。

▼ リスト1.26　メインアプリケーションクラスを持たないモジュールの場合 (build.gradle)

```
bootJar {
  enabled = false
}
```

Lombokを利用する

サンプルプロジェクトでは、Lombok を利用して、ボイラープレートコードの削減を図っています。Lombok を利用するには、リスト 1.27 のように依存関係をビルドスクリプトに記述します。アプリケーションの実行時には不要なので、スコープは compileOnly にします。

▼ リスト1.27　依存関係にLombokを追加する（build.gradle）

```
dependencies {
  compileOnly "org.projectlombok:lombok:${lombokVersion}"
  annotationProcessor "org.projectlombok:lombok:${lombokVersion}"
}
```

getter・setter の実装の排除

@Getter と @Setter アノテーションを記述すると、アノテーションプロセッサーによって、リスト 1.29 のように、getter・setter が自動生成されます。開発時は、アノテーションの付与とフィールドを定義するだけで済みます。

▼ リスト1.28　getter・setterのアノテーションを付与する

```
@Getter
@Setter
public class Person {
  String name;
}
```

▼ リスト1.29　自動生成されたgetter・setter

```
public class Person {
  String name;

  public String getName() {
```

```
    return name;
  }

  public void setName(String name) {
    this.name = name;
  }
}
```

変数の型を val で統一

リスト 1.30 のように、ローカル変数の型を val とすることができます。かなり長い型名も val の 3 文字に統一でき、自動生成される型には、final が付与されます。なお、Java 10 からローカル変数型推論が利用できるので、var と記述することもできます。var で定義した変数は Lombok の val で定義した場合と違って final で修飾されません。

▼ リスト1.30　変数の型が自動生成される

```
public String valExample() {
  val example = new ArrayList<String>();
  example.add("Hello, World!");
  val foo = example.get(0);
  return foo.toLowerCase();
}
```

上述の機能のほかにも便利な機能があるので、Lombok の公式サイト[注13]を参照してください。

※注13　Lombok features URL https://projectlombok.org/features/all

Webアプリケーションにおける共通処理

chapter 2

Webアプリケーションにおける共通処理

本 chapter では、サンプルプロジェクトにおける共通処理とその実装方法について説明します。以下は、Web アプリケーションを開発する際によく必要とされる共通処理です。

- バリデーション …… 単項目・相関チェックを効率よく実施する。
- オブジェクトマッピング …… 入力値を他のエンティティに効率よく詰め替える。
- ログ出力 …… 共通的に処理の開始・終了をログ出力する。
- ファイルダウンロード …… CSV、Excel、PDF などのファイルをダウンロードする。
- ファイルアップロード …… アップロードされたファイルを、Doma を使ってデータベースに保存する。
- メール送信 …… 本文をテンプレート処理してメールを送信できるようにする。

2.1 バリデーション

Spring MVC では、単項目チェックを行うための Bean Validator が用意されていますが、相関チェックを行うためのアノテーションはないので、効率よく相関チェックを行うために共通処理を実装します。Spring Boot では、spring-boot-starter-validation スターターを依存関係に追加することで、Bean Validation 2.0 と Spring Validator が利用できるようになります。

バリデーションのポイントとして、メッセージの設定、バリデーションの種類、単項目チェック、相関項目チェックについて説明します。

メッセージの設定

Bean Validator は、メッセージを外部ファイルで管理するための MessageSource を内包しています。Spring Boot では、MessageSource のオートコンフィグレーションが行われるのですが、デフォルトのままでは文字コードがUTF-8になっていないので、エラーメッセージを表示する際に文字化けが生じてしまいます。文字化けを解消するためリスト2.1のようにspring.messages.*の設定を記述します。設定を記述することで、オートコンフィグレーションで作成されるMessageSourceは、文字コードがUTF-8のメッセージを扱えるようになります。

▼ リスト2.1　メッセージ管理の設定（application.yml）

```
spring:
  messages:
    basename: messages,ValidationMessages,PropertyNames
    cache-duration: -1
    encoding: UTF-8
```

次に、バリデーターがオートコンフィグレーションで作成されたMessageSourceを使うようにSpring beanを定義します。

▼ リスト2.2　バリデーターのBean定義（BaseApplicationConfig.java）

```
@Bean
public LocalValidatorFactoryBean beanValidator(MessageSource
messageSource) {
  val bean = new LocalValidatorFactoryBean();
  bean.setValidationMessageSource(messageSource);
  return bean;
}
```

Column **メッセージを定義するファイルを分割する**

リスト 2.1 の設定では、basename にカンマ区切りで定義することによって複数のメッセージ定義ファイルを扱えるようにしています。1 つのファイルが過度に肥大化するのは好ましくないので、プロジェクトの規模によっては、さらに分割するかどうか検討してください。サンプルプロジェクトでは、以下のルールでメッセージを定義しています。

- **ValidationMessages …… バリデーションのエラーメッセージを定義する。**
- **PropertyNames …… エラー項目の項目名を入力フォームごとに定義する。**
- **messages …… バリデーションとは関連のないシステムメッセージなどを定義する。**

バリデーションの種類

Web アプリケーション開発におけるバリデーションは、大きく分類するとクライアントサイドとサーバーサイドのバリデーションに分けられます。本書では、クライアントサイドのバリデーションについての説明は割愛しますが、サンプルプロジェクトには jQuery Validation Plugin を使った実装例が含まれているので、参考にしてください。

サーバーサイドのバリデーションは、単一の項目の入力値から妥当性をチェックする単項目チェックと、他の項目やデータの状態から妥当性をチェックする相関項目チェックがあります。単項目チェックは、Bean Validation API で提供されるアノテーションを利用できますが、相関項目チェックは org.springframework.validation.Validator インターフェースの実装クラスを作成するか、自作のアノテーションを実装する必要があります。

単項目チェック

はじめに、単項目チェックの実装方法を見ていきましょう。表 2.1 にあるアノテーションは、Java 標準としてあらかじめ組み込まれていて、javax.validation.constraints パッケージに定義されています。spring-boot-starter-validation スターターは、Bean Validation の実装ライブラリとして Hibernate Validator を依存関係に追加しているので、表 2.2 にある Hibernate で定義されたアノテーションも使うことができます。

表 2.1　Java 標準のアノテーション抜粋

アノテーション	チェック内容
Min、DecimalMin	数値の最小値を下回らないこと
Max、DecimalMax	数値の最大値を超えないこと
NotNull	NULL値ではないこと
Pattern	正規表現を満たすこと
NotBlank	値があること（空白を許さない）
NotEmpty	値があること（空白を許す）
Digits	数値であること
Past	過去であること
Future	未来であること

表 2.2　Hibernateで定義されているアノテーション抜粋

アノテーション	チェック内容
CreditCardNumber	正しいクレジットカード番号であること
Length	NULL値ではないこと
Range	範囲内の値であること
SafeHtml	妥当なHTML書式であること
URL	正しいURLであること

アノテーションの詳細はそれぞれのBean Validation API[注1]、Hibernate Validator[注2]を参照してください。

アノテーションの使い方は、リスト 2.3 のように Form オブジェクトのフィールドに付与する方法と、メソッドに付与する方法があります。ここでは詳しい説明を割愛しますが、他の項目の状態を使った条件分岐を含むメソッドを作成し、そのメソッドにアノテーションを付与することで相関項目チェックをすることも可能です。DI コンテナで管理していない Form オブジェクトのメソッド内では、Service を呼び出すことができないので、Service を利用する相関項目チェックは、Spring Validator で行うようにしましょう。

▼ リスト2.3　アノテーションを使ったバリデーションのサンプル実装（UserForm.java）

```
import javax.validation.constraints.Digits;
import javax.validation.constraints.Email;
import javax.validation.constraints.NotEmpty;
```

※注1　Bean Validation API の仕様 URL http://beanvalidation.org/2.0/spec/
※注2　Hibernate Validator の仕様 URL http://hibernate.org/validator/

```
import org.springframework.http.MediaType;
import org.springframework.web.multipart.MultipartFile;

import com.sample.domain.validator.annotation.ContentType;
import com.sample.web.base.controller.html.BaseForm;

import lombok.Getter;
import lombok.Setter;

@Setter
@Getter
public class UserForm extends BaseForm {

  private static final long serialVersionUID = -6807767990335584883L;

  Long id;

  // 名前
  @NotEmpty
  String firstName;

  // 苗字
  @NotEmpty
  String lastName;

  @NotEmpty
  String password;

  @NotEmpty
  String passwordConfirm;

  // メールアドレス
  @NotEmpty
  @Email
  String email;
```

```
  // 電話番号
  @Digits(fraction = 0, integer = 10)
  String tel;

  (……省略……)
}
```

続けて、コントローラーの引数にあるFormオブジェクトに@Validatedアノテーションを付与します。これでリクエストを受け付けたときにBindingResultにバリデーションの結果がセットされます。BindingResultは、@Validatedアノテーションが付与された引数のすぐ次に定義する必要があるので注意してください。

▼ リスト2.4 @Validatedアノテーションを利用したサンプル実装(UserHtmlController.java)

```
/**
 * ユーザー登録処理
 *
 * @param form
 * @param br
 * @param attributes
 * @return
 */
@PostMapping("/new")
public String newUser(@Validated @ModelAttribute UserForm form,
BindingResult br,
  RedirectAttributes attributes) {

  // 入力チェックエラーがある場合は、元の画面に戻る
  if (br.hasErrors()) {
    setFlashAttributeErrors(attributes, br);
    return "redirect:/users/users/new";
  }
```

chapter 2 Webアプリケーションにおける共通処理

```
  (……省略……)
}
```

Column **PRGパターンについて**

PRGパターンは、Post-Redirect-Getメソッドを組み合わせて、以下の流れで登録処理を行う実装パターンです。

①「保存」ボタンを押下したとき、POSTメソッドを使ってサーバーにリクエストする(P：Post)。
② 入力値をDBに保存するといった一連の処理を行い、詳細画面にリダイレクトする(R：Redirect)。
③ GETメソッドで詳細画面が表示される（G：Get)。

サンプルプロジェクトは、ほぼすべての機能において、PRGパターンを適用しています。リスト2.4では、バリデーションエラーがある場合は、BindingResultをRedirectAttributesに格納し、入力画面にリダイレクトするようにしています。このように実装することで、ブラウザの「戻る」ボタンを押しても、フォーム再送信のダイアログを表示しないようにすることができます。

相関項目チェック

次に、相関項目チェックの実装方法を説明します。実際のシステム開発においてバリデーションを実装するときは、値Aが入力された場合は値Bが必須になるといったバリデーションを実装することがよくあります。ここではパスワードを2回入力するユーザー登録を例に説明します。

まず、リスト2.5のように、Spring Validatorを実装した基底クラスを作成します。この基底クラスを各バリデーターが継承することで、冗長なコードを減らすことができます。バリデーションの結果として、すべてのチェック結果が欲しい場合と、最初にエラーとなったチェック結果だけが欲しい場合の両方に対応できるようになっているので、参考にしてください。

▼ リスト2.5　Validator基底クラスのサンプル実装（AbstractValidator.java）

```
import org.springframework.validation.Errors;
import org.springframework.validation.Validator;

import lombok.extern.slf4j.Slf4j;

/**
 * 基底入力チェッククラス
 */
@Slf4j
public abstract class AbstractValidator<T> implements Validator {

  @Override
  public boolean supports(Class<?> clazz) {
    return true;
  }

  @SuppressWarnings("unchecked")
  @Override
  public void validate(final Object target, final Errors errors) {
    try {
      boolean hasErrors = errors.hasErrors();

      if (!hasErrors || passThruBeanValidation(hasErrors)) {
        // 各機能で実装しているバリデーションを実行する
                doValidate((T) target, errors);
      }
    } catch (Exception e) {
      log.error("validate error", e);
      throw e;
    }
  }

  /**
```

```
  * 入力チェックを実施する
  *
  * @param form
  * @param errors
  */
  protected abstract void doValidate(final T form, final Errors errors);

  /**
  * 相関チェックバリデーションを実施するかどうかを示す値を返す。
  * デフォルトは、JSR-303 バリデーションでエラーがあった場合に相関チェックを実施しない
  *
  * @return
  */
  protected boolean passThruBeanValidation(boolean hasErrors) {
    return false;
  }
}
```

続いて、基底クラスを継承したバリデーターを作成します。クラスに定義した総称型が引数として渡るため、キャストの必要がなくスッキリさせることができます。ここでは、パスワードが確認用パスワードと異なる場合は、Errors インターフェースを介して、BindingResult にエラー項目名とエラーコードを登録します。

▼ リスト2.6　Spring Validatorのサンプル実装（UserFormValidator.java）

```
import static com.sample.common.util.ValidateUtils.isEquals;

import org.springframework.stereotype.Component;
import org.springframework.validation.Errors;

import com.sample.domain.validator.AbstractValidator;

/**
 * ユーザー登録 入力チェック
 */
```

```
@Component
public class UserFormValidator extends AbstractValidator<UserForm> {

  @Override
  protected void doValidate(UserForm form, Errors errors) {

    // 確認用パスワードと突き合わせる
    if (!isEquals(form.getPassword(), form.getPasswordConfirm())) {
      errors.rejectValue("password", "users.unmatchPassword");
      errors.rejectValue("passwordConfirm", "users.unmatchPassword");
    }
  }
}
```

最後に、コントローラーで作成したバリデーターを Form に紐付けます。@InitBinder アノテーションを付与したメソッドで、バリデーターを WebDataBinder に追加します。これで @Validated アノテーションで Bean Validation が行われた後に、追加したバリデーターも呼び出されるようになります。

▼ リスト2.7　バリデーターをWebDataBinderに追加するサンプル実装（UserHtmlController.java）

```
/**
 * ユーザー管理
 */
@Controller
@RequestMapping("/users/users")
@Slf4j
public class UserHtmlController extends AbstractHtmlController {

  @Autowired
  UserFormValidator userFormValidator;

  @InitBinder("userForm")
  public void validatorBinder(WebDataBinder binder) {
```

```
        binder.addValidators(userFormValidator);
    }

    (……省略……)
}
```

2.2 オブジェクトマッピング

オブジェクトマッピングは、オブジェクトの値を別のオブジェクトにコピーする仕組みです。

アプリケーションレイヤーの間でデータの受け渡しをする場合などで、オブジェクト間のコピーを行うことがよくあります。オブジェクト間のコピーを行うときに、項目数が多い場合は、コード量が多くなりソースコードの可読性が悪くなってしまいます。

詰め替えコストの抑制

オブジェクトマッピングを用いてオブジェクトをコピーすることで、ドメインオブジェクトの独立性を維持しつつ、詰め替えコストを抑えることができます。Form オブジェクトは、画面の項目に強く結合している場合が多く、ドメインオブジェクトは画面に依存しないよう意識して設計されているので、これらを 1 つにまとめるとどこかで不都合が生じてきます。

オブジェクトマッピングを用いれば、リスト 2.8 のように、Form オブジェクトを使って入力値を受け取り、それをもとにデータを新規登録する場合に、Form オブジェクトの値を簡単にドメインオブジェクトにコピーできるのでとても便利です。サンプルプロジェクトでは ModelMapper[注3] を利用していますが、Dozer[注4] や MapStruct[注5] など他のライブラリでも同様のことができるので、お好みに合わせてライブラリを変更してください。

▼ リスト2.8　ModelMapperを利用したサンプル実装（UserHtmlController.java）

```
/**
```

※注3　ModelMapper URL http://modelmapper.org/
※注4　Dozer URL http://dozer.sourceforge.net/
※注5　MapStruct URL http://mapstruct.org/

```
 * 登録処理
 *
 * @param form
 * @param br
 * @param attributes
 * @return
 */
@PostMapping("/new")
public String newUser(@Validated @ModelAttribute("userForm") UserForm
form,
  BindingResult br, RedirectAttributes attributes) {

  (……省略……)

  // 入力値からドメインオブジェクトを作成する
  val inputUser = modelMapper.map(form, User.class);
  val password = form.getPassword();

  // パスワードをハッシュ化する
  inputUser.setPassword(passwordEncoder.encode(password));

  // 登録する
  val createdUser = userService.create(inputUser);

  return "redirect:/users/users/show/" + createdUser.getId();
}
```

ModelMapper のデフォルトの設定では、緩いマッピングが行われます。緩いマッピングでは、フィールド名が似ていると意図しないマッピングが行われるので注意が必要です。リスト 2.9 のように、STRICT モードにしたほうが制御しやすい場合があるので、どちらがよいか検討してみてください。

▼ リスト2.9　ModelMapperの設定（DefaultModelMapperFactory.java）

```
@Bean
```

```
public ModelMapper modelMapper() {
  val modelMapper = new ModelMapper();
  val configuration = modelMapper.getConfiguration();

  (……省略……)

  // 厳格にマッピングする
  configuration.setMatchingStrategy(MatchingStrategies.STRICT);

  (……省略……)

  return modelMapper;
}
```


2.3 ログ出力

エンタープライズのアプリケーション開発においては、どのユーザーがいつ、どんな操作を行ったかを証跡ログとして記録することが求められることがありますが、共通的に証跡ログを記録する仕組みや、ログ出力の設定を適切に行わないと、運用フェーズにおいて障害分析がままならないこともあります。

Spring Bootでは、spring-boot-starter-loggingスターターが用意されています。このスターターは、spring-boot-starterの依存関係に含まれているので、デフォルトでログ出力ライブラリが利用できます。spring-boot-starter-loggingはLogBackを使うようになっているので、Log4jに変更したい場合は、spring-boot-starter-loggingを依存関係から除外して、spring-boot-starter-log4j2を依存関係に追加してください。

ログ出力の共通処理としては、リクエストを受け付けた機能の処理開始・終了を共通的にログ出力することがよくあります。LogBackでは、MDC（Mapped Diagnostic Contexts）を利用することができるので、ユーザーID・リクエストIDなどの情報を埋め込んで、トレーサビリティを向上させることができます。トレースするための共通処理、ログレベル、ログローテーションについて説明します。

トレースするための共通処理

サンプルプロジェクトでは、リスト 2.10 のように、MDC に必要な情報を設定するインターセプターを実装しています。FunctionNameAware というインターフェースを作成し、このインターフェースを各機能で実装することで、getFunctionName メソッドで機能名を取得することができます。

▼ リスト2.10　MDCを使ったログ出力のサンプル実装（LoggingFunctionNameInterceptor.java）

```
import javax.servlet.http.HttpServletRequest;
import javax.servlet.http.HttpServletResponse;

import org.slf4j.MDC;

import com.sample.common.FunctionNameAware;
import com.sample.web.base.WebConst;

import lombok.val;
import lombok.extern.slf4j.Slf4j;

/**
 * 機能名をログに出力する
 */
@Slf4j
public class LoggingFunctionNameInterceptor extends
BaseHandlerInterceptor {

  private static final String MDC_FUNCTION_NAME = WebConst.MDC_FUNCTION_
NAME;

  @Override
  public boolean preHandle(HttpServletRequest request,
    HttpServletResponse response, Object handler)
      throws Exception {
```

```
    // コントローラーの動作前

    val fna = getBean(handler, FunctionNameAware.class);
    if (fna != null) {
      val functionName = fna.getFunctionName();
      MDC.put(MDC_FUNCTION_NAME, functionName);
    }

    return true;
  }
}
```

▼ リスト2.11　機能名を取得するためのマーカーインターフェース（FunctionNameAware.java）

```
/**
 * 機能名のマーカーインターフェース
 */
public interface FunctionNameAware {

  /**
   * 機能名を返す
   *
   * @return
   */
  String getFunctionName();
}
```

▼ リスト2.12　リクエストトラッキングを行うログ出力のサンプル実装（RequestTrackingInterceptor.java）

```
import static java.util.concurrent.TimeUnit.NANOSECONDS;

import javax.servlet.http.HttpServletRequest;
```

```
import javax.servlet.http.HttpServletResponse;

import org.slf4j.MDC;

import com.sample.common.XORShiftRandom;

import lombok.val;
import lombok.extern.slf4j.Slf4j;

/**
 * 処理時間をDEBUGログに出力する
 */
@Slf4j
public class RequestTrackingInterceptor extends BaseHandlerInterceptor {

  private static final ThreadLocal<Long> startTimeHolder = new
ThreadLocal<>();

  private static final String HEADER_X_TRACK_ID = "X-Track-Id";

  // 乱数生成器
  private final XORShiftRandom random = new XORShiftRandom();

  @Override
  public boolean preHandle(HttpServletRequest request,
    HttpServletResponse response, Object handler)
      throws Exception {
    // コントローラーの動作前

    // 現在時刻を記録
    val beforeNanoSec = System.nanoTime();
    startTimeHolder.set(beforeNanoSec);

    // トラッキングID
    val trackId = getTrackId(request);
```

```
    MDC.put(HEADER_X_TRACK_ID, trackId);
    response.setHeader(HEADER_X_TRACK_ID, trackId);

    return true;
  }

  @Override
  public void afterCompletion(HttpServletRequest request,
    HttpServletResponse response, Object handler, Exception ex)
      throws Exception {
    // 処理完了後

    val beforeNanoSec = startTimeHolder.get();

    if (beforeNanoSec == null) {
      return;
    }

    val elapsedNanoSec = System.nanoTime() - beforeNanoSec;
    val elapsedMilliSec = NANOSECONDS.toMillis(elapsedNanoSec);
    log.info("path={}, method={}, Elapsed {}ms.", request.
getRequestURI(),
      request.getMethod(), elapsedMilliSec);

    // 破棄する
    startTimeHolder.remove();
  }

  /**
   * トラッキングIDを取得する
   *
   * @param request
   * @return
   */
  private String getTrackId(HttpServletRequest request) {
```

```
    String trackId = request.getHeader(HEADER_X_TRACK_ID);
    if (trackId == null) {
      int seed = Integer.MAX_VALUE;
      trackId = String.valueOf(random.nextInt(seed));
    }

    return trackId;
  }
}
```

ログレベル

ログレベルの設定は、リスト 2.13 のように logging.level.* の設定を記述します。MDC に設定した値を共通的にログに埋め込むために logging.pattern.level を設定すると、ログ出力するたびに引数に情報を渡すといった冗長なコードを排除することができます。

▼ リスト2.13　ログ出力の設定（application.yml）

```
logging:
  level:
    # プロジェクトごとにログレベルを指定可能
    org.springframework: INFO
    org.springframework.jdbc: INFO
    org.thymeleaf: DEBUG
    com.sample: DEBUG
  pattern:
    level: "[%X{FUNCTION_NAME}:%X{X-Track-Id}:%X{LOGIN_USER_ID}] %5p"
```

ログローテーション

ログ出力の設定で忘れてはいけないのは、ログローテーションの設定です。Spring Bootのデフォルトでは、ログファイルのサイズ上限によるローテーションが行われます。リスト2.14は、ログローテーションの設定を変更し、日時のログファイルに分割する例です。logback-spring.xmlというファイル名のXMLで設定すると、Springの拡張タグや定義済みの変数を利用できます。ここでは、ステージング環境と本番環境のログファイルを、日時のローテーションで14日分保持する設定にしています。

なお、Logbackの場合、次の4ファイルのいずれかをクラスパスに配置することでログ出力をカスタマイズできます。

- logback-spring.xml
- logback-spring.groovy
- logback.xml
- logback.groovy

▼ リスト2.14　ログローテーションの設定サンプル（logback-spring.xml）

```
<?xml version="1.0" encoding="UTF-8"?>
<configuration>
  <!-- SpringBoot デフォルトのログ出力設定を取り込み、設定を簡素化 -->
  <include resource="org/springframework/boot/logging/logback/defaults.
xml" />
  <property name="LOG_FILE" value="${LOG_FILE:-${LOG_PATH:-${LOG_TEMP:-
${java.io.tmpdir:-/tmp}}/}spring.log}"/>
  <include resource="org/springframework/boot/logging/logback/console-
appender.xml" />

  <springProfile name="development">
    <root level="INFO">
      <appender-ref ref="CONSOLE" />
    </root>
  </springProfile>

  <springProfile name="production, staging">
```

```
    <appender name="FILE" class="ch.qos.logback.core.rolling.
RollingFileAppender">
      <encoder>
        <charset>UTF-8</charset>
        <pattern>${FILE_LOG_PATTERN}</pattern>
      </encoder>
      <file>${LOG_FILE}</file>
      <rollingPolicy class="ch.qos.logback.core.rolling.T
imeBasedRollingPolicy">
        <fileNamePattern>${LOG_FILE}-%d{yyyyMMdd}.gz</fileNamePattern>
        <maxHistory>14</maxHistory>
      </rollingPolicy>
    </appender>

    <appender name="ASYNC_FILE" class="ch.qos.logback.classic.
AsyncAppender">
      <appender-ref ref="FILE" />
    </appender>

    <root level="INFO">
      <appender-ref ref="CONSOLE" />
      <appender-ref ref="ASYNC_FILE" />
    </root>
  </springProfile>

</configuration>
```

2.4 ファイルダウンロード

ファイルの出力処理を共通処理にするとソースコードの記述量を削減し、統一された方法に揃えることで微妙な動作の違いを生まないようにすることができます。

ファイルダウンロードの機能は、エンタープライズのアプリケーション開発に限らず、とてもよくある機能の1つです。ファイルダウンロードの機能を実装する場合は、org.springframework.web.servlet.View インターフェースを実装することで、汎用的なロジックで様々なファイルダウンロードに対応できるようになります。レスポンスの形式が、画面なのかファイルのダウンロードなのかをビジネスロジックから分離することができるので、View クラスの再利用性の高さと、ビジネスロジックから出力処理の排除ができる点で生産性の向上を図ることができます。PDF ファイルのダウンロード、CSV ファイルのダウンロード、Excel ファイルのダウンロードについて説明します。

PDFファイルのダウンロード

Java アプリケーションにおいて、帳票出力の代表的なライブラリとして JasperReports があります。JapserReports は、.jrxml という拡張子の XML ファイルで帳票のレイアウトをテンプレートとして定義して、帳票を出力する際に対象データを引数に渡すことで帳票を出力します。テンプレートファイルは、Jaspersoft Studio という Eclipse をベースにした帳票デザインツールを使って作成します。

Spring MVC には、JasperReports をサポートする View クラスが提供されていましたが、Spring Framework 5 から機能が除外されています。そのため、JasperReports ライブラリを直接使って PDF 出力する PDFView クラスを実装して、引数にデータを渡すだけで PDF 出力ができるようにします。

▼ リスト2.15　PdfViewのサンプル実装（PdfView.java）

```
(……省略……)

/**
 * PDFビュー
 */
public class PdfView extends AbstractView {

  protected String report;

  protected Collection<?> data;

  protected String filename;

  /**
   * コンストラクタ
```

```
   *
   * @param report
   * @param data
   * @param filename
   */
  public PdfView(String report, Collection<?> data, String filename) {
    super();
    this.setContentType("application/pdf");
    this.report = report;
    this.data = data;
    this.filename = filename;
  }

  @Override
  protected void renderMergedOutputModel(Map<String, Object> model,
HttpServletRequest request,
        HttpServletResponse response) throws Exception {

    // IEの場合はContent-Lengthヘッダが指定されていないとダウンロードが失敗するので、
    // サイズを取得するための一時的なバイト配列ストリームにコンテンツを書き出すようにする
    val baos = createTemporaryOutputStream();

    // 帳票レイアウト
    val report = loadReport();

    // データの設定
    val dataSource = new JRBeanCollectionDataSource(this.data);
    val print = JasperFillManager.fillReport(report, model, dataSource);

    val exporter = new JRPdfExporter();
    exporter.setExporterInput(new SimpleExporterInput(print));
    exporter.setExporterOutput(new SimpleOutputStreamExporterOutput(
baos));
    exporter.exportReport();
```

```
    // ファイル名に日本語を含めても文字化けしないようにUTF-8にエンコードする
    val encodedFilename = EncodeUtils.encodeUtf8(filename);
    val contentDisposition = String.format("attachment; filename*=UTF-
8''%s", encodedFilename);
    response.setHeader(CONTENT_DISPOSITION, contentDisposition);

    // Content-TypeとContent-Lengthヘッダを設定した後にレスポンスを書き出す
    writeToResponse(response, baos);
    }

    /**
     * 帳票レイアウトを読み込む
     *
     * @return
     */
protected final JasperReport loadReport() {
   val resource = new ClassPathResource(this.report);

   try {
        val fileName = resource.getFilename();
    if (fileName.endsWith(".jasper")) {
      try (val is = resource.getInputStream()) {
        return (JasperReport) JRLoader.loadObject(is);
      }
   } else if (fileName.endsWith(".jrxml")) {
      try (val is = resource.getInputStream()) {
       JasperDesign design = JRXmlLoader.load(is);
       return JasperCompileManager.compileReport(design);
      }
   } else {
     throw new IllegalArgumentException(
         ".jasper または .jrxml の帳票を指定してください。 [" + fileName + "]
must end in either ");
   }
  } catch (IOException e) {
```

```
    throw new IllegalArgumentException("failed to load report. " +
resource, e);
  } catch (JRException e) {
    throw new IllegalArgumentException("failed to parse report. " +
resource, e);
  }
}

  (……省略……)
}
```

▼ リスト2.16　PDFダウンロードのサンプル実装（UserHtmlController.java）

```
/**
 * PDF ダウンロード
 *
 * @param filename
 * @return
 */
@GetMapping(path = "/download/{filename:.+\\.pdf}")
public ModelAndView downloadPdf(@PathVariable String filename) {
  // 全件取得する
  val users = userService.findAll(new User(), Pageable.NO_LIMIT);

  // 帳票レイアウト、データ、ダウンロード時のファイル名を指定する
  val view = new PdfView("reports/users.jrxml", users.getData(), filename);

  return new ModelAndView(view);
}
```

CSVファイルのダウンロード

CSVファイルのダウンロードは、jackson-dataformat-csvを利用するとシンプルに実装することができます。まず、build.gradleファイルにリスト2.17のライブラリを追加しましょう。サンプルプロジェクトでは、org.springframework.web.servlet.view.AbstractViewを継承したCsvViewを用意し、jackson-dataformat-csvのCsvMapperを使って、エンティティをCSVファイルにマッピングして出力しています。

▼ リスト2.17　Jacksonを依存関係に追加する（build.gradle）

```
compile "com.fasterxml.jackson.dataformat:jackson-dataformat-csv"
```

▼ リスト2.18　CsvViewのサンプル実装（CsvView.java）

```
/**
 * CSVビュー
 */
public class CsvView extends AbstractView {

  protected static final CsvMapper csvMapper = createCsvMapper();

  protected Class<?> clazz;

  protected Collection<?> data;

  @Setter
  protected String filename;

  @Setter
  protected List<String> columns;

   /**
    * CSVマッパーを生成する
    *
```

```
     * @return
     */
    static CsvMapper createCsvMapper() {
      CsvMapper mapper = new CsvMapper();
      mapper.configure(ALWAYS_QUOTE_STRINGS, true);
      mapper.findAndRegisterModules();
      return mapper;
    }

    /**
     * コンストラクタ
     *
     * @param clazz
     * @param data
     * @param filename
     */
    public CsvView(Class<?> clazz, Collection<?> data, String filename) {
      setContentType("application/octet-stream; charset=Windows-31J;");
      this.clazz = clazz;
      this.data = data;
    }

    @Override
    protected boolean generatesDownloadContent() {
      return true;
    }

    @Override
    protected final void renderMergedOutputModel(Map<String, Object>
  model,
      HttpServletRequest request,
        HttpServletResponse response) throws Exception {

      // ファイル名に日本語を含めても文字化けしないようにUTF-8にエンコードする
      val encodedFilename = EncodeUtils.encodeUtf8(filename);
```

```
    val contentDisposition = String.format("attachment; filename*=UTF-
8''%s", encodedFilename);

    response.setHeader(CONTENT_TYPE, getContentType());
    response.setHeader(CONTENT_DISPOSITION, contentDisposition);

    // CSVヘッダをオブジェクトから作成する
    CsvSchema schema = csvMapper.schemaFor(clazz).withHeader();

    if (isNotEmpty(columns)) {
      // カラムが指定された場合は、スキーマを再構築する
      val builder = schema.rebuild().clearColumns();
      for (String column : columns) {
        builder.addColumn(column);
      }
      schema = builder.build();
    }

    // 書き出し
    val outputStream = createTemporaryOutputStream();
    try (Writer writer = new OutputStreamWriter(outputStream, "Windows-
31J")) {
      csvMapper.writer(schema).writeValue(writer, data);
    }
  }
}
```

リスト2.19は、JacksonでCSVファイルに変換する元となるエンティティです。CSVファイルに出力する順番や出力の除外、項目名の定義を、アノテーションを使って設定します。

▼ リスト2.19　CSVにマッピングするエンティティのサンプル実装(UserCsv.java)

```
@JsonIgnoreProperties(ignoreUnknown = true) // 定義されていないプロパティを無
視してマッピングする
```

```
@JsonPropertyOrder({ "ユーザーID", "苗字", "名前", "メールアドレス", "電話番
号1", "郵便番号", "住所1" }) // CSVのヘッダ順
@Getter
@Setter
public class UserCsv implements Serializable {

  private static final long serialVersionUID = -1883999589975469540L;

  @JsonProperty("ユーザーID")
  Integer id;

  // ハッシュ化されたパスワード
  @JsonIgnore // CSVに出力しない
  String password;

  @JsonProperty("名前")
  String firstName;

  @JsonProperty("苗字")
  String lastName;

  @JsonProperty("メールアドレス")
  String email;

  @JsonProperty("電話番号")
  String tel;

  @JsonProperty("郵便番号")
  String zip;

  @JsonProperty("住所")
  String address;
}
```

コントローラーの実装は、PDFファイルのときと同様で、リスト2.20のように、ModelAndViewで

CsvViewを包んで返戻するだけです。

▼ リスト2.20　CSVダウンロードのサンプル実装（UserHtmlController.java）

```
/**
 * CSVダウンロード
 *
 * @param filename
 * @return
 */
@GetMapping("/download/{filename:.+\\.csv}")
public ModelAndView downloadCsv(@PathVariable String filename) {
  // 全件取得する
  val staffs = staffService.findAll(new Staff(), Pageable.NO_LIMIT);

  // 詰め替える
  List<StaffCsv> csvList = modelMapper.map(staffs.
getData(),toListType(StaffCsv.class));

  // レスポンスを設定する
  val view = new CsvView(UserCsv.class, csvList, filename);

  return new ModelAndView(view);
}
```

Excelファイルのダウンロード

Excelファイルのダウンロードの場合は、org.springframework.web.servlet.view.document.AbstractXlsxViewを利用します。AbstractXlsxViewは、Apache POIに依存しているので、リスト2.21のようにバージョンまで指定して依存関係を記述します。PDFファイルの場合と同様で、ファイル名に日本語が含まれると文字化けが生じてしまうので、リスト2.22のように子クラスを作成して対応します。Excelのワークブックの組み立て処理は、リスト2.23のように、コールバックを用いて各機能側で実装できるようにしているので、ExcelViewは汎用的に利用することができます。

▼ リスト2.21 Apache POIを依存関係に追加する（build.gradle）

```
compile "org.apache.poi:poi:3.16"
compile "org.apache.poi:poi-ooxml:3.16"
```

ExcelViewのコンストラクタでは、日本語を利用するためcharsetにWindows31Jを指定します。

▼ リスト2.22 ExcelViewのサンプル実装（ExcelView.java）

```
/**
 * Excelビュー
 */
public class ExcelView extends AbstractXlsxView {

  protected String filename;

  protected Collection<?> data;

  protected Callback callback;

  /**
   * コンストラクタ
   */
  public ExcelView() {
    setContentType("application/vnd.openxmlformats-officedocument.
spreadsheetml.sheet; charset=Windows-31J;");
  }

  /**
   * コンストラクタ
   *
   * @param filename
   * @param data
   * @param callback
```

```
    */
   public ExcelView(Callback callback, Collection<?> data, String filename) {
     this();
     this.filename = filename;
     this.data = data;
     this.callback = callback;
   }

   @Override
   protected void buildExcelDocument(Map<String, Object> model,
     Workbook workbook, HttpServletRequest request,
       HttpServletResponse response) throws Exception {

     // ファイル名に日本語を含めても文字化けしないようにUTF-8にエンコードする
     val encodedFilename = EncodeUtils.encodeUtf8(filename);
     val contentDisposition = String.format("attachment; filename*=UTF-
8''%s", encodedFilename);
     response.setHeader(CONTENT_DISPOSITION, contentDisposition);

     // Excelブックを構築する
     callback.buildExcelWorkbook(model, this.data, workbook);
   }

   public interface Callback {

     /**
      * Excelブックを構築する
      *
      * @param model
      * @param data
      * @param workbook
      */
     void buildExcelWorkbook(Map<String, Object> model, Collection<?>
data, Workbook workbook);
   }
```

Webアプリケーションにおける共通処理

```
}
```

UserExcel は、機能別に実装する Excel ワークブックの組み立て処理を実装します。メソッドの第 1 引数のマップ変数から必要なデータを取り出して、列や行を組み立てていきます。

▼ リスト2.23　Excelのワークブックを組み立てるサンプル実装（UserExcel.java）

```
import static org.apache.poi.hssf.util.HSSFColor.HSSFColorPredefined.DARK_
GREEN;
import static org.apache.poi.hssf.util.HSSFColor.HSSFColorPredefined.
WHITE;

import java.util.List;
import java.util.Map;

import org.apache.poi.ss.usermodel.*;

import com.sample.domain.dto.user.User;
import com.sample.web.base.view.ExcelView;

public class UserExcel implements ExcelView.Callback {

  @Override
  public void buildExcelWorkbook(Map<String, Object> model, Collection<?>
data, Workbook workbook) {

    // シートを作成する
    Sheet sheet = workbook.createSheet("ユーザー");
    sheet.setDefaultColumnWidth(30);

    // フォント
    Font font = workbook.createFont();
    font.setFontName("メイリオ");
    font.setBold(true);
```

```
        font.setColor(WHITE.getIndex());

        // ヘッダーのスタイル
        CellStyle style = workbook.createCellStyle();
        style.setFillForegroundColor(DARK_GREEN.getIndex());
        style.setFillPattern(FillPatternType.SOLID_FOREGROUND);
        style.setFont(font);

        Row header = sheet.createRow(0);
        header.createCell(0).setCellValue("苗字");
        header.getCell(0).setCellStyle(style);
        header.createCell(1).setCellValue("名前");
        header.getCell(1).setCellStyle(style);
        header.createCell(2).setCellValue("メールアドレス");
        header.getCell(2).setCellStyle(style);

        // 明細
        @SuppressWarnings("unchecked")
        val users = (List<User>) data; // コントローラーで指定するデータのキー

        int count = 1;
        for (User user : users) {
            Row userRow = sheet.createRow(count++);
            userRow.createCell(0).setCellValue(user.getLastName());
            userRow.createCell(1).setCellValue(user.getFirstName());
            userRow.createCell(2).setCellValue(user.getEmail());
        }
    }
}
```

▼ リスト2.24　Excelダウンロードのサンプル実装（UserHtmlController.java）

```
/**
 * Excel ダウンロード
```

```
 *
 * @param filename
 * @return
 */
@GetMapping(path = "/download/{filename:.+\\.xlsx}")
public ModelAndView downloadExcel(@PathVariable String filename) {
  // 全件取得する
  val users = userService.findAll(new User(), Pageable.NO_LIMIT);

  // Excel ブック生成コールバック、データ、ダウンロード時のファイル名を指定する
  val view = new ExcelView(new UserExcel(), users.getData(), filename);

  return new ModelAndView(view);
}
```

2.5 ファイルアップロード

ファイルアップロードの機能は、ファイルダウンロードと同様に、よく実装する機能の1つです。

Spring Boot では、アップロードファイルのサイズ上限などの設定を適切に行わないと、オートコンフィグレーションによるデフォルトの動作仕様では要件を満たせないこともありえるので、注意が必要です。

Spring Boot では、Servlet API 3.0 で利用できる javax.servlet.http.Part を内包する MultipartResolver がオートコンフィグレーションされるので、何も設定をしなくても MultipartFile インターフェースを使ってファイルを受け取ることができます。ファイルサイズの設定、ファイルの取り扱い、ファイルのデータベースへの格納について説明します。

ファイルサイズの設定

デフォルトでは、1ファイルのサイズ上限は 1MB で、1リクエストで受け付ける上限は 10MB になっています。上限値を変更するには、リスト 2.25 のように設定ファイルに値を定義することで、オートコンフィグレーションの動作仕様を変更することができます。

▼ リスト2.25　ファイルアップロードのサイズ上限値を変更する（application.yml）

```
spring:
  servlet:
    multipart:
      # 設定値を -1 にすると無制限になる
      max-file-size: -1
      max-request-size: 20MB
```


ファイルの取り扱い

リスト2.26のように、FormオブジェクトにMultipartFile型のフィールドを宣言すれば、MultipartResolverがリクエストのContentTypeを見て、multipartであればStandardMultipartFileをインスタンス生成してセットしてくれます。SessionAttributeを使ってセッションにFormオブジェクトを格納する場合は、Serializableではないのでtransientにします。

▼ リスト2.26　ファイルを保持するFormオブジェクト（UserForm.java）

```
@Setter
@Getter
public class UserForm extends BaseForm {
  (……省略……)

  // 添付ファイル
  @ContentType(allowed = { MediaType.IMAGE_PNG_VALUE, MediaType.IMAGE_
JPEG_VALUE, MediaType.IMAGE_GIF_VALUE })
  transient MultipartFile userImage; // Serializableではないのでtransientにする
}
```

リスト2.26で使われている@ContentTypeアノテーションは、独自に実装したアノテーションで、アップロードされたファイルの形式をBean Validationでチェックするためのものです。ここでは、画像ファイルのみを許可したいので、MediaTypeクラスを用いて画像ファイルのうち許可したい拡張子をallowed属性に渡しています。

ファイルのデータベースへの格納

本項では、Domaを使ってアップロードファイルをデータベースに保存する方法を説明します。Domaの詳しい使い方はchapter3で説明しているので併せて参照してください。

昨今では、クラウドサービスで提供される高可用性が担保されたストレージを利用するケースがよくありますが、既存のサーバーリソースを活用したい場合や、何らかの制約でクラウドサービスを利用できない場合には、データベースにファイルを格納する方法が手段の1つとして挙げられます。単にローカルストレージにファイルを書き出す場合は、MultipartFileのgetInputStreamメソッドを用いて得られたストリームをファイルに書き出すだけなので割愛します。

まず、ファイルを一元管理するアップロードファイルというテーブルを作成して、ファイルを識別するキーを他のテーブルとの紐付けに使うようにします。ファイルを格納するためのテーブルをリスト2.27のDDL文で作成します。

▼ リスト2.27　ファイルを永続化するテーブル（R__1_create_tables.sql）

```
CREATE TABLE IF NOT EXISTS upload_files(
  upload_file_id INT(11) unsigned NOT NULL AUTO_INCREMENT COMMENT 'ファイルID'
   , file_key VARCHAR(100) NOT NULL COMMENT 'ファイルキー'
   , file_name VARCHAR(100) NOT NULL COMMENT 'ファイル名'
   , original_file_name VARCHAR(200) NOT NULL COMMENT 'オリジナルファイル名'
   , content_type VARCHAR(50) NOT NULL COMMENT 'コンテンツタイプ'
   , content LONGBLOB NOT NULL COMMENT 'コンテンツ'
   , created_by VARCHAR(50) NOT NULL COMMENT '登録者'
   , created_at DATETIME NOT NULL COMMENT '登録日時'
   , updated_by VARCHAR(50) DEFAULT NULL COMMENT '更新者'
   , updated_at DATETIME DEFAULT NULL COMMENT '更新日時'
   , deleted_by VARCHAR(50) DEFAULT NULL COMMENT '削除者'
   , deleted_at DATETIME DEFAULT NULL COMMENT '削除日時'
   , version INT(11) unsigned NOT NULL DEFAULT 1 COMMENT '改訂番号'
   , PRIMARY KEY (upload_file_id)
   , KEY idx_upload_files (file_name, deleted_at)
```

```
  , KEY idx_upload_files_01 (file_key, deleted_at)
) COMMENT='アップロードファイル';
```

アップロードファイルテーブルに対応するエンティティをリスト2.28のように作成します。BZip2Data型は、Domaのドメインクラス機能を使ってファイルのバイト配列をGZip2で圧縮して保持するクラスです。圧縮する必要がなければ、contentフィールドの型をbyte[]型に変更してください。

▼ リスト2.28　アップロードファイルを扱うエンティティ（UploadFile.java）

```
@Table(name = "upload_files")
@Entity
@Getter
@Setter
public class UploadFile extends DomaDtoImpl implements
MultipartFileConvertible {

  private static final long serialVersionUID = 1738092593334285554L;

  @OriginalStates // 差分UPDATEのために定義する
  UploadFile originalStates;

  @Id
  @Column(name = "upload_file_id")
  @GeneratedValue(strategy = GenerationType.IDENTITY)
  Long id;

  // ファイル名
  @Column(name = "file_name")
  String filename;

  // オリジナルファイル名
  @Column(name = "original_file_name")
  String originalFilename;
```

```
    // コンテンツタイプ
    String contentType;

    // コンテンツ
    BZip2Data content; // byte[]を内包するドメインクラス(値オブジェクト)
}
```

リスト 2.29 では、データベースとのやり取りを行うためのデータアクセスオブジェクトで @Update アノテーションを付与したメソッドを呼び出すと、リスト 2.28 のエンティティをもとにデータを更新するための SQL 文を発行します。

▼ リスト2.29　データアクセスのためのDaoクラス（UploadFileDao.java）

```
@ConfigAutowireable
@Dao
public interface UploadFileDao {
    (……省略……)

    /**
     * アップロードファイルを更新する
     *
     * @param uploadFile
     * @return
     */
    @Update
    int update(UploadFile uploadFile);

    (……省略……)
}
```

Form オブジェクトから MultipartFile 型のインスタンスを取得して、リスト 2.30 のように、エンティティに値を詰め替えます。さらに、リスト 2.31 のようにエンティティを引数に渡してデータアクセスオブジェクトの update メソッドを呼び出すと、BLOB 型の値が content カラムに書き込まれます。

▼ リスト2.30　アップロードファイルを変換する（MultipartFileUtils.java）

```
/**
 * MultipartFileConvertible に値を詰め替える
 *
 * @param from
 * @param to
 */
public static void convert(MultipartFile from, MultipartFileConvertible to) {
  to.setFilename(from.getName());
  to.setOriginalFilename(from.getOriginalFilename());
  to.setContentType(from.getContentType());
  try {
    // バイト配列をセットする
    to.setContent(BZip2Data.of(from.getBytes()));
  } catch (IOException e) {
    log.error("failed to getBytes", e);
    throw new IllegalArgumentException(e);
  }
}
```

▼ リスト2.31　アップロードファイルをDBに格納する（UserHtmlController.java）

```
  (……省略……)

  val image = form.getUserImage();
  if (image != null && !image.isEmpty()) {
    val uploadFile = new UploadFile();
    MultipartFileUtils.convert(image, uploadFile);
    // MultipartFileConvertible に値を詰め替える
    user.setUploadFile(uploadFile);
  }
  // 更新する
  val updatedUser = userService.update(user);
```

```
(……省略……)
```

2.6 メール送信

メールを送信する方法としてよくあるのは、あらかじめ決められたメール本文をテンプレートファイルに記述して、埋め込まれた変数に値を設定してメールを送信するという方法です。この方法では、メール本文の文言を修正したいという軽微な修正でも、アプリケーションの改修が必要になってしまいます。

Spring Bootでは、spring-boot-starter-mailスターターが用意されています。このスターターを依存関係に追加して、spring.mail.hostプロパティを定義すると、オートコンフィグレーションによって作成されるJavaMailSenderが利用できるようになります。JavaMailSenderはメール送信のためのインターフェースで、JavaMailライブラリを使ったメール送信を簡単に実装できるユーティリティです。

リスト2.33の実装例のように、SimpleMailMessageオブジェクトをJavaMailSender#sendに渡すことでメールを送信することができます。メールの本文は、SimpleMailMessage#setTextメソッドの引数に渡すのですが、テンプレートエンジンの利用を想定すると実用的になります。実装例では、Thymeleaf 3を使ってメール本文を組み立てて、sendMailメソッドに渡しています。

テンプレートエンジンの利用

Thymeleaf 3は、テンプレートモードにTEXTを指定することができ、リスト2.34のようにシンプルなテンプレートを定義することができるのでとても便利です。サンプルプロジェクトでは、リスト2.32のように、テンプレートをデータベースから取得するようになっています。データベースのテンプレートをメンテナンスする機能を用意することで、軽微なメール本文の修正のためにアプリケーションの改修を不要にすることができます。

▼ リスト2.32　データベースからテンプレートを取得する (MailTemplateRepository.java)

```
/**
 * メールテンプレートを取得する
 *
```

```
 * @return
 */
public MailTemplate findById(final Long id) {
  // 1件取得
  return mailTemplateDao.selectById(id)
      .orElseThrow(() -> new NoDataFoundException("mailTemplate_id=" +
id + " のデータが見つかりません。"));
}
```

▼ リスト2.33　メール送信の実装例（SendMailHelper.java）

```
/**
 * メール送信ヘルパー
 */
@Component
@Slf4j
public class SendMailHelper {

  @Autowired
  JavaMailSender javaMailSender;

  /**
   * メールを送信する
   *
   * @param fromAddress
   * @param toAddress
   * @param subject
   * @param body
   */
  public void sendMail(String fromAddress, String[] toAddress,
    String subject, String body) {
    val message = new SimpleMailMessage();
    message.setFrom(fromAddress);
    message.setTo(toAddress);
```

```
    message.setSubject(subject);
    message.setText(body);

    try {
      javaMailSender.send(message);
    } catch (MailException e) {
      log.error("failed to send mail.", e);
      throw e;
    }
  }

  /**
   * 指定したテンプレートのメール本文を返す
   *
   * @param template
   * @param params
   * @return
   */
  public String getMailBody(String template, Map<String, Object> params) {
    val templateEngine = new SpringTemplateEngine();
    templateEngine.setTemplateResolver(templateResolver());

    val context = new Context();
    if (isNotEmpty(params)) {
      params.forEach(context::setVariable);
    }

    return templateEngine.process(template, context);
  }

  protected ITemplateResolver templateResolver() {
    val resolver = new StringTemplateResolver();
    resolver.setTemplateMode("TEXT");
    resolver.setCacheable(false); // 安全をとってキャッシュしない
    return resolver;
```

```
  }
}
```

▼ リスト2.34　メール本文のテンプレート例

```
[[${staff.firstName}]] さん

下記のリンクを開いてパスワードをリセットしてください。
[[${url}]]
```

データアクセス

chapter 3 データアクセス

本 chapter では、O/R マッパーとして Doma を使った実装方法を説明します。Doma は、2 way-SQL と呼ばれる SQL テンプレートを利用できるので、SQL 文の見通しがよくなるという特徴があります。実行時に SQL テンプレートと Java ソースコードとの不整合を検知して間違いを指摘する機能も備わっていて、とても使い勝手がよい O/R マッパーです。Spring プロジェクトには、O/R マッパーとして Spring Data JPA[注1] が提供されているので、他に候補がなければどちらがよいか検討してみてください。

なお、Spring Data JPA は発行される SQL が想像しづらく、性能の課題を引き起こしたりするリスクがありました。そのため、SQL を利用できる O/R マッパーを採用したいと筆者らは考え、2 way-SQL の機能を高く評価したため、Doma 2 を利用しています。

3.1 スターター

Doma には doma-spring-boot-starter スターターが用意されているので、このスターターを依存関係に追加しましょう。chapter1 で紹介したとおり、ビルドスクリプトをリスト 3.1 のように記述します。注意する点として、org.springframework.boot をグループで除外しておかないと、別のバージョンの Spring Boot ライブラリが依存関係に追加される場合があります。

Column 2 way-SQLとは

2 way-SQL は、SQL のコメントに条件分岐を記述することで、プログラムの SQL テンプレートとしての利用と、加工せずにそのままツールなどでの利用という 2 通りの使い方が可能になっている SQL 文です。プログラミング言語で、クエリを組み立てる方法と比べると実行時の SQL 文が可視化されるため、SQL 文の正しさを検証しやすくできる利点があります。

※注1 Spring Data JPA URL https://projects.spring.io/spring-data-jpa/

▼ リスト3.1　Domaのスターターを依存関係に追加する（build.gradle）

```
// doma exclude springframework
annotationProcessor "org.seasar.doma.boot:doma-spring-boot-starter:1.1.1"
compile("org.seasar.doma.boot:doma-spring-boot-starter:1.1.1") {
  exclude group: "org.springframework.boot"
}
```

このスターターを追加することで、Spring Bootのオートコンフィグレーションが働きます。デフォルトの設定を変更する場合は、設定ファイルに変更したい項目を定義しましょう。例えば、開発中のみSQLテンプレートをキャッシュしないようにする場合は、リスト3.2をapplication-development.ymlに記述します。

▼ リスト3.2　Domaの設定を記述する（application-development.yml）

```
doma:
  # SQLファイルをキャッシュしない
  sql-file-repository: no_cache
```

3.2 Domaの使い方

本chapterで利用するDomaの基本的な利用法について説明します。Domaを利用するには、以下のファイルを作成します。

- **エンティティ**
- **Daoインターフェース**
- **SQLテンプレート**

これらの項目についてそれぞれ説明します。

❯ エンティティ

まず、エンティティから見ていきましょう。ここでは、リスト 3.3 のようにエンティティを作成します。Doma では、表 3.1 のクラス・フィールドにアノテーションを指定することで、データベースのテーブルとエンティティをマッピングします。

▼ リスト3.3　Domaエンティティのサンプル実装（User.java）

```
@Table(name = "users")
@Entity
@Getter
@Setter
public class User extends DomaDtoImpl {

  private static final long serialVersionUID = 4512633005852272922L;

  @OriginalStates // 差分 UPDATE のために定義する
  User originalStates;

  @Id // 主キーである
  @Column(name = "user_id") // id <-> user_id をマッピングする
  @GeneratedValue(strategy = GenerationType.IDENTITY)
  // MySQL の AUTO_INCREMENT を利用する
  Long id;

  // ハッシュ化されたパスワード
  String password;

  // 名前
  String firstName;

  // 苗字
  String lastName;
```

データアクセス

```
    // メールアドレス
    String email;

    // 電話番号
    String tel;

    // 郵便番号
    String zip;

    // 住所
    String address;

    // 添付ファイルID
    Long uploadFileId;

    // 添付ファイル
    @Transient  // Domaで永続化しない(usersテーブルにupload_fileというカラムはないため)
    UploadFile uploadFile;
}
```

表3.1　Domaの主要なアノテーション

アノテーション	概要
Table	テーブル名を指定する。
Entity	エンティティであることを示す。
Id	主キーであることを示す（複数指定も可能）。
GeneratedValue	データベースの採番機能を使う。
Column	カラム名の指定や、登録・更新の可否を設定する。
Transient	非永続的な項目として扱うことを示す。
OriginalStates	更新処理のとき、SET句に差分のみを含めるようにする。

Daoインターフェース

続いて、Daoインターフェースをリスト3.4のように作成します。Doma 2.0では、StreamやOptinalを利用することができるので、Java 8以降が利用できる場合は積極的に活用しましょう。Collectorを引数に渡せるようにすると、グルーピングした結果をマップ型で受け取ったり、リスト型で受け取ったりと柔軟性が高くなります。

▼ リスト3.4　Daoインターフェースのサンプル実装（UserDao.java）

```
@ConfigAutowireable
@Dao
public interface UserDao {

    /**
     * ユーザーを取得する
     *
     * @param user
     * @param options
     * @return
     */
    @Select(strategy = SelectType.COLLECT)
    <R> R selectAll(final UserCriteria criteria, final SelectOptions
options, final Collector<User, ?, R> collector);

    /**
     * ユーザーを1件取得する
     *
     * @param id
     * @return
     */
    @Select
    Optional<User> selectById(Long id);

    /**
     * ユーザーを1件取得する
     *
     * @param user
     * @return
```

```
     */
    @Select
    Optional<User> select(UserCriteria criteria);

    /**
     * ユーザーを登録する
     *
     * @param user
     * @return
     */
    @Insert
    int insert(User user);

    /**
     * ユーザーを更新する
     *
     * @param user
     * @return
     */
    @Update
    int update(User user);

    /**
     * ユーザーを論理削除する
     *
     * @param user
     * @return
     */
    @Update(excludeNull = true) // NULLの項目は更新対象にしない
    int delete(User user);

    /**
     * ユーザーを一括登録する
     *
     * @param users
```

```
 * @return
 */
@BatchInsert
int[] insert(List<User> users);
}
```

SQLテンプレート

データアクセス

最後に、SQLテンプレートを作成します。作成する際は、src/main/resources/META-INFの配下に、Daoインターフェースと同じパッケージ構成になるようにします。ファイル名は、Daoインターフェースに定義したメソッド名として、拡張子はsqlとする必要があります。誤りがあると実行時にエラー内容がログに出力されます。

ここでは、sample-domain/src/main/resources/META-INF/com/sample/domain/dao/users/UserDao/select.sqlというパスで、リスト3.5の内容のファイルを作成します。/*%if 式*/から/*%end*/で囲われた部分は、メソッドの引数に渡したオブジェクトをもとに式が評価されます。このSQL文は、前述したようにツールでそのまま実行が可能な2 way-SQLになっています。式などの詳しい使い方は、Doma 2.0ドキュメント注2を参照してください。

▼ リスト3.5　SQLテンプレートのサンプル実装（UserDao/select.sql）

```
SELECT
  user_id
  ,first_name
  ,last_name
  ,email
  ,password
  ,tel
  ,zip
  ,address
  ,created_by
  ,created_at
```

※注2　Doma 2.0ドキュメント URL https://doma.readthedocs.io/ja/stable/

```
    ,updated_by
    ,updated_at
    ,deleted_by
    ,deleted_at
    ,version
  FROM
    users
  WHERE
    deleted_at IS NULL
  /*%if criteria.id != null */
  AND user_id = /* criteria.id */1
  /*%end*/
  /*%if criteria.email != null */
  AND email = /* criteria.email */'aaaa@bbbb.com'
  /*%end*/
```

3.3 エンティティ共通処理

すべてのエンティティにシステム固有のシステム制御項目（作成者、作成日時、更新者、更新日時、削除者、削除日時）を用いてエンティティのライフサイクルがわかるようにする必要があります。多くのエンティティを取り扱うときに、すべてのテーブルに共通のルールを適用する場合の共通処理について説明します。

すべてのエンティティに共通の基底クラスを準備し、このクラスにエンティティリスナーを定義して共通処理を実施します。以下に、基底クラス、エンティティリスナーについて説明します。

エンティティ基底クラス

リスト 3.6 のサンプル実装のように、エンティティ基底クラスを用意し、共通的に使うフィールドを定義することができます。さらに、@Entity アノテーションにリスナーを指定すると、更新・登録・削除のタイミングで共通的な処理を実行することができます。

▼ リスト3.6　基底エンティティクラスのサンプル実装（DomaDtoImpl.java）

```
@SuppressWarnings("serial")
@Entity(listener = DefaultEntityListener.class)
// 自動的にシステム制御項目を更新するためにリスナーを指定する
@Setter
@Getter
public abstract class DomaDtoImpl implements DomaDto, Serializable {

    // 作成者
    String createdBy;

    // 作成日時
    LocalDateTime createdAt;

    // 更新者
    String updatedBy;

    // 更新日時
    LocalDateTime updatedAt;

    // 削除者
    String deletedBy;

    // 削除日時
    LocalDateTime deletedAt;

    @Version // 楽観的排他制御で使用する改定番号
    Integer version;

    // 作成・更新者に使用する値
    @Transient
    String auditUser;

    // 作成・更新日に使用する値
```

データアクセス

```
  @Transient
  LocalDateTime auditDateTime;
}
```

エンティティリスナー

リスト 3.7 のサンプル実装のエンティティリスナーでは、それぞれのタイミングでシステム制御項目の値をセットしています。共通的な処理をリスナーに移すことで、業務ロジックで現在時刻やログインユーザーの取得を行わずに済み、効率的です。

▼ リスト3.7　エンティティリスナーのサンプル実装（DefaultEntityListener.java）

```
@NoArgsConstructor // コンストラクタが必須のため
@Slf4j
public class DefaultEntityListener<ENTITY> implements
EntityListener<ENTITY> {

  @Override
  public void preInsert(ENTITY entity, PreInsertContext<ENTITY> context) {
    // 二重送信防止チェック
    val expected = DoubleSubmitCheckTokenHolder.getExpectedToken();
    val actual = DoubleSubmitCheckTokenHolder.getActualToken();

    if (expected != null && actual != null && !Objects.equals(expected,
actual)) {
      throw new DoubleSubmitErrorException();
    }

    if (entity instanceof DomaDto) {
      val domaDto = (DomaDto) entity;
      val createdAt = AuditInfoHolder.getAuditDateTime();
      val createdBy = AuditInfoHolder.getAuditUser();
```

```
      domaDto.setCreatedAt(createdAt); // 作成日
      domaDto.setCreatedBy(createdBy); // 作成者
    }
  }

  @Override
  public void preUpdate(ENTITY entity, PreUpdateContext<ENTITY> context) {

    if (entity instanceof DomaDto) {
      val domaDto = (DomaDto) entity;
      val updatedAt = AuditInfoHolder.getAuditDateTime();
      val updatedBy = AuditInfoHolder.getAuditUser();

      val methodName = context.getMethod().getName();
      if (StringUtils.startsWith("delete", methodName)) {
        domaDto.setDeletedAt(updatedAt); // 削除日
        domaDto.setDeletedBy(updatedBy); // 削除者
      } else {
        domaDto.setUpdatedAt(updatedAt); // 更新日
        domaDto.setUpdatedBy(updatedBy); // 更新者
      }
    }
  }

  @Override
  public void preDelete(ENTITY entity, PreDeleteContext<ENTITY> context) {

    if (entity instanceof DomaDto) {
      val domaDto = (DomaDto) entity;
      val deletedAt = AuditInfoHolder.getAuditDateTime();
      val deletedBy = AuditInfoHolder.getAuditUser();
      val name = domaDto.getClass().getName();
      val ids = getIds(domaDto);
```

```
            // 物理削除した場合はログ出力する
            log.info("データを物理削除しました。entity={}, id={}, deletedBy={},
deletedAt={}", name, ids, deletedBy, deletedAt);
        }
    }

    /**
     * Idアノテーションが付与されたフィールドの値のリストを返す
     *
     * @param dto
     * @return
     */
    protected List<Object> getIds(Dto dto) {
        return ReflectionUtils.findWithAnnotation(dto.getClass(), Id.class)
                .map(f -> ReflectionUtils.getFieldValue(f, dto))
                .collect(toList());
    }
}
```

3.4 ページング処理

Webアプリケーションやバッチ処理において、すべてのデータを一括で処理するのではなく部分的に処理を繰り返す処理方式を取る場合は、データアクセスにおいて工夫が必要です。

Webアプリケーションにおいては、大量のデータを画面に描画しようとするとレスポンスが遅くなるので、ページング処理を行って、1ページにつき10件といった区切りを設けて画面を表示することがよくあります。また、バッチ処理においては、大量のデータを取り出して、何らかの処理を行おうとすると、サーバーのメモリが枯渇してしまうので、ページング処理を行って1000件ずつ処理するといった方法を取ることがあります。

Domaは、ページング処理を行うための仕組みとして検索オプションを指定する機能を提供しているので、とても簡単にページング処理を行うことができます。

❯ 検索オプションによるページング処理

検索オプションは、リスト 3.8 のように、SelectOptions クラスの get メソッドを使ってインスタンス化して、offset と limit をセットして利用します。Dao インターフェースの select メソッドの呼び出し時に SelectOptions を渡すことで、自動的にページング処理された SQL 文が発行されるようになっています。

▼ リスト3.8　ページング処理をして検索結果を受け取る

```
val criteria = new UserCriteria();
criteria.setFirstName("John");
SelectOptions options = SelectOptions.get().offset(5).limit(10);
val data = userDao.selectAll(criteria, options, toList());
```

検索オプションの limit は 1 ページに表示する件数を指定するだけですが、offset は現在表示しているページ番号と 1 ページに表示する件数を使って計算する必要があるので、リスト 3.9 のように共通処理を用意しておくと効率よく実装することができます。

▼ リスト3.9　共通処理でoffsetを計算する（DomaUtils.java）

```
/**
 * Doma関連ユーティリティ
 */
public class DomaUtils {

  /**
   * SearchOptionsを作成して返す
   *
   * @return
   */
  public static SelectOptions createSelectOptions() {
    return SelectOptions.get();
  }

```

データアクセス

```
    /**
     * SearchOptionsを作成して返す
     *
     * @param pageable
     * @return
     */
    public static SelectOptions createSelectOptions(Pageable pageable) {
      int page = pageable.getPage();
      int perpage = pageable.getPerpage();
      return createSelectOptions(page, perpage);
    }

    /**
     * SearchOptionsを作成して返す
     *
     * @param page
     * @param perpage
     * @return
     */
    public static SelectOptions createSelectOptions(int page, int perpage) {
      int offset = (page - 1) * perpage;
      return SelectOptions.get().offset(offset).limit(perpage);
    }
}
```

3.5 排他制御

同じデータを参照して、一部の要素を変更して更新するという操作はアプリケーションにはよくあります。この操作を複数の人が同時に行うと、要素の一部それぞれが更新されて全体の整合性が取れなくなり、これを防ぐ必要があります。Webアプリケーションの開発においては、複数人の同時操作によるデータ不整合の発生を防ぐため、排他制御を行います。

Domaでは、排他制御を行うための機能が提供されているので、それを共通的に組み込むことで効率的に開発を進めることができます。また、この排他制御には、楽観的排他制御と悲観的排他制御の２種類があり、それぞれについて説明します。

楽観的排他制御

楽観的排他制御は、データ不整合を保険的に防ぐ方法です。また、複数人が同じデータを編集してしまった場合に、先に保存したほうの編集内容が後から保存した内容で上書きされてしまうといったことを防ぐことができます。

Doma を使って楽観的排他制御を行うには、以下の条件を満たす必要があります。

- **エンティティのフィールドに @Version アノテーションが付与されている。**
- **Dao インターフェースに付与したアノテーションの ignoreVersion を true にしていない。**
- **テーブルに数値型の改定番号カラムが定義されている。**

サンプル実装では、前述した基底エンティティクラス（リスト 3.6）に @Version アノテーションを付与した version フィールドを定義し、リスト 3.5 のように SELECT 句に version カラムを含めるようにしています。こうすることで、Dao を介して取得したエンティティの version フィールドに該当するレコードの改定番号がセットされます。

データの更新処理を行う際に、データを取得した時点の改定番号をセットしたエンティティをメソッドの引数に渡すだけで、更新されたデータの件数が 0 件である場合は楽観的排他エラーとなり、1 件以上のデータを更新できた場合は改定番号が +1 されるという動きになります。

データの取得時点の改定番号を保持するにはいくつか方法がありますが、ここでは、リスト 3.10 のように @SessionAttribute を利用する方法を採用します。@SessionAttribute アノテーションを付与すると、@ModelAttribute アノテーションを付与した Form オブジェクトと、addAttribute メソッドの引数に渡したオブジェクトがセッションに格納されます。

一連の流れをまとめると、以下のようになります。

① Form オブジェクトに改定番号のフィールドを定義する。
② コントローラーに @SessionAttribute アノテーションを付与する。
③ 編集画面の初期表示処理で改定番号を含めてデータを取得して、Form オブジェクトに詰め替える。
④ 更新処理で、更新対象データを取得して、そのデータを Form オブジェクトの値で上書きする。
⑤ Dao の更新処理を呼び出す（ここで排他制御がかかる）。
⑥ 不要になった Form オブジェクトをセッションからクリアする。

▼ リスト3.10　SessionAttributeのサンプル実装（UserHtmlController.java）

```
/**
 * ユーザー管理
 */
@Controller
@RequestMapping("/users/users")
@SessionAttributes(types = { SearchUserForm.class, UserForm.class })
// 型が一致するFormオブジェクトをセッションに格納する
@Slf4j
public class UserHtmlController extends AbstractHtmlController {
  (……省略……)

  /**
   * 編集画面 初期表示
   *
   * @param userId
   * @param form
   * @param model
   * @return
   */
  @GetMapping("/edit/{userId}")
  public String editUser(@PathVariable Long userId, @ModelAttribute
("userForm") UserForm form, Model model) {

    // セッションから取得できる場合は読み込み直さない
    if (!hasErrors(model)) {
      // 1件取得する
      val user = userService.findById(userId); // 改定番号を含めてデータを取得する

      // 取得したDtoをFromに詰め替える
      modelMapper.map(user, form);
      // @ModelAttribute アノテーションが付与されているFormオブジェクトは
自動的にmodelにセットされる
    }
```

```
        return "modules/users/users/new";
    }

    /**
     * 編集画面 更新処理
     *
     * @param form
     * @param br
     * @param userId
     * @param sessionStatus
     * @param attributes
     * @return
     */
    @PostMapping("/edit/{userId}")
    public String editUser(@Validated @ModelAttribute("userForm") UserForm
form, BindingResult br, @PathVariable Long userId,
        SessionStatus sessionStatus, RedirectAttributes attributes) {

        // 入力チェックエラーがある場合は、元の画面に戻る
        if (br.hasErrors()) {
            setFlashAttributeErrors(attributes, br);
            return "redirect:/users/users/edit/" + userId;
        }

        // 更新対象を取得する
        val user = userService.findById(userId);

        // 入力値を詰め替える
        modelMapper.map(form, user);
        // 取得した更新対象データを Form オブジェクトの値で上書きする（セッションで
        引き継がれているので、改定番号が画面表示時の値になる）

        // 更新する
        val updatedUser = userService.update(user);
```

```
        // セッションの userForm をクリアする
        sessionStatus.setComplete();
        // 不要になった時点でセッションに格納したオブジェクトをクリアする
        return "redirect:/users/users/show/" + updatedUser.getId();
    }

  (……省略……)
}
```

上述の SessionAttribute を使った方法は、セッション情報がデータベースやキャッシュサーバーで管理されているか、セッションレプリケーションが行われている場合に有効な手段です。セッション情報がインメモリで管理されていて、複数の Spring Boot アプリケーション間で共有できていない環境では、楽観的排他制御に使う改定番号を画面の hidden 項目に埋め込んでおくといった方法をとる必要があるので注意してください。

Column

セッション情報の格納先について

楽観的排他制御の説明の中で、SessionAttribute を使って Form オブジェクトをセッション情報に保存する方法を紹介しました。サンプルプロジェクトでは、Spring Session モジュールを依存関係に追加しているので、Spring Boot によるオートコンフィグレーションが行われます。Spring Session には、以下の格納先に対するオートコンフィグレーションが用意されています。

- **JDBC**
- **Redis**
- **Hazelcast**
- **MongoDB**

セッション情報の格納先を変更したい場合は、設定ファイルにリスト 3.11 を記述することで変更することができます。また、格納先固有の設定も必要で、例えば Redis に変更する場合は、接続先の IP アドレスなどの設定も行う必要があります。

▼ リスト3.11　セッション情報の格納先をRedisに変更する

```
spring.session.store-type=redis
```

悲観的排他制御

悲観的排他制御は、データベースの行ロック機能を使った排他制御で、在庫数のような頻繁に同時更新がかかるようなデータの整合性を担保する方法として利用されます。Domaでは、悲観的排他制御を行うための仕組みも用意されていて、ページング処理の説明と同じように検索オプションを使います。

リスト3.12のように、SelectOptionsクラスのforUpdateメソッドで悲観的排他制御を行うことを示します。この検索オプションをDaoインターフェースのメソッドの呼び出し時に引数として渡すと、行ロックを伴うSQL文が発行されるようになっています。利用するRDBMSの製品によっては、ロックの取得を待機しないforUpdateNowaitメソッドを利用することもできます。

▼ リスト3.12　行ロックして検索結果を受け取る

```
val criteria = new UserCriteria();
criteria.setFirstName("John");
SelectOptions options = SelectOptions.get().forUpdate();
val data = userDao.selectAll(criteria, options, toList());
```

悲観的排他制御を行うときに注意すべきなのは、検索結果が0件になるような条件で検索すると、行ロックではなくテーブルロックがかかる点です。処理時間が長い処理でテーブルロックがかかってしまうと処理の滞留が発生してしまい、システム全体が不安定な状態になることもあるので注意するようにしましょう。

3.6 論理削除

DB のレコードを削除するのではなく、削除フラグによってレコードの削除を表すという方法で削除を表す論理削除を用いることは、プロジェクトとしてよくあることです。各テーブルで、論理削除を Doma で実現する必要があります。

論理削除は、SQL としては実際に削除するわけではないので、Doma の削除機能ではなく更新機能によって実現します。本節では、更新機能による実現、エンティティリスナーによる共通処理、論理削除レコードの除外について説明します。

更新機能による実現

Doma で論理削除を行う場合は、更新機能で代用します。リスト 3.13 のように、@Update アノテーションを付与したメソッドを定義します。論理削除の場合は、更新すべきカラムが論理削除フラグのみであるため、excludeNull オプションを true にします。また、通常の更新と区別するためにメソッド名に命名規則を設けて、エンティティリスナーで論理削除の処理を共通化します。

▼ リスト3.13 Daoで論理削除に対応する（UserDao.java）

```
/**
 * ユーザーを論理削除する
 *
 * @param user
 * @return
 */
@Update(excludeNull = true) // NULLの項目は更新対象にしない
int delete(User user); // メソッド名の命名規則をdeleteもしくは、deleteXXXとする
```

エンティティリスナーによる共通処理

エンティティリスナーでは、リスト 3.14 のように、preUpdate の処理でメソッド名が論理削除の命名規

則に一致するかをチェックします。論理削除であると判別できた場合は、削除日・削除者をセットするようにします。

▼ リスト3.14　エンティティリスナーで論理削除に対応する（DefaultEntityListener.java）

```
public class DefaultEntityListener<ENTITY> implements
EntityListener<ENTITY> {
  (……省略……)

  @Override
  public void preUpdate(ENTITY entity, PreUpdateContext<ENTITY> context) {

    if (entity instanceof DomaDto) {
      val domaDto = (DomaDto) entity;
      val updatedAt = AuditInfoHolder.getAuditDateTime();
      val updatedBy = AuditInfoHolder.getAuditUser();

      val methodName = context.getMethod().getName();
      if (StringUtils.startsWith("delete", methodName)) {
      // ここではメソッドの命名規則で、通常の更新と区別する
        domaDto.setDeletedAt(updatedAt); // 削除日
        domaDto.setDeletedBy(updatedBy); // 削除者
      } else {
        domaDto.setUpdatedAt(updatedAt); // 更新日
        domaDto.setUpdatedBy(updatedBy); // 更新者
      }
    }
  }

  (……省略……)
}
```

データアクセス

論理削除レコードの除外

論理削除を行うことをアプリケーション内で統一している場合は、リスト 3.15 のようにデータ取得の SQL に、論理削除フラグによる削除データの除外が漏れなく行われるようにする必要があります。

▼ リスト3.15　データ取得のSQLで削除データを除外する（StaffDao/select.sql）

```
SELECT
  /*%expand*/*
FROM
  staffs
WHERE
  deleted_at IS NULL
```

Column **参考文献**

Spring Boot 公式リファレンス (Spring Boot Reference Guide)

Spring は公式リファレンスが非常に充実しています。調べたいことやつまづくことがあった場合は、第一に以下公式リファレンスを参照してください。

URL https://docs.spring.io/spring-boot/docs/current/reference/htmlsingle/

『Spring 徹底入門』(株式会社 NTT データ 著)

DI/AOP、データアクセスといった基本から、Spring MVC、セキュリティまで、Spring Framework の機能や使い方を解説しています。

URL http://amzn.asia/d/8fhKVQJ

『改訂新版　Spring 入門』(長谷川 裕一、大野 渉、土岐 孝平 著)

URL http://amzn.asia/d/bv5kfM3

『はじめての Spring Boot』(槙 俊明 著)

URL http://amzn.asia/d/1FRbLTG

BLOG.IK.AM

『はじめての Spring Boot』の著者である槙さんのブログです。

URL https://blog.ik.am/

Slide Share (Toshiaki Maki)

同じく『はじめての Spring Boot』の著者である槙さんの SlideShare です。

URL https://www.slideshare.net/makingx?utm_campaign=profiletracking&utm_medium=sssite&utm_source=ssslideshowpanel

セキュリティ

chapter 4

セキュリティ

本chapterでは、Spring Securityを使った認証・認可とそれらにまつわる課題を解決する実装方法を説明します。本書ではO/RマッパーにDomaを利用しているので、Spring Securityとの組み合わせ方を中心に、Webアプリケーションの開発において基本的に組み込むべきセキュリティ対策などを説明します。

4.1 スターター

認証・認可を行うために、リスト4.1のように、スターターを依存関係に追加しましょう。テンプレートエンジンのThymeleafには、Spring Securityと連携するモジュールが用意されています。このモジュールを依存関係に追加することで、権限の有無による表示切り替えなどが簡単になります。

▼ リスト4.1　Spring Securityのスターターを依存関係に追加する（build.gradle）

```
compile "org.springframework.boot:spring-boot-starter-security"

// ThymeleafとSpring Securityを連携する
compile "org.thymeleaf.extras:thymeleaf-extras-springsecurity5"
```

4.2 認証

Webアプリケーションでは、利用者が誰かを特定することは重要です。ECサイトはもちろんですが、社内システムでも利用者の特定がほとんどの場合で必要になります。

Springでは、Spring Securityという認証・認可を実現する高機能のセキュリティフレームワークが提供されています。Spring Bootでは、このSpring Securityの設定を簡単にするオートコンフィグレーションが働きます。オートコンフィグレーションによって設定されるデフォルトの動作をSpring Securityに準拠した方法でカスタマイズすることで、データベースを用いたユーザー認証など、開発するアプリケーションに合わせたログイン機能を実現します。ここでは、認証の設定、認証情報の取得、ログイン機能に分けて説明します。

認証の設定

spring-boot-starter-securityを依存関係に追加すると、すべてのエンドポイントに対してBasic認証がかかるようになります。これはオートコンフィグレーションによるデフォルトの動作ですが、実際のWebアプリケーションの開発においては、ほとんどのケースでカスタマイズをする必要があります。カスタマイズする方法はいくつかありますが、ここではリスト4.2のようにWebSecurityConfigurerAdapterを継承して動作を上書きします。

リスト4.2の設定例では、①～⑦の設定を行っています。

① 静的コンテンツのアクセスは認証をかけないようにする。
② UserDetailServiceインターフェースを実装した独自の認証レルムを使うようにする。
③ 認証をかけないエンドポイントを明確に指定し、それ以外は認証がかかるようにする。
④ セッションがタイムアウトした際にメッセージを表示するAuthenticationEntryPointを独自に実装して、それを使うように設定する。
⑤ Webフォーム認証のパラメータ名や遷移先URLを設定する。
⑥ ログアウトした時に、Cookieを削除するように設定する。
⑦ 自動ログインのために、RememberMeの設定をする。

▼ リスト4.2　Spring Securityの設定例（BaseSecurityConfig.java）

```
@Configuration
public class BaseSecurityConfig extends WebSecurityConfigurerAdapter {
  (……省略……)

  @Autowired
  UserDetailsService userDetailsService;

  private static final String REMEMBER_ME_KEY = "sampleRememberMeKey";
```

```
  (……省略……)

  @Override
  public void configure(WebSecurity web) throws Exception {
    web.ignoring().antMatchers(WEBJARS_URL, STATIC_RESOURCES_URL); // ①
  }

  @Override
  protected void configure(AuthenticationManagerBuilder auth) throws
Exception {
    auth.userDetailsService(userDetailsService) // ②
      .passwordEncoder(passwordEncoder());
  }

  @Override
  protected void configure(HttpSecurity http) throws Exception {
    (……省略……)

    String[] permittedUrls = { LOGIN_TIMEOUT_URL, FORBIDDEN_URL, ERROR_
URL, NOTFOUND_URL,
      RESET_PASSWORD_URL, CHANGE_PASSWORD_URL };

    http.authorizeRequests()
      .antMatchers(permittedUrls).permitAll() // ③
      .anyRequest().authenticated() // ③
      .and()
      .exceptionHandling()
      .authenticationEntryPoint(authenticationEntryPoint()) // ④
      .accessDeniedHandler(accessDeniedHandler()); // ④

    http.formLogin() // ⑤
      // ログイン画面のURL
      .loginPage(LOGIN_URL)
      // 認可を処理するURL
      .loginProcessingUrl(LOGIN_PROCESSING_URL)
```

```
        // ログイン成功時の遷移先
        .successForwardUrl(LOGIN_SUCCESS_URL)
        // ログイン失敗時の遷移先
        .failureUrl(LOGIN_FAILURE_URL)
        // ログイン ID のパラメータ名
        .usernameParameter("loginId")
        // パスワードのパラメータ名
        .passwordParameter("password").permitAll();

    // ログアウト設定
    http.logout() // ⑥
        .logoutRequestMatcher(new AntPathRequestMatcher(LOGOUT_URL))
        // Cookie を破棄する
        .deleteCookies("SESSION", "JSESSIONID", rememberMeCookieName)
        // ログアウト画面の URL
        .logoutUrl(LOGOUT_URL)
        // ログアウト後の遷移先
        .logoutSuccessUrl(LOGOUT_SUCCESS_URL)
        // ajax の場合は、HTTP ステータスを返す
        .defaultLogoutSuccessHandlerFor(new HttpStatusReturningLogoutSucc
essHandler(),
            RequestUtils::isAjaxRequest)
        // セッションを破棄する
        .invalidateHttpSession(true).permitAll();

    // RememberMe ⑦
    http.rememberMe().key(REMEMBER_ME_KEY) // 固定なら何でもよい（デフォルト
では自動生成のため起動するたびに変わるので注意する）
        .rememberMeServices(multiDeviceRememberMeServices());
  }

  @Bean
  public AccessDeniedHandler accessDeniedHandler() {
    return new DefaultAccessDeniedHandler();
  }
```

```
  @Bean
  public AuthenticationEntryPoint authenticationEntryPoint() {
    return new DefaultAuthenticationEntryPoint(LOGIN_URL, LOGIN_TIMEOUT_
URL);
  }
}
```


認証情報の取得

Spring Security では、ユーザー情報を取得するインターフェースとして UserDetailsService が定義されています。サンプルプロジェクトでは、ユーザー情報はデータベースに格納する設計になっているので、リスト 4.3 のように、Doma を使って入力されたメールアドレスを login_id と見立てて、ユーザー情報を取得する認証レルムを実装しています。

▼ リスト4.3　認証レルムのサンプル実装（StaffDaoRealm.java）

```
/**
 * 管理側 認証認可
 */
@Component
@Slf4j
public class StaffDaoRealm implements UserDetailsService {

  @Autowired
  StaffDao staffDao;

  @Autowired
  StaffRoleDao staffRoleDao;

  @Override
  public UserDetails loadUserByUsername(String email) throws
```

```
UsernameNotFoundException {
    Staff staff = null;
    List<GrantedAuthority> authorityList = null;

    try {
      // login_id をメールアドレスと見立てる
      val criteria = new StaffCriteria();
      criteria.setEmail(email);

      // 担当者を取得して、セッションに保存する
      staff = staffDao.select(criteria)
          .orElseThrow(() -> new UsernameNotFoundException("no staff
found [id=" + email + "]"));

      // 担当者権限を取得する
      List<StaffRole> staffRoles = staffRoleDao.selectByStaffId(staff.
getId(), toList());

      // 役割キーにプレフィックスを付けてまとめる
      Set<String> roleKeys = staffRoles.stream().map(StaffRole::getRoleKe
y).collect(toSet());

      // 権限キーをまとめる
      Set<String> permissionKeys = staffRoles.stream().map(StaffRole::ge
tPermissionKey).collect(toSet());

      // 役割と権限を両方とも GrantedAuthority として渡す
      Set<String> authorities = new HashSet<>();
      authorities.addAll(roleKeys);
      authorities.addAll(permissionKeys);
      authorityList = AuthorityUtils.createAuthorityList(authorities.
toArray(new String[0]));

      return new LoginStaff(staff, authorityList);
```

```
        } catch (Exception e) {
            if (!(e instanceof UsernameNotFoundException)) {
                // 入力間違い以外の例外はログ出力する
                log.error("failed to getLoginUser. ", e);
                throw e;
            }

            // 0件例外がスローされた場合は何もしない
            // それ以外の例外は、認証エラーの例外で包む
            throw new UsernameNotFoundException("could not select staff.", e);
        }
    }
}
```


ログイン機能

最後に、リスト 4.4 のように、ログイン機能のコントローラーを実装します。デフォルトでも組み込みのログイン画面を表示することが可能ですが、ほとんどの場合において画面を変更する必要があるので、Thymeleaf テンプレートを使ってログイン画面を表示するように実装し、それ以降の処理は Spring Security と連携するようにします。注意点としては、POST メソッドを使って loginProcessingUrl に設定したパラメータ名で値を Spring Security に渡す必要があることです。また、Spring Security 5 では loginProcessingUrl へのフォワードが許可されていないので、spring.security.filter.dispatcher-types=forward,async,error,request を設定する必要があります。

ログイン処理が成功するとリスト 4.2 で設定した successForwardUrl のエンドポイント（loginSuccess メソッド）にフォワードされます。このエンドポイントは POST メソッドを処理できる必要があります。このエンドポイントでは、ログイン後の表示画面にリダイレクトします。

また、ログアウト処理も同様に POST メソッドを処理できる必要があります。これらの POST メソッドのリクエストは、後述する CSRF 対策のフィルターがかかるので注意してください。

▼ リスト4.4　ログインコントローラーのサンプル実装 (LoginHtmlController.java)

```
/**
 * 管理側ログイン
 */
@Controller
public class LoginHtmlController {

  /**
   * 初期表示
   *
   * @param form
   * @param model
   * @return
   */
  @GetMapping("/login")
  public String index(@ModelAttribute LoginForm form, Model model) {
    return "modules/login/login";
  }

  /**
   * 入力チェック
   *
   * @param form
   * @param br
   * @return
   */
  @PostMapping("/login")
  public String index(@Validated @ModelAttribute LoginForm form,
BindingResult br) {
    // 入力チェックエラーがある場合は、元の画面に戻る
    if (br.hasErrors()) {
      return "modules/login/login";
    }
```

```
        // 入力チェックが通った場合は、Spring Securityの認証処理にフォワードする
        // POSTメソッドでなければならないので、forwardを使う必要がある
        return "forward:" + LOGIN_PROCESSING_URL;
    }

    /**
     * ログイン成功
     *
     * @param form
     * @param attributes
     * @return
     */
    @PostMapping("/authenticate")
    public String loginSuccess(@ModelAttribute LoginForm form,
RedirectAttributes attributes) {
        // Spring Securityによる認証処理が成功すると、設定したURLにフォワードするので
        POSTメソッドで受け取るようにする
        attributes.addFlashAttribute(GLOBAL_MESSAGE, getMessage("login.
success"));
        return "redirect:/";
    }

    /**
     * ログイン失敗
     *
     * @param form
     * @param model
     * @return
     */
    @GetMapping("/loginFailure")
    public String loginFailure(@ModelAttribute LoginForm form, Model
model) {
        model.addAttribute(GLOBAL_MESSAGE, getMessage("login.failed"));
        return "modules/login/login";
    }
```

```
    /**
     * タイムアウトしたとき
     *
     * @param form
     * @param model
     * @return
     */
    @GetMapping("/loginTimeout")
    public String loginTimeout(@ModelAttribute LoginForm form, Model
model) {
        // 独自に実装したAuthenticationEntryPointでセッションタイムアウトと判別された
        場合は、本メソッドで受け取る
        model.addAttribute(GLOBAL_MESSAGE, getMessage("login.timeout"));
        return "modules/login/login";
    }

    /**
     * ログアウト
     *
     * @return
     */
    @GetMapping("/loginSuccess")
    public String logout(@ModelAttribute LoginForm form,
RedirectAttributes attributes) {
        // ログアウト処理が成功したら、本メソッドで受け取る
        attributes.addFlashAttribute(GLOBAL_MESSAGE, getMessage("logout.
success"));
        return "redirect:/login";
    }
}
```

4.3 RememberMe

一般的なWebサービスでは、ログイン画面に「ログインしたままにする」というチェックボックスがあることがしばしばあります。このチェックボックスにチェックを付けてログインすると、一定期間内であればセッションがタイムアウトしても自動ログイン処理が行われる機能が提供されるので、何度もログイン画面でパスワードを入力する不便さを解消することができます。

Spring Securityでは、この自動ログイン機能を簡単に実装するためのRememberMeサービスが用意されています。このサービスに加えて最近ログインしたことを画面に表示することを考えます。

サンプルプロジェクトでは、デフォルトで用意されているPersistentTokenBasedRememberMeServicesに少し手を加えて、接続元のIPアドレスとUserAgentをデータベースに記録します。そのデータを用いて、最近ログインした情報を格納する方法について説明します。

ログイン記録の永続化

データベースにトークンを記録する場合は、JdbcTokenRepositoryImplをRememberMeServiceのTokenRepositoryに設定して、setCreateTableOnStartupメソッドでtrueを指定することで自動的にテーブルが作成されます。ここでは、IPアドレスなどのカラムを追加したいので、リスト4.5のDDL文を手動で流す前提とします。

▼リスト4.5 RememberMeトークンを永続化するテーブル（ログイン記録）を作成する（R__1_create_tables.sql）

```
CREATE TABLE IF NOT EXISTS persistent_logins(
  username VARCHAR(64) NOT NULL COMMENT 'ログインID'
  , ip_address VARCHAR(64) NOT NULL COMMENT 'IPアドレス'
  , user_agent VARCHAR(200) NOT NULL COMMENT 'UserAgent'
  , series VARCHAR(64) COMMENT '直列トークン'
  , token VARCHAR(64) NOT NULL COMMENT 'トークン'
  , last_used DATETIME NOT NULL COMMENT '最終利用日'
  , PRIMARY KEY (series)
  , KEY idx_persistent_logins(username, user_agent)
  , KEY idx_persistent_logins_01(last_used)
) COMMENT='ログイン記録';
```

MultiDeviceTokenRepositoryは、JdbcTokenRepositoryImplを参考に、IPアドレスなどの追加したカラムに対応したリポジトリクラスです。同様にMultiDeviceRememberMeServicesは、PersistentTokenBasedRememberMeServicesに少し手を加えてUserAgentを加味して、端末ごとのログイン記録を別々に管理するようにしたクラスです。これらをBeanとしてリスト4.6のように定義して、使用するRememberMeServiceとして設定します。

MultiDeviceTokenRepository、MultiDeviceRememberMeServicesのソースコードはサンプルプロジェクトを参照してください。

▼ リスト4.6　RememberMeの設定例（BaseSecurityConfig.java）

```
@Configuration
public class BaseSecurityConfig extends WebSecurityConfigurerAdapter {
  (……省略……)

  @Override
  protected void configure(HttpSecurity http) throws Exception {
    (……省略……)

    // RememberMeの設定
    http.rememberMe().key(REMEMBER_ME_KEY)
    // 固定なら何でもよい(デフォルトでは自動生成のため起動するたびに変わるので注意する)
        .rememberMeServices(multiDeviceRememberMeServices());
  }

  @Bean
  public MultiDeviceTokenRepository multiDeviceTokenRepository() {
    val tokenRepository = new MultiDeviceTokenRepository();
    tokenRepository.setDataSource(dataSource);
    return tokenRepository;
  }

  @Bean
  public MultiDeviceRememberMeServices multiDeviceRememberMeServices() {
    val rememberMeService = new MultiDeviceRememberMeServices(REMEMBER_
ME_KEY, userDetailsService(),
```

```
        multiDeviceTokenRepository());
    rememberMeService.setParameter("rememberMe");

// ログイン処理で、ここで指定したパラメータの値が true の場合にトークンが保存される
    rememberMeService.setCookieName(rememberMeCookieName);
    rememberMeService.setUseSecureCookie(secureCookie);
    // 本番環境では、Cookie の secure 属性を true にする
    rememberMeService.setTokenValiditySeconds(tokenValiditySeconds);
    return rememberMeService;
  }
}
```

上述の設定を行った上で、RememberMeServiceに設定したパラメータ名でチェックボックスを配置すると、自動ログインの機能が有効になります。

Column

ログイン記録を掃除する仕組み

ログイン記録は、UserAgentが異なると別のレコードとして記録されるためゴミレコードがたまってしまう可能性があります。ここでは説明を割愛しますが、サンプルプロジェクトには、定期的にログイン記録を掃除する仕組み（PurgePersistentLoginTask.java）が含まれているので参考にしてください。

4.4 認可

管理機能を備えたWebアプリケーションにおいては、ログインユーザーごとに権限を付与して、特定のユーザーのみが操作することができるように制御することがよくあります。このようなアクセス制御を行う場合は、下記の要件が満たされていると汎用的に使えるためとても便利です。

- **システムを利用するユーザーは、複数のロール（役割）を持つことができる。**
- **特定リソースの操作を識別する単位として権限を定義することができる。**
- **ロールは、複数の権限を持つことができる。**
- **システムの稼働中に、ロールの持つパーミッションや対象のリソースを変更することができる。**

Spring Security を使った認可の実装方法としては、アノテーションを使う方法と、JavaConfig で URL ベースの条件式を定義する方法があります。これらの方法では、システムの稼働中に新たに役割に権限を追加したり、作成した新しい役割に権限を設定したりすることが困難です。

サンプルプロジェクトでは、認証処理の中でデータベースからロール権限情報を取得して、コントローラーのメソッドレベルでの認可制御を行うようにしています。権限の付け替えは、DB に設定することで行えます。サンプルプロジェクトではこの設定をする画面を準備していますので、画面から設定できるようにしています。このような仕組みを使うことで、様々なケースにおいて流用できる認可制御とすることができます。

この認可制御を構成するために権限管理に必要なテーブルの作成、担当者マスタのデータロード、権限とメソッドの紐付け、認可制御のインターセプターの順に説明します。

権限管理に必要なテーブルの作成

本項では、認可を実現する担当者マスタを例に実装方法を説明します。まずは、リスト 4.7 の DDL 文でテーブルを作成します。権限、役割（ロール）、役割権限紐付け、担当者役割、担当者（ユーザー）がその対象テーブルです。

▼ リスト4.7　権限制御のDDL文（R__1_create_tables.sql）

```
CREATE TABLE IF NOT EXISTS permissions(
  permission_id INT(11) unsigned NOT NULL AUTO_INCREMENT COMMENT '権限ID'
  , category_key VARCHAR(50) NOT NULL COMMENT '権限カテゴリキー'
  , permission_key VARCHAR(100) NOT NULL COMMENT '権限キー'
  , permission_name VARCHAR(50) NOT NULL COMMENT '権限名'
  , created_by VARCHAR(50) NOT NULL COMMENT '登録者'
  , created_at DATETIME NOT NULL COMMENT '登録日時'
  , updated_by VARCHAR(50) DEFAULT NULL COMMENT '更新者'
  , updated_at DATETIME DEFAULT NULL COMMENT '更新日時'
  , deleted_by VARCHAR(50) DEFAULT NULL COMMENT '削除者'
  , deleted_at DATETIME DEFAULT NULL COMMENT '削除日時'
```

```
  , version INT(11) unsigned NOT NULL DEFAULT 1 COMMENT '改訂番号'
  , PRIMARY KEY (permission_id)
  , KEY idx_permissions (permission_key, deleted_at)
) COMMENT='権限';

CREATE TABLE IF NOT EXISTS roles(
  role_id INT(11) unsigned NOT NULL AUTO_INCREMENT COMMENT '役割ID'
  , role_key VARCHAR(100) NOT NULL COMMENT '役割キー'
  , role_name VARCHAR(100) NOT NULL COMMENT '役割名'
  , created_by VARCHAR(50) NOT NULL COMMENT '登録者'
  , created_at DATETIME NOT NULL COMMENT '登録日時'
  , updated_by VARCHAR(50) DEFAULT NULL COMMENT '更新者'
  , updated_at DATETIME DEFAULT NULL COMMENT '更新日時'
  , deleted_by VARCHAR(50) DEFAULT NULL COMMENT '削除者'
  , deleted_at DATETIME DEFAULT NULL COMMENT '削除日時'
  , version INT(11) unsigned NOT NULL DEFAULT 1 COMMENT '改訂番号'
  , PRIMARY KEY (role_id)
  , KEY idx_roles (role_key, deleted_at)
) COMMENT='役割';

CREATE TABLE IF NOT EXISTS role_permissions(
  role_permission_id INT(11) unsigned NOT NULL AUTO_INCREMENT COMMENT '
役割権限紐付けID'
  , role_key VARCHAR(100) NOT NULL COMMENT '役割キー'
  , permission_id INT(11) NOT NULL COMMENT '権限ID'
  , created_by VARCHAR(50) NOT NULL COMMENT '登録者'
  , created_at DATETIME NOT NULL COMMENT '登録日時'
  , updated_by VARCHAR(50) DEFAULT NULL COMMENT '更新者'
  , updated_at DATETIME DEFAULT NULL COMMENT '更新日時'
  , deleted_by VARCHAR(50) DEFAULT NULL COMMENT '削除者'
  , deleted_at DATETIME DEFAULT NULL COMMENT '削除日時'
  , version INT(11) unsigned NOT NULL DEFAULT 1 COMMENT '改訂番号'
  , PRIMARY KEY (role_permission_id)
  , KEY idx_role_permissions (role_key, deleted_at)
) COMMENT='役割権限紐付け';
```

```
CREATE TABLE IF NOT EXISTS staff_roles(
  staff_role_id INT(11) unsigned NOT NULL AUTO_INCREMENT COMMENT '担当者役割ID'
  , staff_id INT(11) unsigned NOT NULL COMMENT '担当者ID'
  , role_key VARCHAR(100) NOT NULL COMMENT '役割キー'
  , created_by VARCHAR(50) NOT NULL COMMENT '登録者'
  , created_at DATETIME NOT NULL COMMENT '登録日時'
  , updated_by VARCHAR(50) DEFAULT NULL COMMENT '更新者'
  , updated_at DATETIME DEFAULT NULL COMMENT '更新日時'
  , deleted_by VARCHAR(50) DEFAULT NULL COMMENT '削除者'
  , deleted_at DATETIME DEFAULT NULL COMMENT '削除日時'
  , version INT(11) unsigned NOT NULL DEFAULT 1 COMMENT '改訂番号'
  , PRIMARY KEY (staff_role_id)
  , KEY idx_staff_roles (staff_id, role_key, deleted_at)
) COMMENT='担当者役割';

CREATE TABLE IF NOT EXISTS staffs(
  staff_id INT(11) unsigned NOT NULL AUTO_INCREMENT COMMENT '担当者ID'
  , first_name VARCHAR(40) NOT NULL COMMENT '名前'
  , last_name VARCHAR(40) NOT NULL COMMENT '苗字'
  , email VARCHAR(100) DEFAULT NULL COMMENT 'メールアドレス'
  , password VARCHAR(100) DEFAULT NULL COMMENT 'パスワード'
  , tel VARCHAR(20) DEFAULT NULL COMMENT '電話番号'
  , password_reset_token VARCHAR(50) DEFAULT NULL COMMENT 'パスワードリセットトークン'
  , token_expires_at DATETIME DEFAULT NULL COMMENT 'トークン失効日'
  , created_by VARCHAR(50) NOT NULL COMMENT '登録者'
  , created_at DATETIME NOT NULL COMMENT '登録日時'
  , updated_by VARCHAR(50) DEFAULT NULL COMMENT '更新者'
  , updated_at DATETIME DEFAULT NULL COMMENT '更新日時'
  , deleted_by VARCHAR(50) DEFAULT NULL COMMENT '削除者'
  , deleted_at DATETIME DEFAULT NULL COMMENT '削除日時'
  , version INT(11) unsigned NOT NULL DEFAULT 1 COMMENT '改訂番号'
  , PRIMARY KEY (staff_id)
```

```
  , KEY idx_staffs (email, deleted_at)
) COMMENT='担当者';
```

権限管理データをロード

続いて、リスト4.8のように初期レコードを投入します。権限テーブルにはSpEL（Spring Expression Language）を用いているので、柔軟にメソッドと権限の紐付けができるようになります。

▼ リスト4.8　ロール権限制御の初期データ投入SQL（R__4_insert_role.sql）

```
INSERT INTO roles (role_key, role_name, created_by, created_at, version)
VALUES
('system_admin', 'システム管理者', 'none', NOW(), 1);

INSERT INTO permissions (category_key, permission_key, permission_name,
created_by, created_at, version) VALUES
('*', '.*', '全操作', 'none', NOW(), 1),
('staff', '^Staff\\.(find|show|download)Staff$', '担当者検索', 'none', NOW(),
1),
('staff', '^Staff\\.(new|edit)Staff$', '担当者登録・編集', 'none', NOW(), 1);

INSERT INTO role_permissions (role_key, permission_id, created_by,
created_at, version) VALUES
('system_admin', (SELECT permission_id FROM permissions WHERE
permission_key = '.*'), 'none', NOW(), 1);

INSERT INTO staffs(first_name, last_name, email, password, tel, created_
by, created_at) VALUES
('john', 'doe', 'test@sample.com', '$2a$06$hY5MzfruCds1t5uFLzrlBuw3HcrEGe
ysr9xJE4Cml5xEOVf425pmK', '09011112222', 'none', NOW());

INSERT INTO staff_roles (staff_id, role_key, created_by, created_at,
```

```
version) VALUES
(1, 'system_admin', 'none', NOW(), 1);
```

権限とメソッドの紐付け

権限とメソッドの紐付け方は、プロジェクトごとに変わることを想定して、リスト 4.9 のようにあらかじめインターフェース（PermissionKeyResolver）を定義し、要件に合わせて実装するようにしています。ここでは、コントローラーのクラス名とメソッド名を連結した文字列をもとに、権限を識別する権限キーを解決する DefaultPermissionKeyResolver がサンプルプロジェクトで実装されているので紹介します。また、機能によっては認可制御が不要なことも考慮します。ここでは Authorizable インターフェースのメソッドで判定しています。

▼ リスト4.9　権限とメソッドの紐付け方を解決する（DefaultPermissionKeyResolver.java）

```
/**
 * コントローラーのメソッド名から権限キーを解決する
 */
public class DefaultPermissionKeyResolver implements
PermissionKeyResolver {

  private static final String TYPE_NAME_REPLACEMENT = "HtmlController";

  @Override
  public String resolve(Object handler) {
    String permissionKey = null;

    if (handler instanceof HandlerMethod) {
      val handlerMethod = (HandlerMethod) handler;
      val bean = handlerMethod.getBean();

      if (bean instanceof Authorizable) {
```

```
        val typeName = handlerMethod.getBeanType().getSimpleName();
        val typeNamePrefix = StringUtils.remove(typeName, TYPE_NAME_
REPLACEMENT);
        val methodName = handlerMethod.getMethod().getName();

        // 認可制御が不要な機能は、権限キーを解決しない
        if (((Authorizable) bean).authorityRequired()) {
          permissionKey = String.format("%s.%s", typeNamePrefix,
methodName);
        }
      }
    }

    return permissionKey;
  }
}
```

認可制御のインターセプター

続いて、認可の制御を行うインターセプターをリスト 4.10 のように実装します。リクエストごとにコントローラーのメソッドをインターセプトし、SpEL を評価します（評価はリスト 4.11 における WebSecurityUtils で実施しています）。権限がない場合は、AccessDeniedException をスローして、例外ハンドラで、権限が不足している旨のメッセージを表示するといったハンドリングを行います。

▼ リスト4.10　ロール権限制御インターセプターのサンプル実装（AuthorizationInterceptor.java）

```
public class AuthorizationInterceptor extends BaseHandlerInterceptor {

  @Autowired
  PermissionKeyResolver permissionKeyResolver;

  @Override
```

```
  public boolean preHandle(HttpServletRequest request,
    HttpServletResponse response, Object handler)
      throws Exception {
    // コントローラーの動作前
    if (isRestController(handler)) {
      // APIの場合はスキップする
      return true;
    }

    val permissionKey = permissionKeyResolver.resolve(handler);

    // 権限キーをSpELで評価する
    if (permissionKey != null && !WebSecurityUtils.hasAuthority
(permissionKey)) {
      String loginId = WebSecurityUtils.getLoginId();
      throw new AccessDeniedException(
          "permission denied. [loginId=" + loginId + ", permissionKey="
+ permissionKey + "]");
    }

    return true;
  }
}
```

実行する権限を持っているかどうかをチェックする機能は、様々な使い方ができるように、ユーティリティをリスト4.11として分離しておきます。

▼ リスト4.11　権限チェックのユーティリティのサンプル実装（WebSecurityUtils.java）

```
public class WebSecurityUtils {

  private static final SpelParserConfiguration config = new
SpelParserConfiguration(true, true);
```

```
  private static final SpelExpressionParser parser = new
SpelExpressionParser(config);

  /**
   * 認証情報を取得する
   *
   * @return
   */
  @SuppressWarnings("unchecked")
  public static <T> T getPrincipal() {
    val auth = SecurityContextHolder.getContext().getAuthentication();
    return (T) auth.getPrincipal();
  }

  /**
   * 引数に指定した権限を持っているかどうかを示す値を返す
   *
   * @param a
   * @return
   */
  public static boolean hasAuthority(final String a) {
    val auth = SecurityContextHolder.getContext().getAuthentication();
    val authorities = auth.getAuthorities();

    boolean isAllowed = false;
    for (GrantedAuthority ga : authorities) {
      val authority = ga.getAuthority();
      val expressionString = String.format("'%s' matches '%s'", a,
authority);
      val expression = parser.parseExpression(expressionString);

      isAllowed = expression.getValue(Boolean.class);
      if (isAllowed) {
        break;
```

セキュリティ

```
      }
    }

    return isAllowed;
  }

  /**
   * ログイン ID を取得する
   *
   * @return
   */
  public static String getLoginId() {
    String loginId = null;
    val principal = WebSecurityUtils.getPrincipal();

    if (principal instanceof UserDetails) {
      loginId = ((UserDetails) principal).getUsername();
    }

    return loginId;
  }
}
```

4.5 CSRF対策

Spring Security では、クロスサイトリクエストフォージェリ対策（CSRF 対策）の機能が提供されています。トークンを使った仕組みであり、トークンをセッションごとに発行して画面に埋め込み、サーバーに送信されたトークンがセッションに保存されているトークンと一致するかチェックするようになっています。

spring-boot-starter-security を依存関係に追加している場合は、デフォルトで CSRF 対策が有効になっていますが、トークンをセッションに保存する場合は、セッションタイムアウトの考慮が必要となります。CSRF 対策としてのトークンを、Cookie を用いてセッションタイムアウトしても対応できるようにします。

❯ CSRF対策の拡張

リスト 4.12 のように、csrfTokenRepository に CookieCsrfTokenRepository を指定して、Cookie を使った CSRF 対策を行うようにします。

▼ リスト4.12 CSRF対策の設定例（BaseSecurityConfig.java）

```
@Configuration
public class BaseSecurityConfig extends WebSecurityConfigurerAdapter {
  (……省略……)

  @Override
  protected void configure(HttpSecurity http) throws Exception {
    // Cookie に CSRF トークンを保存する
    http.csrf()
        .csrfTokenRepository(new CookieCsrfTokenRepository());
    (……省略……)
  }

  (……省略……)
}
```

上記の設定を行って画面を表示すると、リスト 4.13 のように、csrf という hidden 項目が生成されます。

▼ リスト4.13 hidden項目の出力例

```
<form action="/login" method="post">
  <input type="hidden" name="_csrf" value="99b23217-408e-4ffc-939c-
9dcd1e8878da">
```

また、hidden 項目と同じ値の XSRF-TOKEN という Cookie がセットされていることを確認できるはずです。

4.6 二重送信防止

二重送信防止は、メール送信を伴う処理や、購入処理などを誤って２度行ってしまうことを防ぐための機能です。二重送信を防止するためのチェック方法には一般に以下のものがあり、これらのどれかを選択して実現します。

- **JavaScript でボタンを連打できないようにする。⟶誤って２度押ししてしまったときにリクエストが２回送信されないようにする。**
- **Post Redirect Get パターンを適用する。⟶ブラウザの「戻る」ボタンを押したときに、フォームを再送信してしまうことを防ぐ。**
- **トークンを使った送信済みチェックをする。⟶サーバー側に保持しているトークンを比較して処理の再実行を防ぐ。**

ここでは、トークンを使った二重送信防止について説明します。トークンを使った二重送信防止は、二重送信防止トークンを生成して、RequestDataValueProcessor を利用して画面に埋め込み、送信された二重送信防止トークンをチェックすることで実現します。ここでは、トークン管理、RequestDataValueProcessor の変更、二重送信防止トークンの生成、二重送信防止トークンのチェックの順番に説明します。

❯ トークン管理

まず、リスト 4.14 のように、トークンを管理するクラスを実装します。ランダムの文字列を生成するときは UUID がよく使われますが、ここでは生成コストが低い Xorshift 乱数生成器を利用します。画面からトークンを取り出すメソッド、トークンを保存するメソッドなどを実装しています。

▼ リスト 4.14　トークン管理を担うクラスのサンプル実装（DoubleSubmitCheckToken.java）

```
public class DoubleSubmitCheckToken {

  public static final String DOUBLE_SUBMIT_CHECK_PARAMETER = "_double";

  private static final String DOUBLE_SUBMIT_CHECK_CONTEXT =
DoubleSubmitCheckToken.class.getName() + ".CONTEXT";
```

```
// 乱数生成器
private static final XORShiftRandom random = new XORShiftRandom();

/**
 * 画面から渡ってきたトークンを返す
 *
 * @param request
 * @return actual token
 */
public static String getActualToken(HttpServletRequest request) {
  return request.getParameter(DOUBLE_SUBMIT_CHECK_PARAMETER);
}

/**
 * セッションに保存されているトークンを返す
 *
 * @param request
 * @return expected token
 */
@SuppressWarnings("unchecked")
public static String getExpectedToken(HttpServletRequest request) {
  String token = null;
  val key = request.getRequestURI();

  Object mutex = SessionUtils.getMutex(request);
  if (mutex != null) {
    synchronized (mutex) {
      token = getToken(request, key);
    }
  }

  return token;
}
```

```
/**
 * セッションにトークンを設定する
 *
 * @param request
 * @return token
 */
@SuppressWarnings("unchecked")
public static String renewToken(HttpServletRequest request) {
  val key = request.getRequestURI();
  val token = generateToken();

  Object mutex = SessionUtils.getMutex(request);
  if (mutex != null) {
    synchronized (mutex) {
      setToken(request, key, token);
    }
  }

  return token;
}

/**
 * トークンを生成する
 *
 * @return token
 */
public static String generateToken() {
  return String.valueOf(random.nextInt(Integer.MAX_VALUE));
}

/**
 * セッションに格納されたLRUMapを取り出す。存在しない場合は作成して返す
 *
 * @param request
 * @return
```

```
 */
protected static LRUMap getLRUMap(HttpServletRequest request) {
  LRUMap map = SessionUtils.getAttribute(request, DOUBLE_SUBMIT_
CHECK_CONTEXT);

  if (map == null) {
    map = new LRUMap(10);
  }

  return map;
}

/**
 * トークンを取得する
 *
 * @param request
 * @param key
 * @return
 */
protected static String getToken(HttpServletRequest request, String
key) {
  LRUMap map = getLRUMap(request);
  val token = (String) map.get(key);
  return token;
}

/**
 * トークンを保存する
 *
 * @param request
 * @param key
 * @param token
 */
protected static void setToken(HttpServletRequest request, String
key, String token) {
```

セキュリティ

```
    LRUMap map = getLRUMap(request);
    map.put(key, token);
    SessionUtils.setAttribute(request, DOUBLE_SUBMIT_CHECK_CONTEXT,
map);
  }
}
```

RequestDataValueProcessorの変更

RequestDataValueProcessorによって、画面にトークンを自動で埋め込むことが可能となります。一方で、このRequestDataValueProcessorは、Spring MVCのアプリケーション上で1つだけ存在できるという制約があります。Spring Securityは、オートコンフィグレーションで、CsrfRequestDataValueProcessorを作成してBeanを登録するので、新たにRequestDataValueProcessorを追加するには少し工夫する必要があるので注意してください。

Spring SecurityのCsrfRequestDataValueProcessorと新たに作成するRequestDataValueProcessorを共存させるには、リスト4.15のように、RequestDataValueProcessorのBeanを上書きします。

▼ リスト4.15　RequestDataValueProcessorを変更するオートコンフィグレーション例（RequestDataValueProcessorAutoConfiguration.java）

```
/**
 * CsrfRequestDataValueProcessorと自前のRequestDataValueProcessorを共存させるための設定
 * META-INF/spring.factoriesに本クラス名を記述する
 */
@Configuration
@AutoConfigureAfter(SecurityAutoConfiguration.class)
public class RequestDataValueProcessorAutoConfiguration {

  // requestDataValueProcessorという名称でなければならない
  @Bean
  public RequestDataValueProcessor requestDataValueProcessor() {
```

```java
    // 二重送信防止のトークンを自動で埋め込む
    return new DoubleSubmitCheckingRequestDataValueProcessor();
  }
}
```

次に、リスト 4.16 のように、hidden 項目を共通的にセットするために、RequestDataValueProcessor を実装します。工夫する点は、CsrfRequestDataValueProcessor の処理を行った上で、getExtraHiddenFields メソッドの返り値であるマップ変数に二重送信防止のトークンを追加する点です。このように実装することで、CsrfRequestDataValueProcessor の機能と共存させることができます。

セキュリティ

▼ リスト4.16　RequestDataValueProcessorのサンプル実装（DoubleSubmitCheckingRequestDataValueProcessor.java）

```java
/**
 * 二重送信防止チェックのトークンを埋める
 */
public class DoubleSubmitCheckingRequestDataValueProcessor implements
RequestDataValueProcessor {

  private static final CsrfRequestDataValueProcessor PROCESSOR = new Csr
fRequestDataValueProcessor();

  @Override
  public String processAction(HttpServletRequest request, String action,
String httpMethod) {
    return PROCESSOR.processAction(request, action, httpMethod);
  }

  @Override
  public String processFormFieldValue(HttpServletRequest request, String
name, String value, String type) {
    return PROCESSOR.processFormFieldValue(request, name, value, type);
  }
```

```
  @Override
  public Map<String, String> getExtraHiddenFields(HttpServletRequest
request) {
    val map = PROCESSOR.getExtraHiddenFields(request);
    String token = DoubleSubmitCheckToken.getExpectedToken(request);
    if (token == null) {
      token = DoubleSubmitCheckToken.renewToken(request);
    }

    if (!map.isEmpty()) {
      map.put(DoubleSubmitCheckToken.DOUBLE_SUBMIT_CHECK_PARAMETER,
token);
    }
    return map;
  }

  @Override
  public String processUrl(HttpServletRequest request, String url) {
    return PROCESSOR.processUrl(request, url);
  }
}
```

二重送信防止トークンのライフサイクルを管理するインターセプター

二重送信防止トークンの利用を開始するために、リスト 4.17 のインターセプターを実装して、次の処理を行うようにします。

① コントローラーの処理動作前に、二重送信防止トークンをスレッドローカルにセットする。
② コントローラーの処理が正常完了した際に、送信されたトークンがスレッドローカルにセットしたトークンと一致した場合は再発行する。

スレッドローカルは、com.sample.domain.dao.DoubleSubmitCheckTokenHolder で管理しています。詳細はサンプルプロジェクトを参照してください。

▼ リスト4.17　二重送信防止トークンを生成するインターセプターのサンプル実装（SetDoubleSubmitCheckTokenInterceptor.java）

```
/**
 * 二重送信防止チェックのトークンをセッションに設定する
 */
public class SetDoubleSubmitCheckTokenInterceptor extends
BaseHandlerInterceptor {

  @Override
  public boolean preHandle(HttpServletRequest request,
HttpServletResponse response, Object handler)
      throws Exception {
    // コントローラーの動作前
    val expected = DoubleSubmitCheckToken.getExpectedToken(request);
    val actual = DoubleSubmitCheckToken.getActualToken(request);
    DoubleSubmitCheckTokenHolder.set(expected, actual);
    return true;
  }

  @Override
  public void postHandle(HttpServletRequest request, HttpServletResponse
response, Object handler,
      ModelAndView modelAndView) throws Exception {
    // コントローラーの動作後
    if (StringUtils.equalsIgnoreCase(request.getMethod(), "POST")) {
      // POSTされたときにトークンが一致していれば新たなトークンを発行する
      val expected = DoubleSubmitCheckToken.getExpectedToken(request);
      val actual = DoubleSubmitCheckToken.getActualToken(request);

      if (expected != null && actual != null && Objects.equals(expected,
actual)) {
        DoubleSubmitCheckToken.renewToken(request);
      }
    }
  }
```

```
  (……省略……)
}
```

二重送信防止トークンのチェック

二重送信チェックは、登録処理の場合に対応できればよいので、リスト 4.18 のエンティティリスナーで行うようにします。更新処理が二重送信された場合は、改定番号による楽観的排他制御がかかるので、ここでは二重送信チェックの対象から除外しています。二重送信が行われた場合は、最後に生成されたトークンよりも以前に生成されたトークンが送信されてくるので、レコードを INSERT する直前のチェックでトークンが一致しない場合は、二重送信が行われたものとして扱います。

▼ リスト4.18　二重送信チェックを行う（DefaultEntityListener.java）

```
public class DefaultEntityListener<ENTITY> implements
EntityListener<ENTITY> {

  @Override
  public void preInsert(ENTITY entity, PreInsertContext<ENTITY> context) {
    // 二重送信防止チェック
    val expected = DoubleSubmitCheckTokenHolder.getExpectedToken();
    val actual = DoubleSubmitCheckTokenHolder.getActualToken();

    if (expected != null && actual != null && !Objects.equals(expected,
actual)) {
      throw new DoubleSubmitErrorException();
    }

    (……省略……)
  }

  (……省略……)
}
```

画面開発

画面開発

本chapterでは、Webアプリケーション開発で重要となる画面開発について説明します。

5.1 Thymeleaf

Spring MVCのViewは、かつてはJSP一択でした。しかし、Viewは最終的にはHTMLとして利用者に表示されるため、XHTMLやHTML5に準拠した形で管理できるほうが望ましいものです。また、Spring MVCを用いた画面開発では、ModelとViewを分割するため、Viewテンプレートを用いて開発するほうがよいでしょう。本節では、Viewテンプレートの選択および利用上のポイントについて説明します。

本書では、Springが推奨[注1]しているViewテンプレートのThymeleafについてポイントを絞って説明します。Thymeleafには、以下のメリットがあります。

- **Spring推奨。**
- **HTML5準拠。**
- **デザイナとの分業がしやすい。**
- **ブラウザで直接参照できる。**

❯ Spring BootでのThymeleafの利用

Spring Bootプロジェクトよりスターターが用意されている[注2]ため、リスト5.1のとおり依存関係にspring-boot-starter-thymeleafを指定します。また、アプリケーション設定（application.（properties | yml））やテンプレートファイルの配置場所は、リスト5.2および図5.1のとおりとなります。

※注1　Spring View Technologies URL https://docs.spring.io/spring/docs/current/spring-framework-reference/web.html#mvc-view
※注2　spring-boot-starter-thymeleaf URL https://github.com/spring-projects/spring-boot/tree/master/spring-boot-project/spring-boot-starters/spring-boot-starter-thymeleaf

▼ リスト5.1　Thymeleaf利用（build.gradle）

```
dependencies {
  // spring-boot-starter-thymeleafを指定する
  compile 'org.springframework.boot:spring-boot-starter-thymeleaf'
}
```

▼ リスト5.2　Thymeleaf利用（application.yml）

```
spring:
  thymeleaf:
    # Thymeleafの3.x系からはHTML5モードが非推奨になったのでHTMLモードを指定
    mode: HTML
```

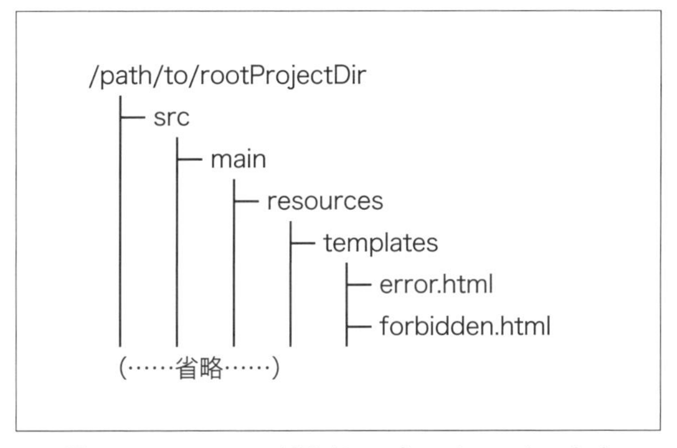

図 5.1　Thymeleaf 利用（テンプレートファイルパス）

5.2 Formバインディング

Spring MVCを用いた画面開発では、入力フォームを用いた開発は欠かせません。本節では、入力フォームを用いた開発のポイントについて説明します。

Springでの画面開発では、入力フィールドを1つ1つリクエストパラメータにマッピングすることで実装できます。しかし、このような方法では、ソースコードの可読性、保守性が下がってしまいます。

Thymeleaf と Spring の連携機能の 1 つとして、HTML フォームとフォームオブジェクトの紐付けがサポートされており、Form のメソッドもフィールド同様に扱うことができます。

Formバインディングの実装例

フォームメソッドを有効活用し、新規作成画面と編集画面のテンプレートの共通化を実現した実装サンプルは、リスト 5.3 およびリスト 5.4 のとおりです。なお、リスト 5.3 の @NotEmpty は、Hibernate Validator[注3] によるアノテーションによる入力チェックとなります。

▼ リスト5.3　Formバインディング実装例（Formオブジェクト）

```
public class StaffForm {
  @NotEmpty // Hibernate Validatorによる入力チェック
  String firstName;

  @NotEmpty
  String lastName;

  @NotEmpty
  String password;

  /**
   * 既存レコードがないデータであるか ←— 新規作成 or 更新を判定
   *
   * @return
   */
  public boolean isNew() {
    return getId() == null;
  }

（……省略……）
```

※注3　Hibernate Validator URL http://hibernate.org/validator/

リスト5.4のようにHTMLフォームとフォームオブジェクトの紐付けを実装します。

- **th:object="${ フォーム変数名 }" でFormオブジェクトをHTMLフォームへバインディング**
- **th:field で入力項目とFormオブジェクトのプロパティを紐付け**

▼ リスト5.4　Formバインディング実装例（staffs/new.html）

```
<!-- ### th:object="${staffForm}" でFormオブジェクトをHTMLフォームへバインディン
グ -->
<form th:object="${staffForm}" th:action="${action}" id="form1"
    th:with="action=${staffForm.isNew()} ?
    @{/system/staffs/new} : @{/system/staffs/edit/{id}(id=*{id})}"
    class="form-horizontal" enctype="multipart/form-data" method="post">
  <div class="box-body">
    <label class="col-sm-2 control-label" th:text="名前">Label</label>
    <div class="col-sm-10">
      <!-- ### th:field で入力項目とFormオブジェクトのプロパティを紐付け -->
      <!-- ### *でstaffForm.を省略 -->
      <input class="form-control" type="text" th:type="text"
th:field="*{firstName}" />
    </div>
    <label class="col-sm-2 control-label" th:text="苗字">Label</label>
    <div class="col-sm-10">
      <input class="form-control" type="text" th:type="text"
th:field="*{lastName}" />
    </div>
    <label class="col-sm-2 control-label" th:text="パスワード">Label</
label>
    <div class="col-sm-10">
      <input class="form-control" type="text" th:type="text"
th:field="*{password}" />
    </div>
  </div>
  <!-- ### バインディングしたFormオブジェクトのメソッドを利用し、新規作成 or 更新を
判定 -->
```

```
  <div class="box-footer">
    <button class="btn btn-default bg-purple" type="submit"
      th:with="text=${staffForm.isNew()} ? '登録' : '保存'"
th:text="${text}">}
      Add Staff
    </button>
  </div>
</form>
```

画面開発

5.3 事前評価

アプリケーションで扱うデータは特定の変換処理をかけたいことがよくあります。Thymeleafでは事前評価をサポートしています。事前評価は、該当の値を動的に後で書き換えたい場合などに有効[注4]です。

データベースなどのデータストアから取得したデータを画面に表示する際に変換する要件があった場合、特別な考慮がなければコントローラーに変換処理を記載することがあります。この方法は、要件は満たすことができてもコードの保守性が悪くなってしまいます。JavaScriptでも同様の対応は可能であるため、プロジェクトでポリシーを定義して事前評価を利用することが望ましいです。

事前評価の実装例

本節では、翻訳APIの利用を想定した多言語対応を例に説明します。

① Modelの値をテンプレートにセットする。
② 言語ごとにスタティックメソッドを用意し、取得した値をAmazon Translate[注5]などで翻訳する。

※注4 Thymeleaf 4.12 プリプロセッシング URL http://www.thymeleaf.org/doc/tutorials/2.1/usingthymeleaf_ja.html#プリプロセッシング
※注5 Amazon Translate URL https://aws.amazon.com/jp/translate/

▼ リスト5.5　事前評価実装例（Messages_fr.properties）

```
### 言語ごとのスタティックメソッドを用意(フランス語)
article.text=@myapp.translator.Translator@translateToFrench({0})
```

▼ リスト5.6　事前評価実装例（Messages_en.properties）

```
### 言語ごとのスタティックメソッドを用意(英語)
article.text=@myapp.translator.Translator@translateToEnglish({0})
```

▼ リスト5.7　事前評価実装例（Viewテンプレート）

```
<!-- ### 事前評価を有効にするには、二重のアンダースコアで囲む(__${expression}__)
 -->
<p th:text="${__#{article.text('textVar')}__}">Some text here...</p>
```

上述の実装により、フランス語の場合はリスト 5.8 と同等になります。

▼ リスト5.8　事前評価実装例

```
<p th:text="${@myapp.translator.Translator@translateToFrench(textVar)}">
Some text here...</p>
```

5.4 テンプレート共有

プロジェクト開発では、問題となりそうな箇所を共通化しておくことで、ソースコードの品質を向上させることができます。本質的に同じ要素に重複するコードを記載してしまった場合、運用フェーズでの変更の敷居が高くなってしまいます。

「再利用技術」は、ソフトウエアの生産技術の重要な要素技術であることから、フロント Web 開発現場では、Web Components やそれに準ずる再利用可能なコンポーネントを定義できるライブラリを用いての開発が流行っています。

本節では、Thymeleafでの共通化サポート機能のテンプレートの部品化、テンプレートの共通化について説明します。

❯ テンプレートの部品化

テンプレートエンジンを利用する際の重要機能となるテンプレートの部品化について解説します。Thymeleafでは、フラグメントという機能で部品化をサポートしています。再利用可能な場所や統一しておきたい箇所を部品化しておくことで、品質を均一に保つことができます。

部品化はテンプレートにlayout:fragmentを指定することで実現でき、利用する側は、th:includeもしくはth:replaceを指定し利用します。なお、th:includeとth:replaceの違いは、Thymeleafのチュートリアル[注6]を参照してください。

前述の事前評価などの問題になる可能性の高い部分を部品化することで、問題の発生を事前に抑制できるため、共通化できる箇所は積極的に共通化すべきです。

▼ リスト5.9　テンプレートの部品化実装例（inputField.html）

```
<th:block th:fragment="input (type, label, name)">
<!-- ### 画面表示に必要なラベルやバリデーションなども含めると、単純なInputFieldでも記載量は多くなる -->
  <div th:with="valid=${!#fields.hasErrors(name)}"
      th:class="${'form-group' + (valid ? '' : ' has-error')}"
class="form-group">
    <label class="col-sm-2 control-label" th:text="${label}">Label</
label>
    <div class="col-sm-10">
      <!-- ### 事前評価など問題になる可能性の高い部分を部品化し、インシデントを未然に防ぐ -->
      <input class="form-control" type="text" th:type="${type}"
        th:field="*{__${name}__}" />
      <span th:if="${!valid}" class="err" th:errors="*{__${name}__}">Erro
r</span>
```

※注6　Thymeleaf th:includeとth:replaceの違い URL https://www.thymeleaf.org/doc/tutorials/2.1/usingthymeleaf_ja.html#thinclude-と-threplace-の違い

```
    </div>
  </div>
</th:block>
```

▼ リスト5.10　テンプレートの部品化実装例（textarea.html）

```
<th:block th:fragment="textarea (label, name, rows)">
  <div th:with="valid=${!#fields.hasErrors(name)}"
      th:class="${'form-group' + (valid ? '' : ' has-error')}"
class="form-group">
    <label class="col-sm-2 control-label" th:text="${label}">Label</
label>
    <div class="col-sm-10">
      <textarea class="form-control" th:field="*{__${name}__}" rows="3"
        th:rows="${rows}"></textarea>
      <span th:if="${!valid}" class="err" th:errors="*{__${name}__}">
Error</span>
    </div>
  </div>
</th:block>
```

リスト 5.11 のとおり、部品化しておくことで利用側の Form の可読性も向上します。

▼ リスト5.11　テンプレートの部品化実装例（部品の利用）

```
<input th:replace="~{fragments/inputField :: input ('text', 'タイトル',
'subject')}" />
<input th:replace="~{fragments/textarea :: textarea ('本文',
'templateBody', 12)}" />
```

Column **th:includeとth:replaceの違い**

th:include はタグの中身のみインクルードする一方、th:replace は実際にタグを置換します。実際の動作はリスト 5.14 のとおりとなります。

▼ リスト5.12　フラグメント定義

```
<footer th:fragment="copy">
  &copy; Socym Co,.Ltd. All rights reserved.
</footer>
```

▼ リスト5.13　th:includeとth:replaceで利用

```
<div th:include="footer :: copy"></div>
<div th:replace="footer :: copy"></div>
```

▼ リスト5.14　th:includeとth:replaceで利用した結果

```
<div>
  &copy; Socym Co,.Ltd. All rights reserved.
</div>
<footer>
  &copy; Socym Co,.Ltd. All rights reserved.
</footer>
```

❯ テンプレートの共通化

次に、テンプレートの共通化について解説します。Thymeleaf では、レイアウトという機能でテンプレートの共通化をサポートします。本機能でベースとなる HTML のレイアウトや、JavaScript および CSS のインクルードを一元管理できます。本機能を用いてテンプレートの共通化を採用することで、ソースコードの保守性や品質も向上するため、積極的に導入すべき機能です。

Spring Boot 2 では、テンプレートの共通化機能を利用するためには、リスト 5.15 の依存関係に thymeleaf-layout-dialect を追加し、リスト 5.16 のとおり JavaConfig に設定を追加する必要があります。

▼ リスト5.15　デザインの共通化：thymeleaf-layout-dialectバージョン指定(build.gradle)

```
compile("nz.net.ultraq.thymeleaf:thymeleaf-layout-dialect:2.3.0") {
    exclude group: "org.codehaus.groovy", module: "groovy"
}
```

▼リスト5.16　テンプレートの共通化機能利用（JavaConfig）

```
@Configuration
public class WebConfig extends WebMvcConfigurer {
  @Bean
  public LayoutDialect layoutDialect() {
    return new LayoutDialect();
  }
}
```

リスト 5.17 のようにレイアウト定義を実装します。

- **レイアウト機能を利用するために、xmlns:layout="http://www.ultraq.net.nz/thymeleaf/layout" を指定する。**
- **layout:fragment=" 任意の文字列 " で、各ページで差し替えるエリアを指定する。**

▼ リスト5.17　デザインの共通化：レイアウトの共通化実装例（layout.html）

```
<!DOCTYPE html>
<!-- ### レイアウト機能を利用するため、xmlns:layout="http://www.ultraq.net.nz/
thymeleaf/layout"を追加する -->
<html xmlns:th="http://www.thymeleaf.org"
  xmlns:layout="http://www.ultraq.net.nz/thymeleaf/layout">
```

```
  <head>
    <meta http-equiv="Content-Type" content="text/html; charset=UTF-8">
    <meta charset="utf-8">
    <meta content="width=device-width, initial-scale=1, maximum-scale=1,
user-scalable=no" name="viewport">
    <meta http-equiv="X-UA-Compatible" content="IE=edge">
    <link rel="shortcut icon" type="image/x-icon" th:href="@{/static/
images/favicon.png}" />
    <title layout:title-pattern="$CONTENT_TITLE | $LAYOUT_TITLE">Sample</
title>

    <!-- ### 共通で利用するCSS/JavaScriptの読み込みを一元管理する -->
    <link rel="stylesheet" href="https://maxcdn.bootstrapcdn.com/
bootstrap/3.3.7/css/bootstrap.min.css"
      th:href="@{/webjars/bootstrap/css/bootstrap.min.css}"
      type="text/css" />

      (……省略……)

    <script type="text/javascript" src="https://code.jquery.com/jquery-
1.12.4.min.js"></script>
  </head>
  <body class="skin-purple">
    <div class="wrapper">
      <div class="content-wrapper">
        <!-- ### ↓↓↓ 個別画面で差し替えるエリア ここから -->
        <section layout:fragment="content" class="content">
          個別画面で設定する箇所
        </section>
        <!-- ### ↑↑↑ 個別画面で差し替えるエリア ここまで -->
      </div>
      <footer class="main-footer">
        <div class="pull-right hidden-xs">Version 1.0</div>
        <strong>Copyright &copy; 2015</strong>, All rights reserved.
      </footer>
```

画面開発

```
        </div>
    </body>
</html>
```

リスト 5.18 のようにレイアウト定義を利用します。

- **レイアウト機能を利用するために、xmlns:layout="http://www.ultraq.net.nz/thymeleaf/layout" を指定する。**
- **layout:decorate で利用するテンプレートファイルを指定する。**
- **layout:fragment=" 任意の文字列 " で、各ページで差し替えるエリアを指定する。**

▼ リスト5.18　デザインの共通化：レイアウトの共通化実装例（logout.html）

```
<!-- ### レイアウト機能を利用するため、xmlns:layout="http://www.ultraq.net.nz/
thymeleaf/layout"を追加する -->
<!-- ### layout:decorateではレイアウトファイルを指定する -->
<html xmlns:th="http://www.thymeleaf.org"
      xmlns:layout="http://www.ultraq.net.nz/thymeleaf/layout"
      layout:decorate="~{layouts/layout}">
    <head>
        <title> ログアウト </title>
    </head>
    <body>
        <!-- ### ↓↓↓ 個別画面で定義した内容で置き換わる ここから -->
        <div layout:fragment="content">
            <h2> ログアウトしました。</h2>
        </div>
        <!-- ### ↑↑↑ 個別画面で定義した内容で置き換わる ここまで -->
    </body>
</html>
```

共通レイアウトと個別レイアウトで、タイトルや JavaScript のインクルードをマージできます。タイトルをマージしたくない場合は、リスト 5.19 およびリスト 5.20 のとおり通常の title タグのみ指定します。

▼ リスト5.19　デザインの共通化：タイトル差し替え（共通レイアウト）

```
<title>Sample</title>
```

▼ リスト5.20　デザインの共通化：タイトル差し替え（個別レイアウト）

```
<!-- ### title タグのみ指定の場合は、個別のレイアウトの title で上書きされる -->
<!-- ### 画面表示されるタイトルは、「ログアウト」となる -->
<title> ログアウト </title>
```

タイトルを合成する場合は、リスト 5.21 およびリスト 5.22 のとおり title-pattern を指定し、マージするパターンを定義します。

▼ リスト5.21　デザインの共通化：タイトルのマージ（共通レイアウト）

```
<!-- ### title-pattern を指定し、title をマージする -->
<!-- ### $CONTENT_TITLE は個別タイトル、$LAYOUT_TITLE はレイアウトタイトル -->
<title layout:title-pattern="$CONTENT_TITLE | $LAYOUT_TITLE">Sample</
title>
```

▼ リスト5.22　デザインの共通化：タイトルのマージ（個別レイアウト）

```
<!-- ### 画面表示されるタイトルは、「管理側ログイン | ログアウト」となる -->
<title> ログアウト </title>
```

なお、JavaScript および CSS は、レイアウトと個別レイアウトでインクルードしたファイルがマージされて最終的に出力されます。

5.5 Thymeleafのその他の機能

本節では、Thymeleafでのその他の機能を、ポイントを絞って紹介します。

エスケープなしのテキスト

Thymeleafでは、クロスサイトスクリプティング（XSS）対策として、テキストはデフォルト（th:text属性）でエスケープされるため、セッションハイジャックなどの悪意のある攻撃を抑制します。しかし、表示項目にHTMLタグを含むHTMLメールのテンプレートを管理する機能などが存在した場合は、明示的にテキストをエスケープなしで表示する必要があります。

リスト5.23、リスト5.24、リスト5.25に、メッセージを表示する場合の動作を説明します。

▼ リスト5.23　メッセージの内容

```
home.welcome=Welcome to our <b>fantastic</b> grocery store!
```

テキスト表示のデフォルト属性（th:text）を指定した場合の挙動は、<b>タグがエスケープされてブラウザに表示されます。

▼ リスト5.24　テンプレートの実装例（th:text属性）

```
<!-- ### テキスト表示のデフォルト属性のth:textを指定 -->
<p th:text="#{home.welcome}">Welcome to our grocery store!</p>
```

▼ リスト5.25　HTML出力後（th:text属性）

```
<!-- ### ブラウザにはエスケープして表示される -->
<p>Welcome to our &lt;b&gt;fantastic&lt;/b&gt; grocery store!</p>
```

エスケープなしで表示する属性（th:utext）を指定した場合の挙動は、リスト5.26およびリスト5.27のと

おり <b> タグがエスケープなしで解釈され、ブラウザでの文字修飾が有効になります。

▼ リスト5.26　エスケープなしのテンプレートの実装例 (th:utext属性)

```
<!-- ### エスケープなしで表示する属性 (th:utext) を指定 -->
<p th:utext="#{home.welcome}">Welcome to our grocery store!</p>
```

▼ リスト5.27　HTML出力後 (th:utext属性)

```
<!-- ### ブラウザにそのまま表示されるため、文字修飾が有効になる -->
<p>Welcome to our <b>fantastic</b> grocery store!</p>
```

この th:utext 属性を利用した場合は、XSS に対して脆弱にならないように注意してください。

日付操作拡張

Thymeleaf では、Date/Time API（JSR-310）をデフォルトではサポートしておらず、拡張ライブラリを利用する必要があります。なお、Spring 2 では、拡張ライブラリの thymeleaf-extras-java8time は、Thymeleaf スターターの依存関係[注7] に含まれているため、追加設定は不要です。

Date/Time API は拡張ライブラリの Temporals オブジェクトを利用します。提供されているメソッドの詳細は、org.thymeleaf.extras.java8time.expression.Temporals の実装を参照してください。

▼ リスト5.28　テンプレートの実装例 (Date/Time API)

```
<!-- ### Temporals オブジェクトを利用してフォーマット -->
<input class="form-control" type="text" name="holidayDate"
th:value="${(value != null) ? #temporals.format(value, 'yyyy/MM/dd') :
''}" />
```

※注7　spring-boot-starter-thymeleaf URL http://mvnrepository.com/artifact/org.springframework.boot/spring-boot-starter-thymeleaf/2.0.6.RELEASE

▼ リスト5.29　HTML出力後（Date/Time API）

```
<input class="form-control" type="text" name="holidayDate"
value="2017/01/01">
```

Thymeleafは各種の拡張機能[注8]をサポートしています。本書で紹介できない拡張機能はAPI仕様を参照してください。

5.6 静的コンテンツ管理

BtoCのアプリケーションを構築する際、UI/UXの向上が欠かせないため、クライアントサイドライブラリを有効活用する必要があります。JavaScriptやCSSを適切に管理していない状況では、次の問題が発生することがありました。

- **JavaScriptやCSSが適切にバージョニングされていないため、ブラウザキャッシュにより、リリース時に古いバージョンが提供されてしまう。**
- **JavaScriptやCSSライブラリが構成管理されていないため、安易な外部ライブラリの利用により、障害が発生してしまう。**

本節では、Spring Bootを利用したWebアプリケーションでの静的コンテンツ（HTML、JavaScript、CSS、画像など）について、配置場所、キャッシュ制御、アクセス制御、クライアントライブラリの構成管理の方法を解説します。

静的コンテンツの配置場所

Spring Bootでは、Spring MVCのオートコンフィグレーションに以下の設定がされており、デフォルトでは次の4点のパスに静的コンテンツを配置できます。

※注8　Thymeleaf拡張（Mavenリポジトリ）URL https://mvnrepository.com/artifact/org.thymeleaf.extras

- /resources/
- /static/
- /public/
- /META-INF/resources/

▼ リスト5.30　静的コンテンツパス（Spring Bootデフォルト）

```
private static final String[] CLASSPATH_RESOURCE_LOCATIONS = {
    "classpath:/META-INF/resources/", "classpath:/resources/",
    "classpath:/static/", "classpath:/public/" };
```


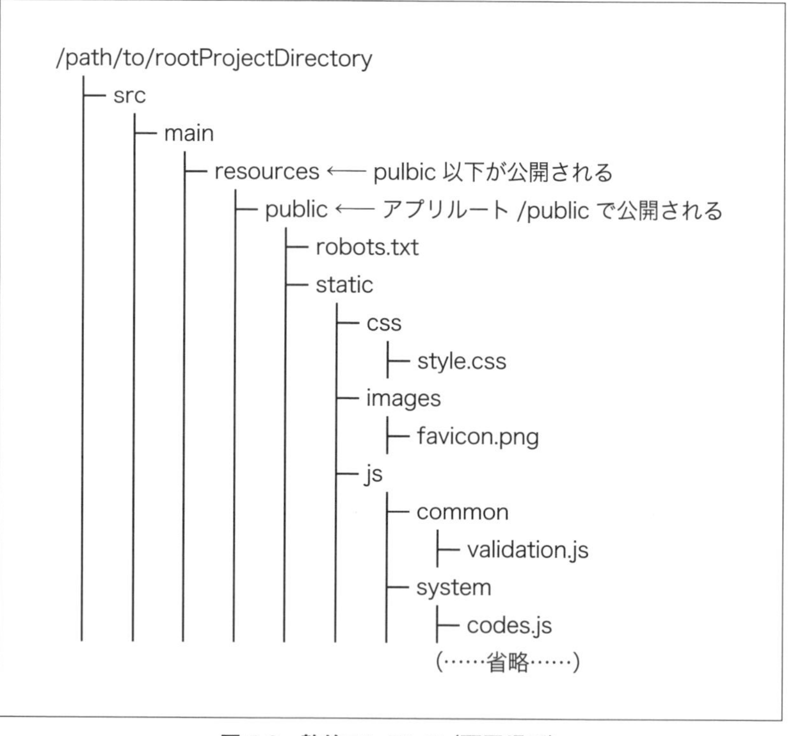

図 5.2　静的コンテンツ（配置場所）

デフォルトパスは、リスト 5.31 のとおり、WebMvcConfigurer の addResourceHandlers メソッドをオーバーライドすることでその動作を変更できます。

▼ リスト5.31　静的コンテンツパスのカスタマイズ

```
@Configuration
public class WebConfig extends WebMvcConfigurer {
  @Override
  public void addResourceHandlers(ResourceHandlerRegistry registry) {
    // files/** リクエストを webapp/resources またはクラスパスの other-resources
    フォルダに格納されているファイルにマッピングする
    registry
      .addResourceHandler("/resources/**")
      .addResourceLocations("/resources/","classpath:/other-resources/");
  }
}
```

また、静的コンテンツをローカルファイルシステムとマッピングする場合は、リスト 5.32 のように設定します。

▼ リスト5.32　静的コンテンツパスをローカルファイルシステムとマッピング

```
@Configuration
public class WebConfig extends WebMvcConfigurer {
  @Override
  public void addResourceHandlers(ResourceHandlerRegistry registry) {
    // files/** リクエストをローカルファイルシステムの /opt/files/ とマッピング
    registry
      .addResourceHandler("/files/**")
      .addResourceLocations("file:/opt/files/");
  }
}
```

キャッシュ制御

次に、静的コンテンツのキャッシュコントロールについて説明します。

キャッシュする時間は、application.（properties ｜ yml）や ResourceHandlerRegistry のオーバーライドで調整します。

▼ リスト5.33　静的コンテンツのキャッシュ有効設定（application.yml）

```
### 24 時間キャッシュするように設定
spring.resources.cache.period=86400
```

静的コンテンツに修正が入った場合は、キャッシュを無効にする必要があります。リスト 5.34 の設定を追加することで、リスト 5.35 のように静的コンテンツの内容から MD5 ハッシュ値を計算した値がファイル名に付与されるため、コンテンツが修正された場合はキャッシュが無効になります。

▼ リスト5.34　静的コンテンツのキャッシュ無効設定（application.yml）

```
spring.resources.chain.strategy.content.enabled=true
spring.resources.chain.strategy.content.paths=/**
```

▼ リスト5.35　HTML出力後（キャッシュ無効制御）

```
### 静的コンテンツの内容により MD5 ハッシュが計算される
<link rel="stylesheet" href="/admin/static/css/style-c3b230f11071fdd1d85c
effa2bec7ff0.css" type="text/css">
```

また、バージョン管理戦略もサポートされています。例えば、JavaScript のみバージョン管理したい場合などは、リスト 5.36 のように設定します。なお、適切なポリシーがない状態でバージョン管理戦略を採用するとインシデントの元となるため、バージョン管理戦略を採用する場合は慎重に行ってください。

▼ リスト5.36　静的コンテンツのバージョン管理戦略（application.yml）

```
spring.resources.chain.strategy.content.enabled=true
spring.resources.chain.strategy.content.paths=/**
spring.resources.chain.strategy.fixed.enabled=true
spring.resources.chain.strategy.fixed.paths=/js/lib/
spring.resources.chain.strategy.fixed.version=v2
```

▼ リスト5.37　HTML出力後（バージョン管理戦略）

```
### /js/lib/ 以外のパスは MD5 ハッシュが付与される
<link rel="stylesheet" href="/admin/static/css/style-c3b230f11071fdd1d85c
effa2bec7ff0.css" type="text/css">
### /js/lib/ は固定パスとなる
<script type="text/javascript" src="/admin/lib/js/v2/admin.min.js">
</script>
```

アクセス制御

Favicon などの画像ファイルやクライアントライブラリは、未認証、認証にかかわらずアクセスできる必要があります（「4.2 認証」にて説明していますが、ここでは静的ファイルを制御する方法を詳しく説明します）。

Spring Boot では、Spring Security のオートコンフィグレーションにリスト 5.38 の設定がされており、デフォルトで次の 5 点のパスは、Public アクセス可能となります。しかし、SEO に必要な robots.txt や sitemap.xml は含まれていないため、これらのファイルを Public アクセス可能とするには、リスト 5.39 のように JavaConfig で設定を上書きする必要があります。

- /css/
- /js/
- /images/
- /webjars/
- favicon.ico

▼ リスト5.38　Publicアクセス可能ファイルパス（Spring Bootデフォルト）

```
private static List<String> DEFAULT_IGNORED = Arrays.asList("/css/**", "/
js/**", "/images/**", "/webjars/**", "/**/favicon.ico");
```

▼ リスト5.39　Publicアクセス可能ファイルパスの上書き（JavaConfig）

```
@Configuration
public class WebConfig extends WebSecurityConfigurerAdapter {
  @Override
  public void configure(WebSecurity security) throws Exception {
    // 静的ファイルへのアクセスは認証をかけない
    security.ignoring()
      .antMatchers("/static/**");
  }
}
```

クライアントライブラリの構成管理

サーバーサイドエンジニア中心のチーム構成だとフロントライブラリの管理が抜けてしまうことがよくあります。本項では、WebJars[注9]を用いて、クライアントライブラリを管理する方法を紹介します。

WebJarsは、依存関係の追加とJavaConfigを実装することで利用できます。

▼ リスト5.40　WebJarsの利用（build.gradle）

```
dependencies {
  // webjarsを依存関係に追加する
  compile "org.webjars:webjars-locator-core"
}
```

※注9　WebJars URL https://www.webjars.org/

▼ リスト5.41　WebJarsの利用（JavaConfig）

```
// ResourceHandlerRegistry を Override して、WebJars を有効化する
@Configuration
public class WebConfig extends WebMvcConfigurer {
  @Override
  public void addResourceHandlers(ResourceHandlerRegistry registry) {
    // webjars を ResourceHandler に登録する
    registry.addResourceHandler("/webjars/**")
      // JAR の中身をリソースロケーションにする
      .addResourceLocations("classpath:/META-INF/resources/webjars/")
      // webjars-locator を使うためにリソースチェイン内のキャッシュを無効化する
      .resourceChain(false);
  }
}
```

上述の設定をすることで、Bootstrap や JQuery のバージョンも Maven/Gradle で一元管理できます。また、Thymeleaf にバージョンを指定することなく include パスが生成されるため、ライブラリのバージョンアップ対応も円滑に進めることができます。

▼ リスト5.42　クライアントトライブラリの構成管理（build.gradle）

```
dependencies {
  // クライアントトライブラリも Maven/Gradle で一元管理できる
  compile "org.webjars:webjars-locator-core"
  compile "org.webjars:bootstrap:3.3.7"
  compile "org.webjars:jquery:2.2.4"
  compile "org.webjars:jquery-validation:1.17.0"

  (……省略……)
}
```

リスト 5.43 に Thymeleaf でのクライアントトライブラリの利用方法を記載します。

▼ リスト5.43　クライアントライブラリの構成管理（Thymeleaf）

```
<!-- ### th:hrefにはバージョン指定が不要 -->
<!-- ### HTMLをブラウザで直接参照するケースを想定し、hrefにCDNのパスを指定している
-->
<link rel="stylesheet" href="https://maxcdn.bootstrapcdn.com/
bootstrap/3.3.7/css/bootstrap.min.css"
  th:href="@{/webjars/bootstrap/css/bootstrap.min.css}" type="text/css"
/>
```

▼ リスト5.44　HTML出力後（クライアントライブラリの構成管理）

```
<link rel="stylesheet" href="/admin/webjars/bootstrap/3.3.7/css/bootstrap.
min.css" type="text/css">
```

Column **Webフロント開発でのライブラリ管理**

本節では、Thymeleafを中心とし、WebJarsを用いたクライアントライブラリの管理の方法を紹介しました。Spring Bootで作成したAPIとJavaScriptを用いたSPA構成の場合は、Webフロント技術を中心としたクライアントライブラリの構成管理が必要となります。

Webフロント開発では、npm[注10]やYarn[注11] Bower[注12]といったパッケージマネージャを用いて、関連ライブラリを管理します。

さらに、webpack[注13]を用いて、Webフロント資材（JavaScript、CSS、PNG）を一元管理する方法が一般的です。

※注10　npm URL https://www.npmjs.com/
※注11　Yarn URL https://yarnpkg.com/lang/en/
※注12　Bower URL https://bower.io/
※注13　webpack URL https://webpack.js.org/

API開発

API開発

金融機関での API 公開の動きが急激に加速しているように、API というキーワードはビジネス領域でもよく目にするようになってきています。一方、システム開発でも迅速に機能リリースしていくためには API 連携は欠かせず、API 連携の重要度は日に日に高まってきています。本 chapter では、API 連携について述べます。

6.1 SpringでのAPI開発

MSA(Micro Service Architecture)開発やSPA(Single Page Application)開発では、API連携が必須です。一方、小売業界では、オムニチャネル（＝ユーザーがチャネルの違いを意識せずにサービスを利用したり製品を購入したりできること）といった言葉が生まれています。チャネルの違いを意識しないようにするには、バックエンドのサービスを API 化し、PC ／スマホ／他サービスなどの複数のチャネルから透過的に利用できるようにする必要があります。

本節では、Spring Boot を用いた API 開発について説明します。API は Rest コントローラーとして実装します。なお、ユーザー情報取得リクエストに対し、JSON を返戻する API を取り上げます。

API仕様

本節では、以下の 2 本の API の作成を例に説明を進めます。

① ユーザー一覧取得 API
② ユーザー作成 API

ユーザー一覧取得 API

名前や電話番号や住所などの情報を検索フォームから受け付けるという想定の API です。API 仕様の詳細は図 6.1 および図 6.2 を参照してください。なお、API 仕様は Swagger（「6.3 API 開発効率の最大化 Swagger とは」で詳細を解説）で作成しています。

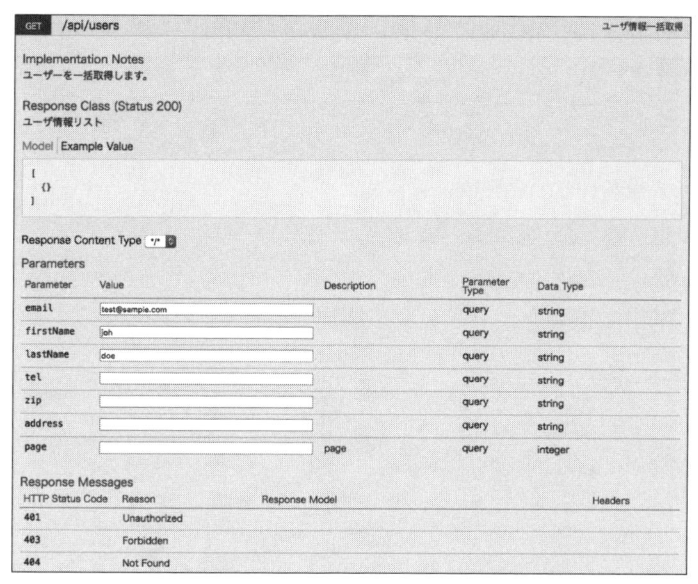

図 6.1　ユーザー取得 API リクエスト仕様

Curl

```
curl -X GET --header 'Accept: application/json' 'http://localhost:18081/admin/api/users?email=test%40sample.com&firstNa
```

Request URL

```
http://localhost:18081/admin/api/users?email=test%40sample.com&firstName=joh&lastName=doe
```

Request Headers

```
{
  "Accept": "*/*"
}
```

Response Body

```
[
  {
    "id": 1,
    "first_name": "john",
    "last_name": "doe",
    "email": "test@sample.com",
    "tel": "09011112222",
    "zip": null,
    "address": "tokyo, chuo-ku 1-2-3"
  }
]
```

Response Code

```
200
```

Response Headers

```
{
  "x-track-id": "1233613622",
  "pragma": "no-cache",
  "date": "Thu, 31 May 2018 01:37:41 GMT",
  "x-content-type-options": "nosniff",
  "x-frame-options": "DENY",
  "content-type": "application/json;charset=utf-8",
  "cache-control": "no-cache, no-store, max-age=0, must-revalidate",
  "content-length": "138",
  "x-xss-protection": "1; mode=block",
  "expires": "0"
}
```

図 6.2　ユーザー取得 API レスポンス仕様

ユーザー作成 API

HTTP のリクエストボディにユーザー情報を受け付け、ユーザーを作成する API です。API 仕様の詳細は図 6.3 および図 6.4 を参照してください。

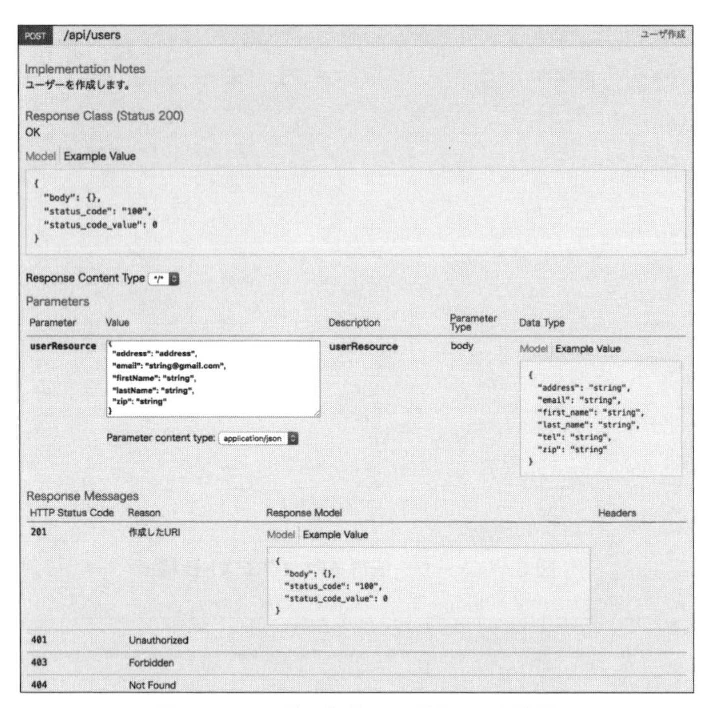

図 6.3　ユーザー作成 API リクエスト仕様

Curl

```
curl -X POST --header 'Content-Type: application/json' --header 'Accept: application/json' -d '{ \
   "address": "address", \
   "email": "string%40gmail.com", \
   "firstName": "string", \
   "lastName": "string", \
   "zip": "string" \
 }' 'http://localhost:18081/admin/api/users'
```

Request URL

```
http://localhost:18081/admin/api/users
```

Request Headers

```
{
  "Accept": "*/*"
}
```

Response Body

```
null
```

Response Code

```
201
```

Response Headers

```
{
  "x-track-id": "1884635365",
  "pragma": "no-cache",
  "date": "Thu, 31 May 2018 03:19:47 GMT",
  "x-content-type-options": "nosniff",
  "x-frame-options": "DENY",
  "content-type": "application/json;charset=utf-8",
  "location": "http://localhost:18081/admin/system/staffs/show/7",
  "cache-control": "no-cache, no-store, max-age=0, must-revalidate",
  "content-length": "4",
  "x-xss-protection": "1; mode=block",
  "expires": "0"
}
```

図 6.4　ユーザー作成 API レスポンス仕様

リソース実装

まず、APIで扱うリソース（情報）を表すクラスを作成します。ユーザー情報APIで利用するクエリ用のリソースクラスをリスト6.1のとおり実装します。

▼ リスト6.1　ユーザー一覧取得用リソースクラス

```
public class UserQuery implements Serializable {
  private static final long serialVersionUID = 7593564324192730932L;
  String email;
  String firstName;
  String lastName;
  String tel;
  String zip;
  String address;
}
```

ユーザー作成APIで利用するリソースクラスはリスト6.2のとおり実装します。

▼ リスト6.2　ユーザー作成用リソースクラス

```
@Setter
@Getter
public class UserResource implements Serializable {
  private static final long serialVersionUID = 4512633005852272922L;

  @JsonIgnore
  String password;

  @JsonProperty("firstName")
  String firstName;

  @JsonProperty("lastName")
```

```
  String lastName;

  @Email
  String email;

  @Digits(fraction = 0, integer = 10)
  String tel;

  @NotEmpty
  String zip;

  @NotEmpty
  String address;
}
```

API開発

コントローラー実装

リソースクラスを作成したら、コントローラーを実装していきます。APIを作成する場合は、@RestControllerアノテーションを指定し、リスト6.3のとおり作成します。

▼ リスト6.3　ユーザーAPIのクラスの作成

```
@RestController
// 画面で利用する@Controllerの代わりに、@RestControllerを指定
@RequestMapping(path = "/api/users", produces = MediaType.APPLICATION_
JSON_VALUE) // リクエストパスや、MediaTypeを指定
public class SampleUserRestController {

  @Autowired
  UserService userService; // 利用するサービスクラスをインジェクションする

  @Autowired
```

```
  ModelMapper modelMapper;
}
```

まず、ユーザー一覧取得APIをリスト6.4のとおり実装します。

▼ リスト6.4　ユーザー一覧取得APIの実装

```
@GetMapping // HTTPメソッドに対応するアノテーションを指定
public List<User> index(UserQuery query) {
  // 入力値からDTOを作成する
  val where = modelMapper.map(query, User.class);
  return userService.find(where); // 検索条件からユーザーリストを取得する
}
```

次に、ユーザー作成APIをリスト6.5のとおり実装します。

▼ リスト6.5　ユーザー作成APIの実装

```
@PostMapping // HTTPメソッドに対応するアノテーションを指定
public ResponseEntity<Void> create(@Validated @RequestBody UserResource
userResource, Errors errors) {
  // 入力エラーがある場合
  if (errors.hasErrors()) {
    throw new ValidationErrorException(errors);
  }
  // 入力値からドメインオブジェクトを作成する
  val inputUser = modelMapper.map(userResource, User.class);

  // サンプル実装のため、直接記載
  // 1件追加する
  User user = userService.create(inputUser);
  String resourceUrl = "http://localhost:18081/admin/system/staffs/show/"
+ user.getId();
```

```
  return ResponseEntity.created(URI.create(resourceUrl)).build();
}
```

エラーハンドリング実装

APIのエラーを横断的関心事として処理する方法を紹介します。まず、@RestControllerAdviceアノテーションを指定し、リスト6.6のとおり作成します。

▼ リスト6.6　APIのエラーハンドラクラスを作成

```
@RestControllerAdvice(annotations = RestController.class) // HTMLコントローラーの例外を除外する
public class ApiExceptionHandler extends ResponseEntityExceptionHandler {
}
```

次に、個別にエラーハンドリングを実装していきます。プロジェクト個別のカスタムエラークラスをハンドリングする場合は、リスト6.7のとおり実装します。

▼ リスト6.7　業務用のカスタムエラーのハンドリング（対象データなし）（ApiExceptionHandler.java）

```
(……省略……)
@ExceptionHandler(NoDataFoundException.class)
public ResponseEntity<Object>
        handleNoDataFoundException(Exception ex, WebRequest request) {
  val headers = new HttpHeaders();
  val status = HttpStatus.OK;
  String parameterDump = this.dumpParameterMap(request.
getParameterMap());
  log.info("no data found. dump: {}", parameterDump);
  // 原因特定のため、リクエストパラメータをログ出力
```

```
  val message = MessageUtils.getMessage(NO_DATA_FOUND_ERROR, null, "no
data found", request.getLocale());
  val errorResource = new ErrorResourceImpl();
  errorResource.setRequestId(String.valueOf(MDC.get("X-Track-Id")));
  // 必要に応じて、MDC よりエラーを特定できる情報を取得
  errorResource.setMessage(message);
  errorResource.setFieldErrors(new ArrayList<>());
  return new ResponseEntity<>(errorResource, headers, status);
}

(……省略……)
```

また、入力項目のバリデーションエラーの場合は、項目とエラー内容をクライアント側に返戻する必要があります。バリデーションエラーをハンドリングする場合は、リスト6.8のとおり実装します。

▼ リスト6.8　バリデーションエラーのハンドリング（ApiExceptionHandler.java）

```
(……省略……)

@ExceptionHandler(ValidationErrorException.class)
public ResponseEntity<Object>
        handleValidationErrorException(Exception ex, WebRequest request) {
  val headers = new HttpHeaders();
  val status = HttpStatus.BAD_REQUEST;
  val fieldErrorContexts = new ArrayList<FieldErrorResource>();
  // バリデーションエラーの項目を返戻値（リソース）にセット
  if (ex instanceof ValidationErrorException) {
    val vee = (ValidationErrorException) ex;
    vee.getErrors().ifPresent(errors -> {
      val fieldErrors = errors.getFieldErrors();
      if (fieldErrors != null) {
        fieldErrors.forEach(fieldError -> {
          val fieldErrorResource = new FieldErrorResource();
          fieldErrorResource.setFieldName(fieldError.getField());
```

```
            fieldErrorResource.setErrorType(fieldError.getCode());
            fieldErrorResource.setErrorMessage(fieldError.
getDefaultMessage());
            fieldErrorContexts.add(fieldErrorResource);
          });
        }
      });
    }
    val locale = request.getLocale();
    val message = MessageUtils.getMessage(VALIDATION_ERROR, null,
"validation error", locale);
    val errorContext = new ErrorResourceImpl();
    // エラー用のリソースクラスを別途作成する
    errorContext.setMessage(message);
    errorContext.setFieldErrors(fieldErrorContexts);
    errorContext.setErrorCode(VALIDATION_ERROR);
    return new ResponseEntity<>(errorContext, headers, status);
}

(……省略……)
```

なお、リスト6.8で入力エラーが発生した場合のレスポンスは、リスト6.9のとおりとなります。

▼ リスト6.9　バリデーションエラー時のレスポンス

```
$ http POST localhost:18081/admin/api/users password=$2a$06$hY5MzfruCds1
t5uFLzrlBuw3HcrEGeysr9xJE4Cml5xEOVf425pmK first_name=john last_name=doe4
email=test4@sample.com}
HTTP/1.1 400 Bad Request
Cache-Control: no-cache, no-store, max-age=0, must-revalidate
Content-Length: 304
Content-Type: application/json;charset=utf-8
Date: Wed, 16 May 2018 11:07:43 GMT
Expires: 0
```

```
Pragma: no-cache
X-Content-Type-Options: nosniff
X-Frame-Options: DENY
X-Track-Id: 1183428399
X-XSS-Protection: 1; mode=block

{
  "data": null,
  "field_errors": [
    {
      "error_message": "{0} に値を入力してください。",
      "error_type": "NotEmpty",
      "field_name": "zip"
    },
    {
      "error_message": "{0} に値を入力してください。",
      "error_type": "NotEmpty",
      "field_name": "address"
    }
  ],
  "message": "入力エラーがあります。",
  "request_id": null
}
```

6.2 SpringでのAPI連携

本 chapter のリード文や「6.1 Spring での API 開発」のリード文でも触れたとおり、現在のシステム開発でアジリティを追求するためには、API 連携は欠かせません。

本節では、Spring Boot を用いた API 連携について説明します。なお、「6.1 Spring での API 開発」で作成した API 接続するサンプルを例に解説を進めます。

RestTemplate

Spring では、RestTemplate[注1] という REST クライアントを提供しています。RestTemplate を用いると、Java オブジェクトとレスポンスボディ（JSON）の変換も容易に実現できます。

ユーザー一覧取得APIへの連携

ユーザー連携取得 API への連携実装はリスト 6.10 のとおりです。

▼ リスト6.10　ユーザー一覧取得APIの連携実装

```
// クエリストリングを含んだ URI を生成する
UriComponentsBuilder builder = UriComponentsBuilder
        .fromUriString("http://localhost:18081/admin/api/users")
        .queryParam("firstName", "joh")
        .queryParam("address", "tokyo");
RestTemplate restTemplate = new RestTemplate();
// 返戻値に応じて、getForObject と使い分けを実施する
ResponseEntity<User[]> responseEntity = restTemplate.getForEntity(builder.
toUriString(), User[].class);
for (User user :responseEntity.getBody()) {
  System.out.println(user.getEmail());
}
```

ユーザー作成APIへの連携

次に、ユーザー作成 API への連携実装をリスト 6.11 のとおりに行います。登録するリソースオブジェクトを生成し、postForLocation をコールします。なお、返戻値に応じて、postForObject、postForEntity などとの使い分けを実施してください。

※注1　2. RestTemplate Module URL https://docs.spring.io/autorepo/docs/spring-android/1.0.x/reference/html/rest-template.html

▼ リスト6.11 ユーザー作成APIの連携実装

```
User userData = new User();
userData.setFirstName("john");
userData.setLastName("doe");
userData.setEmail("test4@sample.com");
userData.setZip("1060041");
userData.setAddress("tokyo, chuo-ku 1-2-3");

RestTemplate restTemplate = new RestTemplate();
URI response = restTemplate.postForLocation("http://localhost:18081/
admin/api/users", userData);
System.out.println(response);
```

6.3 API開発効率の最大化

API 開発でクライアント側の実装を進めるためには、クライアント側でモックを用意して実装を進める必要があります。API 定義を Excel などのドキュメントで管理し、Excel などのドキュメントに基づきクライアント側でモックの準備を進めると、仕様の認識齟齬が発生することが多くなってしまいます。また、API の仕様変更時の連携のオーバーヘッドも大きくなってしまいます。

本節では、現在の開発での必須要素である API 連携をより円滑に進めるために、API 管理に Swagger[注2] を用い、API 開発の効率を上げる方法を説明します。

Swaggerとは

Swagger は、OpenAPI[注3] 仕様に基づく API 開発ツールのフレームワークであり、API のライフサイクル全体に渡って、設計から文書の管理、テストおよびデプロイまでを可能にします。

Swagger のおもな利点は次の 4 点です。

※注2 Swagger URL https://swagger.io/
※注3 OpenAPI URL https://www.openapis.org/

① OpenAPI準拠
② YAMLを用いた宣言的な記法
③ コード自動生成
④ エコシステムの充実（SwaggerHub）

OpenAPI準拠

マイクロソフト、Googleなどを大手の企業を含むOpenAPI Initiative（RESTful APIのインターフェースを記述するための標準フォーマットを推進する団体）がLinux Foundationの協力のもとで結成され、APIの記述のために採用したのがSwaggerです。OpenAPI InitiativeはSwaggerをベースに、より充実した標準にしていくと説明しており、AWSのAmazon API Gateway（API管理サービス）でもSwaggerをサポート[注4]するなど、SwaggerはAPI管理のデファクトスタンダードと呼ばれるほど普及しています。

YAMLを用いた宣言的な記法

SwaggerはAPI定義をYAML（JSON）により宣言的に記載できます。また、定義したYAMLからSwagger UIというツールを用いると、HTMLベースの定義書やモックを作成できます。Swagger UIを利用し、APIを公開すると、クライアント側は動く仕様としてAPIを参照できるため、API連携によるコミュニケーションコストを低下させることができます。

■ Swagger UIによるAPI定義

図6.5のとおりHTTPメソッドに対応したエンドポイントの一覧、データモデルが確認できます。

※注4　Swaggerに対するAPI Gateway拡張 URL https://docs.aws.amazon.com/ja_jp/apigateway/latest/developerguide/api-gateway-swagger-extensions.html

図 6.5　Swagger UI による API 全体定義

■ Swagger UIによるHTTPメソッドに対応した個別のエンドポイント定義

図 6.6 のとおりリクエストパラメータの詳細、Content-Type、API 返戻値などが確認できます。

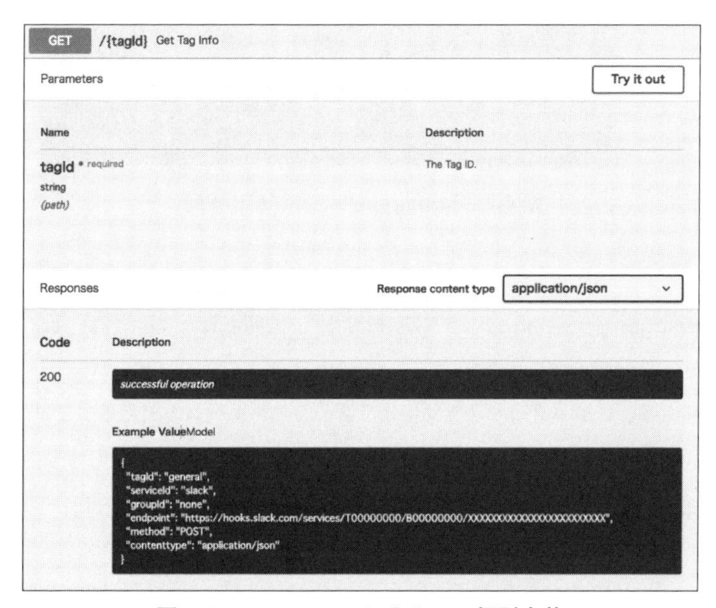

図 6.6　Swagger UI による API 個別定義

■ Swagger UIを用いたAPIのコール例

APIをコールする際のcurlコマンドやエンドポイントURL、実際に返却されたHTTPステータスとResponse bodyなどが確認できます。

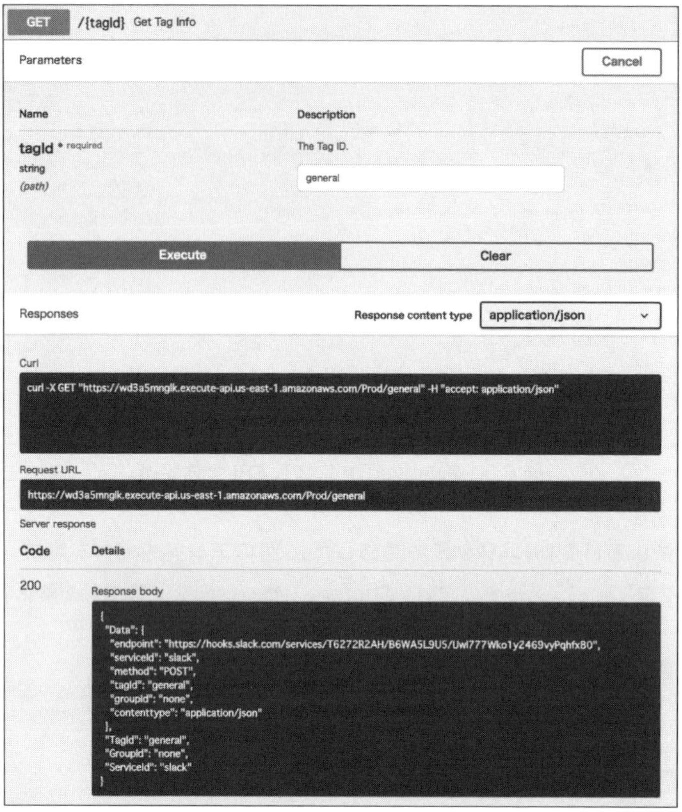

図6.7　Swagger UIによるAPI実行

コード自動生成

Swaggerには、Swagger CodegenというSwagger UIで公開されたAPI仕様をもとにコードを自動生成するツールがあります。Swagger Codegenは、OpenAPI仕様からスタブサーバーとAPIクライアントの接続コードを生成することで、ビルドプロセスを簡素化できるため、チームの開発効率を高めることができます。

■ スタブサーバー生成例

Node.jsのサーバーを作成する方法を説明します。

Swagger CodegenをHomebrewなどでインストールしても実行可能ですが、Swagger CodegenはDockerでの実行をサポート（＝DockerHubに公開）しているため、Dockerで実行する例を紹介します。

リスト6.12のようにコマンドを実行すると、http://localhost:8080/docsにSwagger UIが公開されます。

▼ リスト6.12　Swagger Codegenを用いたスタブサーバーの起動

```
### Node.js のスタブサーバーコードを ./out/node に作成
# -i で参照する API 仕様を指定
# -l で言語を指定
# -o で出力先を指定、Docker Volume を用いてカレントディレクトリをマウント
$ docker run --rm -v $(pwd):/local swaggerapi/swagger-codegen-cli
generate -i http://petstore.swagger.io/v2/swagger.json -l nodejs-server
-o /local/out/node
[main] INFO io.swagger.parser.Swagger20Parser - reading from http://
petstore.swagger.io/v2/swagger.json

(……省略……)

[main] INFO io.swagger.codegen.AbstractGenerator - writing
file /local/out/node/.swagger-codegen/VERSION
### 出力ディレクトリに移動
$ cd out/node/
### 以下のような構成でスタブサーバーコードが生成される
$ pwd;find . | sort | sed '1d;s/^\.//;s/\/\([^/]*\)$/|--\1/;s/\/[^/|]*/|  /g'
/path/to/directory/out/node
|--.swagger-codegen
|--.swagger-codegen-ignore
|   |--VERSION
|--README.md
|--api
|   |--swagger.yaml
|--controllers
|   |--Pet.js
|   |--Store.js
|   |--User.js
|--index.js
|--package.json
|--service
|   |--PetService.js
```

```
|   |--StoreService.js
|   |--UserService.js
|--utils
|   |--writer.js
### Node.jsコンテナを対話モードで起動(カレントディレクトリマウント/8080ポートバインディング)
$ docker run -ti -v $(pwd):/local -p 8080:8080 node:alpine /bin/ash
### マウントしたlocalディレクトリに移動
/ # cd local/
### パッケージインストール
/local # npm install
npm notice created a lockfile as package-lock.json. You should commit
this file.
added 143 packages in 10.203s
### サーバースタート
/local # node index.js
Your server is listening on port 8080 (http://localhost:8080)
Swagger-ui is available on http://localhost:8080/docs
```

▼ リスト6.13　curlでスタブサーバーをコール

```
### サーバープロセス確認
# 8080ポートでスタブサーバーのプロセスが起動している
$ docker ps
CONTAINER ID    IMAGE                   COMMAND             CREATED
STATUS          PORTS                   NAMES               552c009708a4
node:alpine     "/bin/ash"              2 minutes ago
Up 2 minutes    0.0.0.0:8080->8080/tcp  tender_nightingale
### モックAPIコール
$ curl 'http://localhost:8080/v2/pet/12'
{
  "photoUrls": [
    "photoUrls",
    "photoUrls"
```

```
  ],
  "name": "doggie",
  "id": 0,
  "category": {
    "name": "name",
    "id": 6
  },
  "tags": [
    {
      "name": "name",
      "id": 1
    },
    {
      "name": "name",
      "id": 1
    }
  ],
  "status": "available"
}
```


Column **Docker**

Docker[注5]とは、OSSとして開発されているコンテナ技術による仮想化ソフトウエアです。DevOpsを促進する技術として注目されており、Docker社が開発しています。Dockerは、環境管理だけでなく、リスト6.12のとおり、ライブラリのインストールなしに様々なコマンドを実行できます。

なお、Dockerについては、「7.1 インフラの構成管理 Docker」で詳細を解説します。

■ APIクライアントの接続コードの生成例

Javaのクライアント接続コードを作成する方法を説明します。リスト6.14のとおりクライアント接続コードの生成もスタブサーバー生成と同様の手順で実行できます。

※注5 Docker URL https://www.docker.com/

▼ リスト6.14　Swagger Codegenを用いたクライアント接続コードの生成

```
### Java のクライアント接続コードを ./out/java に作成
# -i で参照する API 仕様を指定
# -l で言語を指定
# -o で出力先を指定、Docker Volume を用いてカレントディレクトリをマウント
$ docker run --rm -v $(pwd):/local swaggerapi/swagger-codegen-cli
generate -i http://petstore.swagger.io/v2/swagger.json -l
java -o /local/out/java
[main] INFO io.swagger.parser.Swagger20Parser - reading from http://
petstore.swagger.io/v2/swagger.json

(……省略……)

[main] INFO io.swagger.codegen.AbstractGenerator - writing file /local/
out/java/.swagger-codegen/VERSION
### 出力ディレクトリに移動し、実行権限付与
$ cd out/java/ && chmod 755 -R ./
### 以下のような構成でクライアントコードが生成される
$ pwd;find . | sort | sed '1d;s/^\.//;s/\/\([^/]*\)$/|--\1/;s/\/[^/|]*/|   /g'
/path/to/directory/out/java
|--build.gradle

(……省略……)

|--src
|   |--main
|   |   |--AndroidManifest.xml
|   |   |--java
|   |   |   |--io
|   |   |   |   |--swagger
|   |   |   |   |   |--client
|   |   |   |   |   |   |--api
|   |   |   |   |   |   |--ApiCallback.java
|   |   |   |   |   |   |--ApiClient.java
```

```
|   |   |   |   |   |   |--ApiException.java
|   |   |   |   |   |   |   |--PetApi.java
|   |   |   |   |   |   |--ApiResponse.java
|   |   |   |   |   |   |   |--StoreApi.java
|   |   |   |   |   |   |   |--UserApi.java
|   |   |   |   |   |   |--auth
|   |   |   |   |   |   |   |--ApiKeyAuth.java
|   |   |   |   |   |   |   |--Authentication.java
|   |   |   |   |   |   |   |--HttpBasicAuth.java
|   |   |   |   |   |   |   |--OAuthFlow.java
|   |   |   |   |   |   |   |--OAuth.java
|   |   |   |   |   |   |--Configuration.java
|   |   |   |   |   |   |--GzipRequestInterceptor.java
|   |   |   |   |   |   |--JSON.java
|   |   |   |   |   |   |--model
|   |   |   |   |   |   |   |--Category.java
|   |   |   |   |   |   |   |--ModelApiResponse.java
|   |   |   |   |   |   |   |--Order.java
|   |   |   |   |   |   |   |--Pet.java
|   |   |   |   |   |   |   |--Tag.java
|   |   |   |   |   |   |   |--User.java
|   |   |   |   |   |   |--Pair.java
|   |   |   |   |   |   |--ProgressRequestBody.java
|   |   |   |   |   |   |--ProgressResponseBody.java
|   |   |   |   |   |   |--StringUtil.java
|   |--test
|   |   |--java
|   |   |   |--io
|   |   |   |   |--swagger
|   |   |   |   |   |--client
|   |   |   |   |   |   |--api
|   |   |   |   |   |   |   |--PetApiTest.java
|   |   |   |   |   |   |   |--StoreApiTest.java
|   |   |   |   |   |   |   |--UserApiTest.java
|--.swagger-codegen
```

```
|--.swagger-codegen-ignore
|   |--VERSION
|--.travis.yml
### クライアントコードの接続先はAPI定義より設定されている
# ApiClient.javaをgrep
$ grep http://petstore.swagger.io/v2 src/main/java/io/swagger/client/
ApiClient.java
  private String basePath = "http://petstore.swagger.io/v2";
   * @param basePath Base path of the URL (e.g http://petstore.swagger.
io/v2
### testもすべてパスする
$ ./gradlew clean test
:clean
:compileJava
warning: [options] bootstrap class path not set in conjunction with
-source 1.7
1 warning
:processResources UP-TO-DATE
:classes
:compileTestJava
warning: [options] bootstrap class path not set in conjunction with
-source 1.7
Note: /tmp/out/java/src/test/java/io/swagger/client/api/PetApiTest.java
uses or overrides a deprecated API.
Note: Recompile with -Xlint:deprecation for details.
1 warning
:processTestResources UP-TO-DATE
:testClasses
:test

BUILD SUCCESSFUL

Total time: 22.315 secs
```

エコシステムの充実（SwaggerHub）

Swagger Codegenを用いてスタブサーバーを起動し、開発チームで共有する方針も悪くないのですが、ホスト環境の管理やAPI仕様の変更の都度、コードの再生成および再起動が必要になります。

Swaggerはエコシステムも充実しており、SwaggerHubというAPI管理のプラットフォームがあります。SwaggerHub[注6]はSwaggerを使ったモックサーバーやテスト環境などAPI管理に関するサービスをまとめて提供しているため、APIの管理工数を下げることが可能です。SwaggerHubは、APIドキュメントの編集／表示、モックサーバーの立ち上げ、Swagger CodeGenの機能（クライアント接続コードの生成）などをブラウザベースで提供しています。

■ SwaggerHubでのAPIの公開

APIの公開の方法は、新規作成および定義ファイルのインポートをサポートしています。

● APIの新規作成

テンプレートからAPIを新規作成の後、必要な箇所を編集することで新規作成時の工数を減らすことが可能です。モックサーバーの提供もデフォルトで自動的に有効になります。

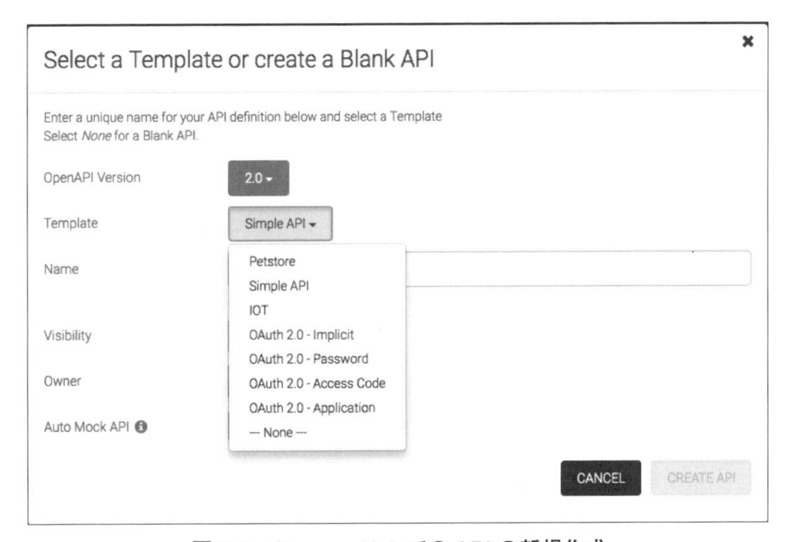

図6.8　SwaggerHubでのAPIの新規作成

※注6　SwaggerHub URL https://swaggerhub.com/

● 定義ファイルのインポート

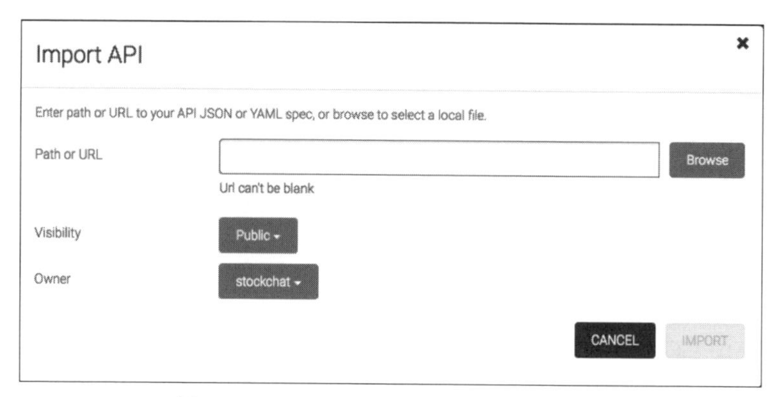

図 6.9　SwaggerHub での API のインポート

● API の表示画面

左側にエディタ、右側に定義内容（Swagger UI）と分割されており、編集した内容をプレビューで確認できます。

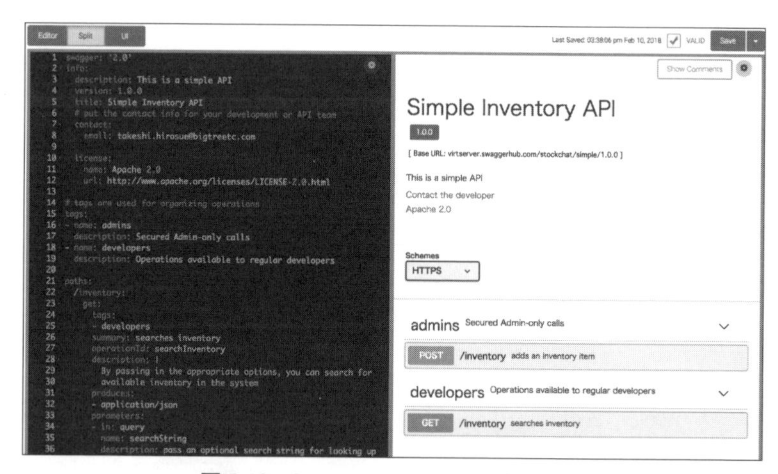

図 6.10　SwaggerHub の API 表示画面

API 仕様ドキュメント（YAML）やクライアント接続コードの作成をブラウザベースでサポートしています。

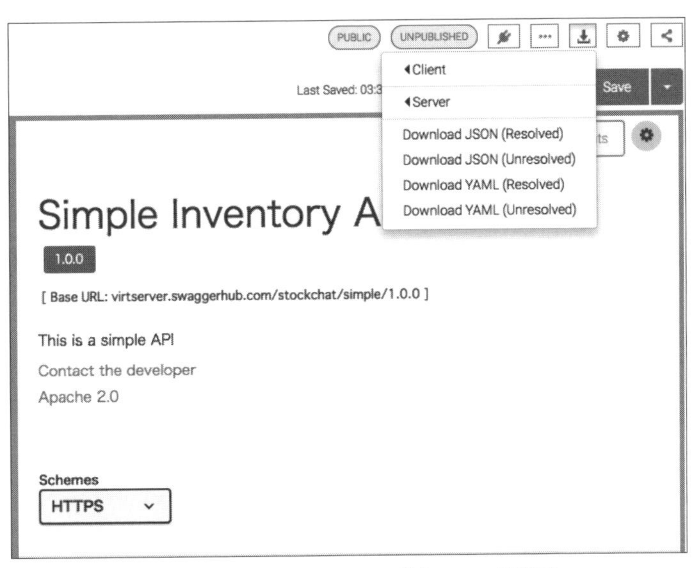

図 6.11　SwaggerHub のダウンロード機能

■ SwaggerHubの料金体系

5 人チームで 100 本の API 管理まで月間 75US$ (年間契約、2018/10/18 時点) 注7 で利用できます。また、SSO 機能を提供している Enterprise プランもあります。API の管理が必要な状況であれば導入を検討してみる価値があるかもしれません。

	Free	Team	Enterprise
Basic API Design & Documentation • Swagger/OpenAPI Editor • Hosted API Documentation • API Mocking	✔	✔	✔
Collaboration • Privacy & Access Control • Team Management • Issue Tracking		✔	✔
Integrations • Source Control Sync • Deployment to API Management Platforms • Webhooks		✔	✔
Style Guide Enforcement • Style Validator • Unlimited Domains			✔
Custom Features • Custom Integrations for (On-Premise Only) • Custom Server Code/SDK templates (On-Premise Only)			✔
On-Premise Installation • Available at additional cost • AMI or VM options • SSO support with SAML & LDAP			✔

図 6.12　SwaggerHub の料金プラン

※注7　SwaggerHub Pricing URL https://swaggerhub.com/pricing/

Springでの利用（SpringFox）

前項で、SwaggerでのAPI管理がデファクトスタンダードとなっていること、Swaggerを利用することのメリットを説明しました。本項では、SwaggerをSpringで利用する方法を説明します。

Springでは、SpringFox[注8]を用いるとAPIドキュメントの自動生成が可能です。SpringFoxはSwagger UIの提供もサポートしているため、APIを用いたチーム開発を円滑に進めることができます。

本節では、次の手順に従い、SpringFoxの利用方法を説明します。

① 依存関係の設定
② 共通設定カスタマイズ（JavaConfig）
③ 個別エンドポイントのカスタマイズ
④ 静的ドキュメント生成

1. 依存関係の設定

リスト6.15のとおりSpringFoxのライブラリをGradleの依存関係に追加します。

▼ リスト6.15　SpringFox利用（build.gradle）

```
// APIドキュメント自動生成を利用するために追加するライブラリ
compile "io.springfox:springfox-swagger2:2.6.0"
// Swagger UIを利用するために追加するライブラリ
compile "io.springfox:springfox-swagger-ui:2.6.0"
```

2. 共通設定カスタマイズ（JavaConfig）

リスト6.16のとおりJavaConfigに@EnableSwagger2アノテーションを追加し、Swaggerを有効にします。

※注8　SpringFox URL http://springfox.github.io/springfox/

▼ リスト6.16 SpringFox有効化（JavaConfig）

```
@Configuration
@EnableSwagger2 // Swaggerを有効にする
public class ApplicationConfig extends BaseApplicationConfig {
```

上述の設定後、アプリケーションを再起動するとSwagger UIが有効になり、すべてのControllerのアクセスがSwagger UIに反映されます。デフォルトでは{アプリケーションルート}/swagger-ui.htmlがSwagger UIへのパスとなります。

依存関係の追加とJavaConfigの調整だけでソースコードから、Swagger UIへのAPI仕様の自動反映が可能となります。

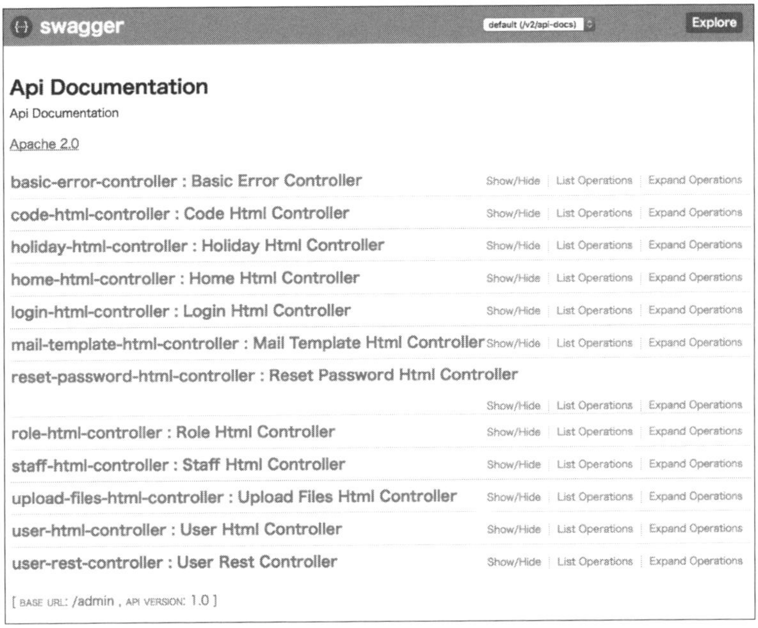

図6.13　SpringFoxを用いたSwagger UIの表示

デフォルトでは、Swagger UIで作成される一覧は、画面表示のControllerも含んだものとなります。リスト6.17のとおりJavaConfigに設定することで、REST APIとすべてのControllerの定義をグループ化できます。なお、リクエストパス、HTTPメソッドなどに従い任意のグループを作成可能です。詳細な設定はSpringFoxの公式ドキュメント注9を参照してください。

※注9　Springfox Reference Documentation URL https://springfox.github.io/springfox/docs/current/

▼ リスト6.17 APIのグループ化（JavaConfig）

```
@Configuration
@EnableSwagger2 // Swaggerを有効にする
public class ApplicationConfig extends BaseApplicationConfig {
  @Bean
  public Docket api() {
    return new Docket(DocumentationType.SWAGGER_2)
        .groupName("api")
        .select()
        // HTTPメソッドでのフィルタリングも可能
        .apis(RequestHandlerSelectors.withMethodAnnotation(GetMapping.
class))
        // apiを含むパスをAPIグループに設定
        .paths(PathSelectors.regex("/api.*"))
        .build()
        .apiInfo(apiinfo());
  }

  @Bean
  public Docket admin() {
    return new Docket(DocumentationType.SWAGGER_2)
        .groupName("admin")
        .select()
        .apis(RequestHandlerSelectors.any()) // all
        .paths(PathSelectors.any()) // all
        .build()
        .apiInfo(admininfo());
  }

  private ApiInfo apiinfo() {
    return new ApiInfoBuilder()
        .title("REST API List")
        .description("REST APIの一覧です。")
        .version("1.0")
```

```
        .contact(new Contact("takeshi.hirosue","http://www.bigtreetc.
com/", "takeshi.hirosue@bigtreetc.com"))
        .build();
  }

  private ApiInfo admininfo() {
    return new ApiInfoBuilder()
        .title("ALL API List")
        .description("全てのAPIの一覧です。")
        .version("1.0")
        .contact(new Contact("takeshi.hirosue","http://www.bigtreetc.
com/", "takeshi.hirosue@bigtreetc.com"))
        .build();
  }
}
```

上述の設定後の、Swagger UIの表示は図6.14のとおりとなり、グループによって一覧が仕訳されます。

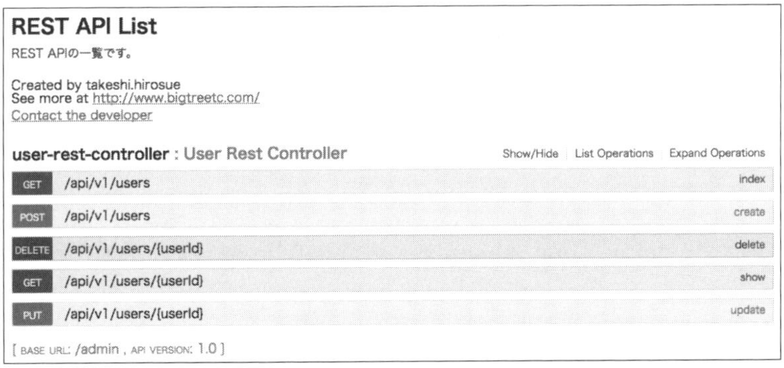

図6.14　Swagger UIの表示（APIグループ）

3. 個別エンドポイントのカスタマイズ

デフォルト設定でもSwaggerのAPI定義に準拠しているため、API仕様を明確化できます。しかし、デフォルトでは、メソッド名、フィールド名などから各項目が自動生成されるため、各項目の意味がわかりづらいことがあります。

ここでは、個別のエンドポイント設定をアノテーションでカスタマイズし、API仕様をよりわかりやすくする方法を説明します。個別エンドポイントのカスタマイズは、ユーザー ID をもとにユーザー情報を取得するリスト 6.18 の API を用いて説明します。

▼ リスト6.18　カスタマイズ前のAPI

```
/**
 * ユーザーを取得する
 *
 * @param userId
 * @return
 */
@GetMapping(value = "/{userId}")
public User show(@PathVariable Integer userId) {
  return userService.findById(ID.of(userId));
}
```

▼ リスト6.19　カスタマイズ前のユーザーエンティティ

```
@Entity
@Getter // lombok
@Setter // lombok
public class User {

  private static final long serialVersionUID = 4512633005852272922L;

  @Id
  @Column(name = "user_id")
  @GeneratedValue(strategy = GenerationType.IDENTITY)
  ID<User> id;

  String firstName;

  String lastName;
```

```
    @Email
    String email;

    @Digits(fraction = 0, integer = 10)
    String tel;

    @NotEmpty
    String zip;

    @NotEmpty
    String address;
}
```

デフォルト表示では、メソッド名、エンティティフィールド名をそのまま用いて一覧を出力します。図6.15のとおりデフォルトでも情報量はかなり多いです。

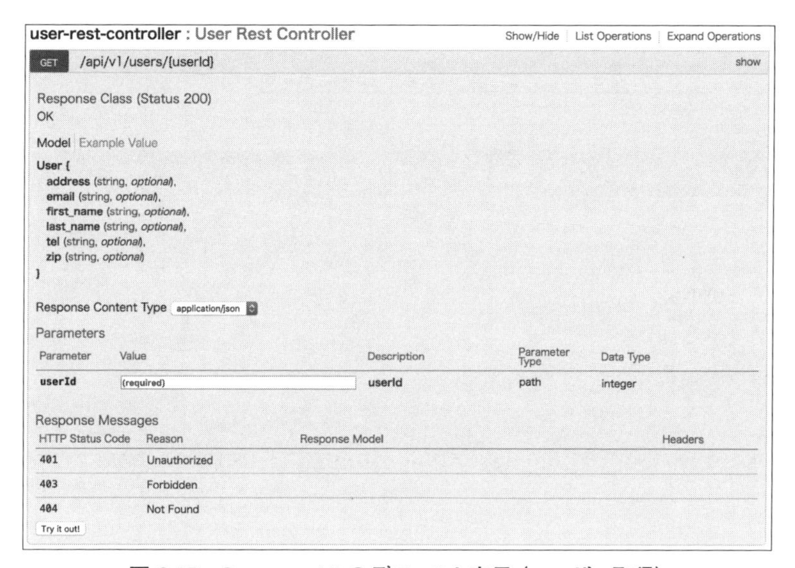

図 6.15　Swagger UI のデフォルト表示（ユーザー取得）

リスト6.20やリスト6.21のようにアノテーションを付与し、ControllerとResponseをカスタマイズします。詳細な設定はSpringFoxの公式ドキュメントやアノテーションの実装を参照してください。

▼ リスト6.20　カスタマイズ後のAPI

```
  /**
   * ユーザーを取得する
   *
   * @param userId
   * @return
   */
  @ApiOperation(value = "ユーザー情報取得", notes = "ユーザーを取得します。",
httpMethod = "GET", consumes = "application/json", response
= User.class)
  @ApiResponses(value = {
  @ApiResponse(code = 200, message = "指定されたユーザー情報", response =
User.class)})
  @GetMapping(value = "/{userId}")
  public User show(@PathVariable Integer userId) {
    return userService.findById(ID.of(userId));
  }
```

▼ リスト6.21　カスタマイズ後のユーザーエンティティ

```
@Entity
@Getter // lombok
@Setter // lombok
public class User {

  private static final long serialVersionUID = 4512633005852272922L;

  @Id
  @Column(name = "user_id")
  @GeneratedValue(strategy = GenerationType.IDENTITY)
  ID<User> id;

  @ApiModelProperty(value = "名前")
  private String firstName;
```

```
    @ApiModelProperty(value = "苗字")
    String lastName;

    @ApiModelProperty(value = "email")
    @Email
    String email;

    @ApiModelProperty(value = "電話番号", allowableValues = "range[0, 10]")
    @Digits(fraction = 0, integer = 10)
    String tel;

    @ApiModelProperty(value = "郵便番号")
    @NotEmpty
    String zip;

    @ApiModelProperty(value = "住所")
    @NotEmpty
    String address;
}
```

アノテーションでカスタマイズすると、図 6.16 のとおり仕様がより詳細化されます。特に MaxLength などの API 制約に関わる部分は記載しておくことが望ましいです。

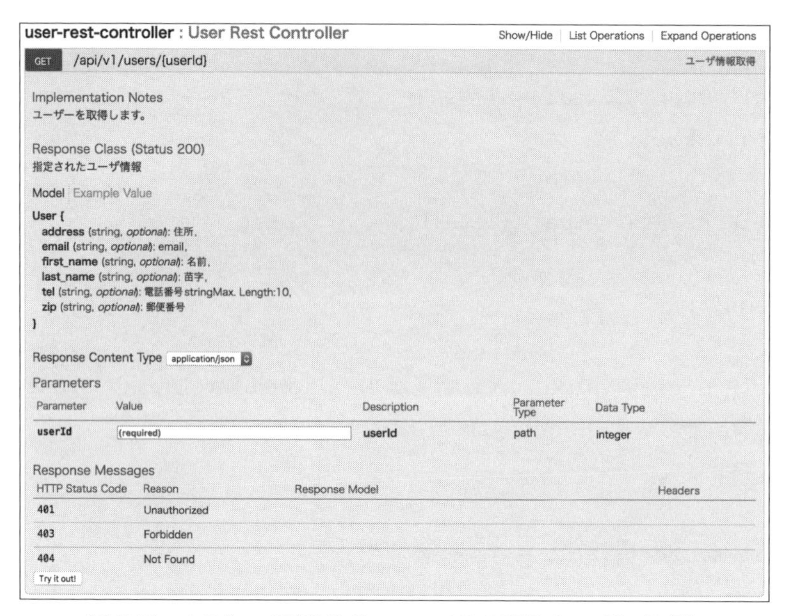

図 6.16　カスタマイズ後の Swagger UI の表示（ユーザー取得）

4. 静的ドキュメント生成

Swagget UI を動的に生成する方法は、API 連携開発の効率を上げてくれるため、開発フェーズでは導入しておくと効果的です。しかし、本番サービス稼働後に上述の手順を有効にしておくと、Swagger UI の外部公開制御（そのままデプロイするとすべて外部公開されます）が必要になります。

本項では、別のアプローチとして Swagger の API 定義から静的ドキュメント（AsciiDoc や HTML）を生成する方法を紹介します。生成するドキュメントはプレーンな HTML となるため、オフラインでの確認や配置場所の制御も容易です。

次の手順に従い、静的ドキュメントの生成方法を説明します。

① 依存関係の設定
② テストクラスの追加
③ HTML 変換

■ 1. 依存関係の設定

Swagger から AsciiDoc への変換をサポートしている Swagger2Markup[注10] というライブラリがあります。Swagger2Markup を Spring 向けにカスタマイズした springfox-staticdocs を依存関係に追加します。

※注10　Swagger2Markup URL https://github.com/Swagger2Markup/swagger2markup/

▼ リスト6.22　静的ドキュメント生成ライブラリ追加（build.gradle）

```
// test スコープで springfox-staticdocs を依存関係に追加
testCompile "io.springfox:springfox-staticdocs:2.6.0"
```

■ 2. テストクラスの追加

リスト 6.23 のテストコードを作成し、CI サイクルに含めておくと、静的ドキュメントの AsciiDoc が自動生成されます。

▼ リスト6.23　テストクラス（静的ドキュメント生成）

```
@SpringBootTest
class MakeAPIDocTest extends Specification {

  @Autowired
  WebApplicationContext wac

  @Shared
  MockMvc mvc

  def setup() {
    mvc = webAppContextSetup(wac).build()
  }

  def " テストから API ドキュメントを生成 "() {
    expect:
    mvc.perform(get("/v2/api-docs?group=api") // REST-API のドキュメント生成
        .accept(MediaType.APPLICATION_JSON))
        .andDo(Swagger2MarkupResultHandler.outputDirectory("build/
asciidoc/snippets").build()) // 出力ディレクトリ設定
        .andExpect(status().isOk())
  }
}
```

■ 3. HTML変換

HTMLへの変換はasciidoctor[注11]を利用します。asciidoctorにGradleのプラグイン[注12]が用意されているため、これを利用してHTMLを出力します。

build.graldeにリスト6.24のように記載し、asciidoctorを利用します。

▼ リスト6.24 Asciidoctor Gradle Plugin利用 (build.gradle)

```
buildscript {
  repositories {
    jcenter()
  }

  dependencies {
    classpath 'org.asciidoctor:asciidoctor-gradle-plugin:1.5.7'
  }
}

apply plugin: 'org.asciidoctor.convert'

asciidoctor {
  dependsOn test
  sources {
    include 'index.adoc'
  }
  attributes = [
    doctype: 'book',
    toc: 'left',
    toclevels: '3',
    numbered: '',
    sectlinks: '',
    sectanchors: '',
    hardbreaks: '',
    generated: file("${buildDir}/asciidoc/generated"),
```

※注11 asciidoctor URL https://github.com/asciidoctor/asciidoctor/

※注12 Asciidoctor Gradle Plugin URL https://asciidoctor.org/docs/asciidoctor-gradle-plugin/

```
      snippets: file("${buildDir}/asciidoc/snippets") // テストコードの出力パスと合わせる
    ]
}

(……省略……)
```

なお、Swagger2Markup で生成されるドキュメントはスニペット（断片ファイル）となるため、スニペットをまとめるベースファイルをリスト 6.25 のとおり作成します。なお、ベースファイルは、src/docs/asciidoc 直下に作成します。

▼ リスト6.25　Swagger2Markupのベースファイル

```
// ### src/docs/asciidoc/ 直下に作成
// ### asciidoctor gradle plugin の sources にインクルードする土台ファイル名を記載
include::{snippets}/overview.adoc[]
include::{snippets}/paths.adoc[]
include::{snippets}/definitions.adoc[]
```

Gradle タスクを実行した後に出力される HTML は図 6.17 のフォーマットで出力されます。

Paths

ユーザ情報取得

```
GET /api/v1/users/{userId}
```

Description

ユーザーを取得します。

Parameters

Type	Name	Description	Required	Schema	Default
PathParameter	userId	userId	true	integer (int32)	

Responses

HTTP Code	Description	Schema
200	指定されたユーザ情報	[User]
401	Unauthorized	No Content
403	Forbidden	No Content
404	Not Found	No Content

Consumes

- application/json

Produces

- application/json

図 6.17　HTML ドキュメント（ユーザー取得）

Spring REST Docs

Spring でのドキュメント生成の自動化には、Spring REST Docs[注13] を採用する方法もあります。Spring REST Docs には以下の特徴があります。ビヘイビア駆動開発（BDD）を採用しており、テストが要求仕様に近い形で整理されているチームでは、テストから仕様書を作成する Spring REST Docs との相性はよいと考えられます。

- **テスト（Spring MVC Test）をパスしないドキュメントは作成されないため、「動く仕様書」として信頼できる。**
- **asciidoctor を用いた簡潔な記法。**

本項では、次の手順に従い Spring REST Docs の利用方法を説明します。

※注13　Spring REST Docs URL https://projects.spring.io/spring-restdocs/

① 依存関係の設定
② 雛形生成
③ テストコード生成

1. 依存関係の設定

Spring REST Docs に必要なライブラリを Maven/Gradle の依存関係に追加します。

▼ リスト6.26　Spring REST Docs利用（build.gradle）

```
buildscript {

  (……省略……)

  dependencies {
    // asciidoctorプラグイン追加
    classpath "org.asciidoctor:asciidoctor-gradle-plugin:1.5.7"
  }
}
apply plugin: "org.asciidoctor.convert" // for Spring REST Docs

// restdocsのバージョンとドキュメント（スニペットファイル）の出力ディレクトリを設定
ext['spring-restdocs.version'] = "2.0.2.RELEASE"
ext['snippetsDir'] = file('${buildDir}/generated-snippets')

dependencies {
    // Spring REST Docs
    asciidoctor 'org.springframework.restdocs:spring-restdocs-
asciidoctor:${project.ext['spring-restdocs.version']}
    testCompile 'org.springframework.restdocs:spring-restdocs-mockmvc'

(……省略……)

test {
  outputs.dir snippetsDir
```

```
}

asciidoctor {
  dependsOn test
  inputs.dir snippetsDir
}

(……省略……)
```


2. 雛形生成

Spring REST Docsで作成されるAsciiDoc[注14]ファイルは、複数のスニペットファイルとなるため、これらのファイルをまとめるベースファイルが必要になります。

なお、デフォルトで作成されるスニペットは次に述べる6ファイルです。

- **curlによるリクエスト例のファイル：**
  <output-directory>/index/curl-request.adoc
- **HTTPリクエスト例のファイル：**
  <output-directory>/index/http-request.adoc
- **HTTPレスポンス例のファイル：**
  <output-directory>/index/http-response.adoc
- **HTTPie[注15]によるリクエスト例のファイル：**
  <output-directory>/index/httpie-request.adoc
- **HTTPリクエストボディ例のファイル：**
  <output-directory>/index/request-body.adoc
- **HTTPレスポンスボディ例のファイル：**
  <output-directory>/index/response-body.adoc

▼ リスト6.27　APIドキュメント雛形例：ユーザーAPI（user.adoc）

```
== API Guide

User API
```

※注14　AsciiDoc URL http://asciidoc.org/
※注15　HTTPie URL https://httpie.org/

```
=== About API

API 概要

.リクエストサンプル (curl)
include::{snippets}/user/curl-request.adoc[]

.リクエストサンプル (HTTPie)
include::{snippets}/user/httpie-request.adoc[]

.リクエストヘッダー例
include::{snippets}/user/request-headers.adoc[]

.レスポンスヘッダー例
include::{snippets}/user/response-headers.adoc[]

.リクエストパラメータ例
include::{snippets}/user/path-parameters.adoc[]

.リクエスト例
include::{snippets}/user/http-request.adoc[]

.レスポンス例
include::{snippets}/user/http-response.adoc[]
```

リスト 6.27 のとおり、ベースとなるファイルは AsciiDoc に準じて記述し、必要なスニペットをインクルードする形で記載します。

なお、雛形ファイルと出力される HTML ファイルのデフォルト配置先は、Maven/Gradle のどちらを利用しているかによって異なります。

表 6.1 ビルドツールごとのデフォルトの配置先

ビルドツール	雛形ファイル	作成されるHTML
Maven	src/main/asciidoc/*.adoc	target/generated-docs/*.html
Gradle	src/docs/asciidoc/*.adoc	build/asciidoc/html5/*.html

3. テストコード生成

リスト 6.28 の API に対するテストコードを例に、テストコードについて解説します。

▼ リスト6.28　ユーザー取得API

```
@RestController
@RequestMapping(path = "/api/v1/users", produces = MediaType.APPLICATION_
JSON_VALUE)
public class UserRestController {

  @Autowired
  UserService userService;

  /**
   * ユーザーを取得する
   *
   * @param userId
   * @return
   */
  @GetMapping(value = "/{userId}")
  public Resource show(@PathVariable Integer userId) {
    // 1件取得する
    User user = userService.findById(ID.of(userId));

    Resource resource = resourceFactory.create();
    resource.setData(Arrays.asList(user));
    resource.setMessage(getMessage(MESSAGE_SUCCESS));

    return resource;
  }

(……省略……)
```

JUnit4 でのテストコードの例はリスト 6.29 のとおりです。

▼ リスト6.29 ユーザー取得APIテスト例（JUnit4）

```
@RunWith(SpringRunner.class)
@SpringBootTest
public class SampleTest {

  private MockMvc mvc;

  @Rule
  public JUnitRestDocumentation restDocumentation
    = new JUnitRestDocumentation("build/generated-snippets");

  @Autowired
  private WebApplicationContext context;

  @Before
  public void setup() {
      mvc =
        webAppContextSetup(context)
          .apply(documentationConfiguration(restDocumentation))
          .apply(springSecurity())
          .alwaysDo(document("user",
          pathParameters(
            parameterWithName("userId").description("ユーザーID")
          )
          /*
          // クエリストリングの場合は、requestParametersを利用
          requestParameters(
          parameterWithName("userId").description("ユーザーID")
          )
           */
          ,requestHeaders(
            headerWithName("Authorization").description("Basic認証")),
            responseHeaders(
              headerWithName("X-Track-Id").description("リクエスト追跡ID"))
          ))
```

```
            .build();
    }

    @Test
    public void test() throws Exception {
      mvc.perform(
          get("/api/v1/users/{userId}","1")
            .with(httpBasic("test@sample.com","passw0rd"))
        )
        .andExpect(status().is(200))
        .andExpect(jsonPath("$.data[0].email").value("test@sample.com"))
        .andExpect(jsonPath("$.message").value("正常終了"))
        .andDo(document("user"));
    }
}
```

Spring REST DocsはSpock（「7.3 メンテナブルなテストコード Spock」で詳細を解説）にも対応しています。Spockでのテストの例はリスト6.30のとりです。

▼ リスト6.30　ユーザー取得APIテスト例（Spock）

```
@SpringBootTest
class UserRestControllerTest extends Specification {

  @Rule
  public JUnitRestDocumentation restDocumentation
    = new JUnitRestDocumentation("build/generated-snippets")

  @Autowired
  WebApplicationContext wac

  @Shared
  MockMvc mvc
```

```
  def setup() {
    mvc =
      webAppContextSetup(wac)
        .apply(springSecurity())
        .apply(documentationConfiguration(restDocumentation))
        .alwaysDo(document("user",
          pathParameters(
            parameterWithName("userId").description("ユーザーID")
          ),
          requestHeaders(
            headerWithName("Authorization").description("Basic認証")),
            responseHeaders(
              headerWithName("X-Track-Id").description("リクエスト追跡ID"))
            ))
        .build()
    }

  def "リクエストしたユーザーが存在する場合、ユーザーが取得できて正常終了する"() {
    given:
      Assert.notNull(userService.findById(new ID(1)))

    when:
      ResultActions actions =
        mvc.perform(
          get("/api/v1/users/{userId}","1")
            .with(httpBasic("test@sample.com","passw0rd"))
        )

    then:
      actions
        .andExpect(status().is(200))
        .andExpect(jsonPath("\$.data[0].email").value("test@sample.com"))
        .andExpect(jsonPath("\$.message").value("正常終了"))
        .andDo(document("user"))
  }
```

```
}
```

・テスト生成後、Gradleに定義したタスク ./gradlew asciidoctor を実行すると、図6.18のようなHTMLが生成されます。

▼ リスト6.31　HTML出力先

```
$ ll /path/to/directory/build/asciidoc/html5/user.html
-rw-r--r--  1 hirosue  staff  34185  3  8 19:43 /path/to/directory/
build/asciidoc/html5/user.html
```

API Guide

User API

About API

API概要

リクエストサンプル(curl)

```
$ curl 'http://localhost:8080/api/v1/users/1' -i -u 'test@sample.com:passw0rd'
```

リクエストサンプル(httpie)

```
$ http --auth 'test@sample.com:passw0rd' GET 'http://localhost:8080/api/v1/users/1'
```

Table 1. リクエストヘッダー例

Name	Description
Authorization	Basic認証

Table 2. レスポンスヘッダー例

Name	Description
X-Track-Id	リクエスト追跡ID

Table 3. /api/v1/users/{userId}

Parameter	Description
userId	ユーザID

リクエスト例

```
GET /api/v1/users/1 HTTP/1.1
Authorization: Basic dGVzdEBzYW1wbGUuY29tOnBhc3N3MHJk
Host: localhost:8080
```

レスポンス例

```
HTTP/1.1 200 OK
X-Content-Type-Options: nosniff
X-XSS-Protection: 1; mode=block
Cache-Control: no-cache, no-store, max-age=0, must-revalidate
Pragma: no-cache
Expires: 0
X-Frame-Options: DENY
X-Track-Id: 328258663
Content-Type: application/json;charset=UTF-8
Content-Length: 182

{"data":[{"id":{"value":1},"first_name":"john","last_name":"doe","email":"test@sample.com","tel":"09011112222"
```

Last updated 2018-03-08 12:21:38 JST

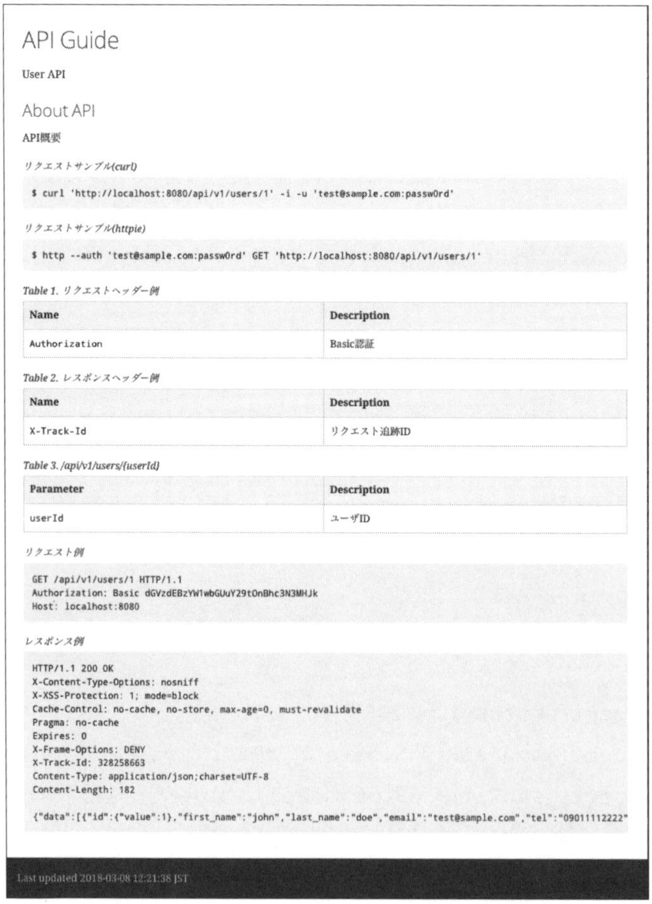

図6.18　HTMLドキュメント（ユーザー取得）

チーム開発

chapter 7

チーム開発

システム開発では、1人ですべての作業を完結させることはできません。最近のシステム開発で主流となってきている機能ごとに分割して開発する手法のMSA（Micro Service Architecture）開発でも、5～8人でのチーム開発（Two Pizza Team※注1）がよいとされています。システム開発を効率化にするためには、チーム開発を円滑に進めることが必須です。

本chapterではチーム開発について説明します。

7.1 インフラの構成管理

ローカルPC、検証環境、本番環境（オンプレミスもしくはクラウド）など、プログラムは様々な環境で動く可能性があります。本節では、特定の環境にロックインされないようにする方法を紹介します。

旧来のシステム開発では、Excelなどで作成された手順書を用いて半日～2日かけて開発環境を構築することが当たり前でした。しかし最近では、Infrastructure as Code（IaC）やDockerをはじめとするコンテナ技術が広く普及してきたことにより、上述のような方法を採用することはとても効率的とはいえません。

本節では、開発環境構築について、コンテナ技術のDockerを用いた方法を説明します。本節に記載の方法を採用すると、新規メンバー参加時にも円滑に対応できるでしょう。

Docker

「私のローカル環境では再現しません」

受入テスト実施時に開発者にバグがある旨を伝えると、上述のような答えが返ってくることがありました。ローカル開発環境や検証環境を手書きのメモに基づき構築すると、「秘伝のたれ」的な作業が影響して上述のような環境差異によるトラブルが発生しがちです。

コンテナ技術のDockerを用いて、環境構築手順をコード化してGitHubなどにコミットし、環境の使い捨て（Immutable Infrastructure）ができる状態にしておくことで、上述のようなトラブルを抑制できます。

※注1　2枚のピザ理論　URL https://www.lifehacker.jp/2014/11/141118two_pizza_rule.html

次に、Dockerを利用した開発環境構築のおもなメリットについて説明します。

- **インフラ構築手順のコード化（Dockerfile）**
- **環境依存性による問題の排除**
- **廃棄容易性**

Column **クラウドベースの統合開発環境（AWS Cloud9）**

ここ数年、ブラウザのみでコードを記述、実行、デバッグできる統合開発環境（IDE）の利用が活発化してきています。ブラウザベースの統合開発環境の有名なサービスとして、AWS Cloud9があります。AWS Cloud9を利用すると、開発には非力なマシン（iPadなど）でも、いつでもどこでも開発が可能になります。

インフラ構築手順のコード化（Dockerfile）

開発に関わるすべての文書は構成管理の対象とすることが望ましいといえます。チーム開発では、アプリケーションプログラムは必然的に構成管理の対象となりますが、設計文書やインフラ構築手順は構成管理の対象外になってしまうことがあります。

インフラ構築手順のコード（Dockerfile）をSCMにコミットすることで、利用しているディストリビューション、設定ファイルの状態がコードで明確化されるため、インフラに関わるトラブルを抑制できます。

Dockerでの MySQLの管理は、リスト7.1およびリスト7.2のようになります。なお、リスト7.2は、リスト7.1で利用している（FROM句で指定）ベースイメージのDockerfileとなります。

▼ リスト7.1　Dockerfile（MySQLの構築）

```
### DockerHub（Dockerコンテナの共有サービス）よりMySQL 5.7のイメージを取得
# mysql:5.7のDockerfileを参照するとディストリビューションがdebianであることが確認できる
FROM mysql:5.7

### 日本時間に調整
RUN /bin/cp -f /etc/localtime /etc/localtime.org
RUN /bin/cp -f /usr/share/zoneinfo/Asia/Tokyo /etc/localtime
```

```
### MySQL 設定のカスタマイズ
COPY ./my.cnf /etc/mysql/conf.d/

### ログディレクトリの生成
RUN mkdir -p /var/log/mysql
RUN chown mysql.mysql /var/log/mysql
```

▼ リスト7.2 Dockerfile (mysql:5.7)

```
FROM debian:jessie

# add our user and group first to make sure their IDs get assigned
consistently, regardless of whatever dependencies get added
RUN groupadd -r mysql && useradd -r -g mysql mysql

# add gosu for easy step-down from root
ENV GOSU_VERSION 1.7

(……省略……)
```

環境依存性による問題の排除

上述のとおりインフラ構築手順をコード化することで、チームメンバーのローカル開発環境、検証環境、本番環境のアプリケーション実行環境が均一化できます。環境依存性による問題が発生しうる状況は、環境数（＝チームメンバー）が増加するごとにインシデント対応コストが比例して増加していきます。環境依存性によるインシデント発生時の1件あたりの対応時間は、単純なプログラムバグに比べ大きいため、環境依存性起因の問題の排除は開発の効率化に欠かせないといえます。

廃棄容易性

Dockerコンテナを用いた開発スタイルは、アプリケーションをTweleve-Factor App[注2]に適応させていく必要があります。コンテナは、従来のOS仮想化技術よりも起動が早く削除も容易で、動作する開発マシンを選びません。この恩恵は甚大で、コンテナを用いたインフラ構築のテストなどに慎重になる必要もなく、不

※注2 Twelve-Factor App URL https://12factor.net/ja/

具合があれば環境ごとすぐに廃棄できます。また、ホストの開発マシンの構成をシンプルに保つことができ、かつセットアップも容易となるため、会社ではハイスペックなデスクトップ PC で集中して開発、空き時間は MacBook で開発といった開発スタイルも容易に実現できます。

なお、Docker でのミドルウエアのセットアップはリスト 7.3 のようになります。

▼ リスト7.3　Dockerを用いたミドルウエアのセットアップ例

```
### DockerHub より Oracle 12 のイメージを取得して 1521 ポートで起動
$ docker run --name=oracle12 -d -p 8080:8080 -p 1521:1521 sath89/oracle-
12c
046965c349e47ca58e458674c276ceac5a165c9a4470843aef43cbb313f2732d
### Docker プロセス確認
# →Oracle と MySQL が起動している
$ docker ps
CONTAINER ID            IMAGE                 COMMAND
CREATED                 STATUS                PORTS
NAMES
046965c349e4            sath89/oracle-12c     "/entrypoint.sh "
6 seconds ago           Up 5 seconds          0.0.0.0:1521->1521/tcp,
0.0.0.0:8080->8080/tcp   oracle12
ecaae44e26aa            docker_mysql          "docker-entrypoint.s…"
41 hours ago            Up 41 hours           0.0.0.0:3306->3306/tcp
docker_mysql_1
### Oracle コンテナに入って、Oracle の各種設定確認を行う
$ docker exec -ti oracle12 /bin/bash
root@046965c349e4:/#

(……省略……)

### コンテナから exit
root@046965c349e4:/# exit
exit
### 設定確認した Oracle コンテナを落とす
# →設定確認して開発に必要な情報は DockerFile に反映して、リポジトリに push の上、チー
ムメンバーに共有する
```

```
$ docker kill oracle12
oracle12
### 設定確認したOracleコンテナを削除
$ docker rm oracle12
oracle12
### 再起動実施
$ docker run --name=oracle12 -d -p 8080:8080 -p 1521:1521 sath89/oracle-12c
6fa347df12fdd2335c02a886b585eaab377396b27918527890796396420b1417
```


Column **Tweleve-Factor App**

コンテナ開発が活発になってきているのと同時に、クラウドアプリケーション開発のベストプラクティスの1つとして、The Twelve-Factor Appが取り上げられることが多くなってきています。

The Twelve-Factor Appは、Heroku[注3]のプラットフォーム開発での知見をプラクティスに落とし込んだもので、コードベース、依存関係、プロセス、並行性、廃棄容易性、開発／本番一致などの12の要素から構成されます。アプリケーションをThe Twelve-Factor Appに適応させることができれば、コンテナベースの開発に適応していることになるため、オンプレミス、クラウド（AWS、Azure、GCP）などの実行環境にかかわらずアプリケーションをデプロイできます。

（補足）Windows環境でのDockerの利用

Windows 10 Proでは、Hyper-Vを有効化することでDockerを利用できます。ここでは、Windows 10 Pro以外でDockerを利用する方法を紹介します。開発環境の構築と共有を簡単に行うためのツールのVagrant[注4]と仮想化ソフトウエアのVirtualBox[注5]を利用してDocker環境を構築します。以後、Vagrant Cloud[注6]へのアカウント登録、VagrantとVirtulaBoxをインストールしている前提で説明を進めます。Dockerのインストール[注7]は公式サイトに記載された手順で進めてください。

※注3　Heroku URL https://www.heroku.com/
※注4　Vagrant URL https://www.vagrantup.com/
※注5　VirtualBox URL https://www.virtualbox.org/
※注6　Vagrant Cloud URL https://app.vagrantup.com/boxes/search/
※注7　Get Docker CE for Ubuntu URL https://docs.docker.com/install/linux/docker-ce/ubuntu/

▼ リスト7.4　仮想マシン（Ubuntu）へDockerのインストール手順

```
### Vagrant Cloud（仮想化イメージの共有サービス）へログイン
$ vagrant login
### Vagrant Cloud に公開された Ubuntu（ubuntu/trusty64）のオフィシャルイメージを
指定して、仮想マシン設定ファイルを初期化
$ vagrant init ubuntu/trusty64
### 仮想マシンの起動
$ vagrant up --provider virtualbox
### 仮想マシンに接続
$ vagrant ssh
### ↓↓↓ 以降仮想マシンでの作業
### package manager の update & Docker に必要なライブラリインストール
vagrant $ sudo apt-get update
vagrant $ sudo apt-get install \
    linux-image-extra-$(uname -r) \
    linux-image-extra-virtual
### package manager の再 update & Docker に必要なライブラリインストール
vagrant $ sudo apt-get update
vagrant $ sudo apt-get install \
    apt-transport-https \
    ca-certificates \
    curl \
    software-properties-common
### Docker の Offical Key 追加
vagrant $ curl -fsSL https://download.docker.com/linux/ubuntu/gpg | sudo
apt-key add -
vagrant $ sudo apt-key fingerprint 0EBFCD88
### package manager に Docker のリポジトリ追加
vagrant $ sudo add-apt-repository \
   "deb [arch=amd64] https://download.docker.com/linux/ubuntu \
   $(lsb_release -cs) \
   stable"
### Docker Community Edition をインストール
vagrant $ sudo apt-get update && sudo apt-get install docker-ce
```

```
### Docker起動確認
vagrant $ sudo docker run hello-world
### Dockerプロセス確認
vagrant $ sudo docker ps -al
CONTAINER ID      IMAGE             COMMAND       CREATED
STATUS            PORTS             NAMES
ddb62586545a      hello-world       "/hello"      7 minutes ago
Exited (0) 7 minutes ago            silly_ptolemy
### 仮想マシンからexit
vagrant $ exit
```


リスト7.5およびリスト7.6にVagrantでよく利用する設定を紹介します。

▼ リスト7.5　Vagrantの設定ファイル（Vagrantfile）の設定例（ワークスペースのマウント）

```
### Windows環境の作業ディレクトリを仮想マシンにマウント
# →ワークスペースをマウントしておくと、開発効率がよくなる
  config.vm.synced_folder "../workspace", "/workspace"
```

▼ リスト7.6　Vagrantの設定ファイル（Vagrantfile）の設定例（ポートバインディング）

```
### 仮想マシンのポート8080をホスト環境8080にバインディング
# →Dockerで利用するサービスポートはホスト環境にバインディングしておく必要がある
  config.vm.network "forwarded_port", guest: 8080, host: 8080
```

Column Dockerを用いた本番環境デプロイ

Dockerが登場してまもなく開発環境への導入は加速度的に進みましたが、エンタープライズ開発で、本番環境で利用されるようになるには少し時間がかかりました。理由は、複数台のクラスター上で各々のコンテナを管理することが困難だったからです。しかし、Kubernetes[注8]（コンテナの操作を自動化するオープンソース）やAmazon EC2 Container Serviceなどのコンテナ管理サービスの利便性が高まってきたことにより、2016年以降は急激（2017年に対前年400%以上の成長率／2017年に数億コンテナ[注9]）に本番適応事例が増加しています。2017年には、サーバーやクラスターの管理が不要なサービス（AWS Fargate[注10]）もAWSより発表されるなど、コンテナ管理サービスの競争は活況を呈しており、コンテナを用いた本番環境デプロイは今後のデファクトスタンダードになると考えます。

Maven/Gradleでの利用

チームメンバー全員がDockerを利用した開発経験を有している状況であれば、Dockerコマンドを利用する方針でチームの開発効率が損なわれることはありません。しかし、このような状況でない場合でも、Maven[注11]やGradle[注12]の各種プラグインを利用するとDockerを意識せずミドルウエアを利用できるようになります。通常のチーム開発では、チームメンバー個々のスキルセットもまちまちとなることが多いため、プラグインを有効活用し、ビルドツールで開発に関わるタスクを一元化しておくことは有効な手段といえます。

▼ リスト7.7　gradle-docker-pluginの利用例（build.gradle）

```
buildscript {
  repositories {
    jcenter()
  }
```

※注8　Kubernetes URL https://kubernetes.io/
※注9　Amazon Web Services ブログ - AWS Fargate の紹介 - インフラストラクチャの管理不要でコンテナを起動 URL https://aws.amazon.com/jp/blogs/news/aws-fargate/
※注10　AWS Fargate - サーバーやクラスターを管理することなくコンテナを実行 URL https://aws.amazon.com/jp/fargate/
※注11　docker-maven-plugin URL https://github.com/spotify/docker-maven-plugin
※注12　gradle-docker-plugin URL https://github.com/bmuschko/gradle-docker-plugin

```
  dependencies {
    // Dockerを利用
    classpath "com.bmuschko:gradle-docker-plugin:3.0.12"
  }
}

// プラグインを追加
apply plugin: 'com.bmuschko.docker-remote-api'

import com.bmuschko.gradle.docker.tasks.container.*
import com.bmuschko.gradle.docker.tasks.image.*

// Dockerの各種タスクをGradleに定義
// docker buildに用いるDockerfileを指定
task buildDockerImage(type: DockerBuildImage) {
  inputDir = file("$projectDir/docker")
  tag = "sample"
}

// docker build時の起動ポートを調整
task createDockerContainer(type: DockerCreateContainer) {
  dependsOn buildDockerImage
  targetImageId { buildDockerImage.getImageId() }
  portBindings = ["22:22", "3306:3306"]
}

// docker run/startコマンドをタスク定義
// 開発者はミドルウエア起動時に、本タスクを用いる
task startDockerContainer(type: DockerStartContainer) {
  dependsOn createDockerContainer
  targetContainerId { createDockerContainer.getContainerId() }
}

// docker stopコマンドをタスク定義
// 開発者はミドルウエア停止時に、本タスクを用いる
```

```
task stopDockerContainer(type: DockerStopContainer) {
  targetContainerId { createDockerContainer.getContainerId() }
}
```

なお、上述設定したタスクを Gradle から起動する方法は、リスト 7.8 のとおりです。

▼ リスト7.8　GradleからDocker起動

```
### docker start
# gradle コマンドで Docker の起動をラップできる
$ cd /path/to/projectdirectory
$ ./gradlew startDockerContainer
```

Column　**Maven/Gradleエコシステム**

BtoC のアプリケーションを構築する際、UI/UX の向上は欠かせません。UI/UX の向上を実現する手段として、バックエンドに Spring Boot を利用し、SPA（Single Page Application）構成（JHipster[注13]という Spring Boot+AngularJS のプロジェクト開発支援ツールが流行っています）にしたり、SPA 構成にしないまでも、Thymeleaf とレスポンシブ Web デザイン支援 CSS フレームワークの Bootstrap や拡張スタイルシート言語の Sass などを採用したりすることがあります。このような構成にした場合、Java 以外にも Node.js や Ruby のセットアップが必要になり、チームメンバーへの負担が大きくなります。上述の問題を解決するため、Maven や Gradle には、多くのプラグインが OSS として提供されており、これらを適切に管理・利用の上、ビルドツールで開発に関わるタスクを一元化しておくことは有効な手段といえます。

7.2 データベースの構成管理

チーム開発でデータベースの定義変更が発生するたびに、手動で変更する保守となっている現場では次のよ

※注13　JHipster　URL http://www.jhipster.tech/

うな問題が発生することがありました。

- **データベースの変更が開発者に共有されず、古い定義のまま誤った実装をしてしまう。**
- **変更履歴が追跡できなくなる。**

アプリケーションが開発され、保守に伴い修正されていくのと同様に、データベースの構造も少なからず修正されていきます。データベースの変更を追跡記録することが重要であるのは、ソースコードに対する変更がバージョン管理を使って追跡記録されるのと全く同じことです。本節では、データベースの構成管理について説明します。

本節では、データベースの構成管理の方法として、DBマイグレーションツールを利用する方法を紹介します。DBマイグレーションツールには様々な種類がありますが、本書では、OSSのDBマイグレーションツールのFlyway[注14]を紹介します。インフラの構成管理とDBマイグレーションツールを併せて導入すると、開発環境の構築は最短で10分ほどで可能となり、変更や異常が発生した場合の再構築も容易になります。

Flywayの利用

FlywayをSpring Bootで利用するためには、次の3点を実施する必要があります。

① 依存関係の設定（Flywayのライブラリを追加）
② プロパティ設定（Flywayを有効化）
③ マイグレーションファイルの準備

1. 依存関係の設定（Flywayのライブラリを追加）

FlywayのライブラリをリスFト7.9のとおりGradleの依存関係に追加します。

▼ リスト7.9　Flywayを有効にする（build.gradle）

```
compile "mysql:mysql-connector-java"
// org.flywaydb:flyway-core を依存関係に追加
compile "org.flywaydb:flyway-core"
compile "com.zaxxer:HikariCP"
```

※注14　Flyway URL https://flywaydb.org/

2. プロパティ設定（Flywayを有効化）

次に、application.（properties ｜ yml）でFlywayを有効化します。チーム開発では、リスト7.10のとおり開発時はFlywayを有効にしておくとよいでしょう。

▼ リスト7.10　Flywayを有効にする（application.yml）

```
flyway:
  enable: true # Flywayを有効
  baseline-on-migrate: true # すでに存在するデータベースでもマイグレーションを有効にする
```


3. マイグレーションファイルの準備

上述2点でDBマイグレーションが利用できる状況となったため、次にマイグレーションファイルを準備します。

■ マイグレーションファイルの書式

マイグレーションファイルは以下の書式で作成します。

X<Version>__<Description>.sql

- X …… VやRを指定する。
  V：デフォルト
  R：リピータブルマイグレーション注15（マイグレーションファイルのチェックサムが変わるごとにマイグレーションが適応される）
- <Version> …… バージョン番号。半角数字と、ドット（.）またはアンダーバー（_）の組み合わせで指定する。
- __ …… バージョン番号と説明はアンダーバーを2つ続けて区切る。
- <Description> …… 説明を記載する。

■ マイグレーションファイルの作成

図7.1のとおり URL src/main/resources/db.migration 直下にマイグレーションファイルを配置します。

※注15　Tutorial: Repeatable Migrations URL https://flywaydb.org/getstarted/repeatable

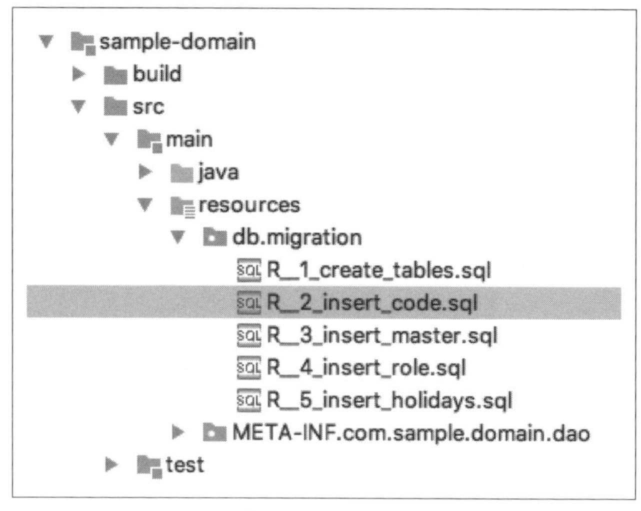

図 7.1　マイグレーションファイルの配置例

なお、マイグレーションファイルは、リスト 7.11 およびリスト 7.12 のようになります。

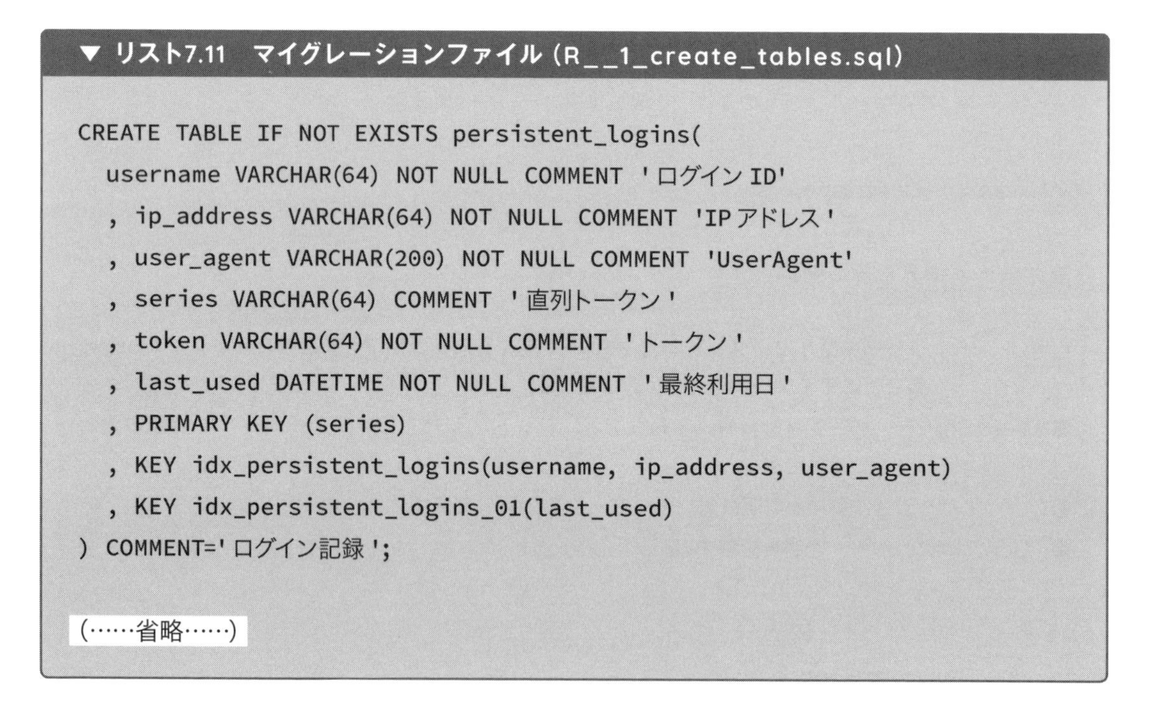

▼ リスト7.11　マイグレーションファイル（R__1_create_tables.sql）

```
CREATE TABLE IF NOT EXISTS persistent_logins(
  username VARCHAR(64) NOT NULL COMMENT 'ログイン ID'
  , ip_address VARCHAR(64) NOT NULL COMMENT 'IP アドレス'
  , user_agent VARCHAR(200) NOT NULL COMMENT 'UserAgent'
  , series VARCHAR(64) COMMENT '直列トークン'
  , token VARCHAR(64) NOT NULL COMMENT 'トークン'
  , last_used DATETIME NOT NULL COMMENT '最終利用日'
  , PRIMARY KEY (series)
  , KEY idx_persistent_logins(username, ip_address, user_agent)
  , KEY idx_persistent_logins_01(last_used)
) COMMENT='ログイン記録';

(……省略……)
```

▼ リスト7.12　マイグレーションファイル（R__2_insert_code.sql）

```
DELETE FROM code_category WHERE created_by = 'none';
INSERT INTO code_category(category_key, category_name, created_by,
created_at) VALUES
('GNR0001', '性別', 'none', NOW()),
('GNR0002', '都道府県', 'none', NOW()),
('GNR0003', '有無区分', 'none', NOW());

(……省略……)
```

7.3 メンテナブルなテストコード

システム開発においてテストは重要です。

回帰テストが整備されていてCIサイクルが健全に機能している望ましいチームがあるとします。しかし、テストコード自体がわかりづらい場合、仕様変更のたびにテストコードのメンテナンスに追われることとなってしまい、仕様変更対応が億劫になってしまうことがありました。

テストコードが存在しないアプリケーションは、仕様変更が発生した場合、確認漏れによるデグレードが発生する可能性が高まってしまいます。テストコードを十分に準備しているチームは、準備していないチームに比べ、仕様変更への対応のサイクルも健全に保つことができ、かつ仕様変更により自信を持って取り組むことができます。

本節では、Groovyベースのテスティングフレームワークの Spock[注16] を用いてテストコードの可読性を上げる方法を紹介します。

※注16　Spock URL http://spockframework.org/

Spock は、言語仕様に RSpec や Scala などのよい点を取り入れており、大きく次の 3 点の利点があります。

① 可読性
② データ駆動テスト
③ Power Assertions

1. 可読性

Spock の Blocks[注17]（given/when/then/where など）の仕様に従いテストコードを記載すると、宣言（目的）に基づきコードが整理されコードの見通しが改善します。要求仕様に近い形でテストコードが整理されるため、テストコードレビューの敷居を下げることもできます。

次に、同様の目的のテストコードについて、JUnit のテストコード例（リスト 7.13）と Blocks を用いた Spock のテストコード例（リスト 7.14）を記載します。

▼ リスト7.13　Blocks（JUnitの例）

```
@RunWith(Theories.class)
public class SampleTest {
  @Theory
  public void personname_is_a_sex_toLowerCase_person(String[] cxt) {
    assertThat((new Person(cxt[0])).getSex(), is(cxt[1]));
  }

  @DataPoints
  public static String[][] tc = {
    new String[]{"Fred", "Male"},
    new String[]{"Wilma", "Female"},
  };

  static class Person {
    String name;
```

※注17　Spock Blocks URL http://spockframework.org/spock/docs/1.1/spock_primer.html

```
    Person(String name) {
      this.name = name;
    }

    String getSex() {
      return name == "Fred" ? "Male" : "Female";
    }
  }
}
```

▼ リスト7.14　Blocks（Spockの例）

```
// テストケースをコメントで記載できるため、テストの目的を理解しやすくなる
def "#person.name is a #sex.toLowerCase() person"() {
  // Blocksに従いコードを整理し、テストコードの可読性が改善
  expect:
  person.getSex() == sex
  // Blocksに従いコードを整理し、テストコードの可読性が改善
  where:
  person                    || sex
  new Person(name: "Fred")  || "Male"
  new Person(name: "Wilma") || "Female"
}

static class Person {
  String name
  String getSex() {
    name == "Fred" ? "Male" : "Female"
  }
}
```

このように、ラベルを用いることでテストコードの可読性が向上することがわかります。

Blocks (given/when/then) ラベルについて

JUnit でテストする場合、部分的に分断する表現方法がないことでテストコードの可読性が落ちてしまうことがあります。ここでは、JUnit での上述の問題を解決する Spock の Blocks のラベル（given/when/then）について解説します。なお、Spock ではテストを記載する場合、1 つ以上のラベルが必要になります。

- **setup（given はエイリアス）…… テストの前提条件を記載。**
  テストの前提となるデータベースの状態などを記載します。
- **when …… テストへの作用を記載。**
  テスト対象のメソッドを呼び出す場所をここに記載します。
- **then …… テストへの作用に伴う結果を記載。**
  テスト対象のメソッドを呼び出した結果のアサーションを記載します。

チーム開発

2. データ駆動テスト

単体テストコードを記載する多くの場合、同じテストコードを複数回記載し、様々な入力と期待される結果を繰り返し記載する必要があります。Spock はデータ駆動テスト（Data Driven Testing[注18]）をサポートしており、繰り返し入力のテストを見通しよく記載できます。

次に、データ駆動テストについて、JUnit のテストコード例（リスト 7.15）と Spock のテストコード例（リスト 7.16）を記載します。

▼ リスト7.15　Data Driven Testing（JUnitの例）

```
@Test
public void maximum_of_two_numbers() {
  assertThat(Math.max(3, 7), is(7));
  assertThat(Math.max(5, 4), is(5));
  assertThat(Math.max(9, 9), is(9));
}

@Test
public void minimum_of_a_and_b_is_c() {
```

※注18　Data Driven Testing URL http://spockframework.org/spock/docs/1.1/data_driven_testing.html

```
    assertThat(Math.min(3, 7), is(3));
    assertThat(Math.min(5, 4), is(4));
    assertThat(Math.min(9, 9), is(9));
}
```

▼ リスト7.16　Data Driven Testing（Spockの例）

```
def "maximum of two numbers"() {
    // テストコードとデータを分離できる
    expect:
    Math.max(a, b) == c

    // パイプ記法で簡潔に記載できる
    where:
    a << [3, 5, 9]
    b << [7, 4, 9]
    c << [7, 5, 9]
}

def "minimum of #a and #b is #c"() {
    // テストコードとデータを分離できる
    expect:
    Math.min(a, b) == c

    // テーブル記法で簡潔に記載できる
    where:
    a | b || c
    3 | 7 || 3
    5 | 4 || 4
    9 | 9 || 9
}
```

このように、テストコードがより直感的になり、ブラックボックステストで最もよく使われる技法の同値分割法と境界値分析も見通しよく記載できます。

3. Power Assertions

Spock（Groovy）には強力なアサーション機能（Power Assertions[注19]）があります。テストには、アサーションの利用は必須となるため、Spock の強力なアサーション機能は、テストが失敗した場合の原因特定を短縮できます。

次に、JUnit のデフォルトのアサート例（リスト 7.18）と Spock のアサート例（リスト 7.20）を記載します。

▼ リスト7.17　テストコード（JUnitの例）

```
@Test
public void minimum_of_a_and_b_is_c() {
  assertThat(Math.min(3, 7), is(3));
  assertThat(Math.min(5, 4), is(5)); // 説明のため、テストケース誤りのパターンを記載
  assertThat(Math.min(9, 9), is(9));
}
```

▼ リスト7.18　アサーション（JUnitの例）

```
// AssertThat で書いているため、JUnit でも比較的わかりやすい
java.lang.AssertionError:
Expected: is <5>
   but: was <4>
Expected :is <5>
Actual   :<4>
 <Click to see difference>
```

▼ リスト7.19　テストコード（Spockの例）

```
def "minimum of #a and #b is #c"() {
  expect:
  Math.min(a, b) == c

  where:
```

※注19　Groovy Power Assertions URL http://groovy-lang.org/testing.html

```
    a | b || c
    3 | 7 || 3
    5 | 4 || 5  // 説明のため、テストケース誤りのパターンを記載
    9 | 9 || 9
  }
```

▼ リスト7.20　アサーション（Spockの例）

```
// すべての式の評価の結果がわかりやすく示されるため、原因特定が容易となる
Condition not satisfied:

Math.min(a, b) == c
    |    |  |  |  |
    4    5  4  |  5
               false

Expected :5

Actual   :4
```

このように、テスト失敗時の原因特定も容易となるため、保守での退行テストの工数も削減できます。

Spring での Spock の利用

Spring で Spock を利用するためのライブラリ（spock-spring）をリスト 7.21 のように build.gradle に追加することで、Spring で Spock が利用できるようになります。

▼ リスト7.21　Spock利用（build.gradle）

```
    // テストで利用するため、testCompile を指定する
    testCompile "org.spockframework:spock-spring"
```

Spock での Spring Boot のテストは、リスト 7.22 のように記載します。

▼ リスト7.22　SpringでのSpockのテスト例（UserDaoTest.groovy）

```
@SpringBootTest(webEnvironment = NONE) // SpringBootTest アノテーションを指定
@Transactional // テスト後にロールバックする
class UserDaoTest extends Specification {

  @Autowired
  UserDao userDao

  def "存在しないメールアドレスで絞り込んだ場合、empty が返ること"() {
    when:
    def where = new User()
    where.setEmail("aaaa")

    Optional<User> user = userDao.select(where)

    then:
    user == Optional.empty()
  }

  def "改定番号を指定しないで更新した場合、例外がスローされること"() {
    when:
    def user = new User()
    user.setEmail("test@sample.com")
    userDao.update(user)

    then:
    thrown(OptimisticLockingFailureException)
  }

  def "存在するメールアドレスを指定して更新した場合、更新件数が1件になること"() {
    when:
    def user = userDao.selectById(ID.of(1))

    def updated = user.map({ u ->
```

チーム開発

```
        u.setAddress("test")
        int updated = userDao.update(u)
        return updated
      })

      then:
      updated == Optional.of(1)
    }
  }
```

このようにSpring Bootでも問題なく利用できるため、Spockのメリットを感じた読者はプロジェクトへの適応を検討してみてください。

7.4 ドキュメント生成ツールの活用

「ソースコードを見れば、仕様は追える」「サーバーにSSH接続すれば、仕様は追える」といった考えでドキュメントが軽視されることがあります。確かに間違いではないのですが、ソースコードおよびミドルウエアなどの設定ファイルにしかシステム仕様の正解がない状況では、チーム開発を円滑に進めることは困難です。

ソースコードはGitおよびgit-flow[注20]、GitHub Flow[注21]がチーム開発の手法として広く知られているため、適切に管理できているチームは多いです。しかし、詳細設計以降のドキュメントについて、適切に管理できているチームは少ないのが現状です。

パターンとしては、以下のような状態が考えられます。

- **詳細設計がそもそもない。**
- **Textファイル、Excel、Wikiなどにドキュメントが散乱している（一部更新されていない）。**
- **Excelなどで納品ドキュメントとして管理されているが、ソースコードと乖離している、および設計書がないプログラムがある。**

上述の状況が発生する原因は、Excelなどのバイナリファイルはエンジニアが敬遠しがち、チームにドキュメント管理の明確な方針がないなどの理由が考えられます。

※注20　git-flow URL http://nvie.com/posts/a-successful-git-branching-model/
※注21　GitHub Flow URL https://gist.github.com/Gab-km/3705015

本節では、チーム開発で共有するドキュメントについて述べます。本書では、ドキュメント管理ツールのSphinx注22を紹介します。Sphinxの特徴と、なぜSphinxを使うとドキュメント更新のモチベーションを保てるかを以下に説明します。

Sphinx

Sphinxはドキュメントを簡単に作ることができるようにするツールです。Pythonの公式ドキュメント注23のために作られており、現在もPhtyonドキュメントで継続利用されています。

セットアップ

Sphinxは、Pythonを利用しているため、Pythonの実行環境が必要です。本書ではDockerを用いた方法を紹介します。その他の方法については、公式サイト注24を参照してください。

▼ リスト7.23　Sphinxのセットアップ

```
### ドキュメントルートディレクトに移動
$ cd /path/to/directory
### カレントディレクトリをマウントして、対話モードでSphinxコンテナ起動
$ docker run -it -v $(pwd):/documents/ plaindocs/docker-sphinx
### ドキュメントテンプレート作成
# sphinx-quickstart
### デフォルトで作成すると以下形式で作成される
# pwd;find . | sort | sed '1d;s/^\.//;s/\/\([^/]*\)$/|--\1/;s/\/[^/|]*/|  /g'
/documents
|--.DS_Store
|--.build
|--.static
|--.templates
|--Makefile
|--conf.py
|--index.rst
```

※注22　sphinx URL http://www.sphinx-doc.org/ja/stable/
※注23　Python 3.6.5 ドキュメント URL https://docs.python.jp/3/index.html
※注24　Sphinx のインストール URL http://www.sphinx-doc.org/ja/stable/install.html

```
|--make.bat
### HTML 生成
# make html
### 以下形式で HTML が生成される
# pwd;find . | sort | sed '1d;s\^\.//;s/\/\([^/]*\)$/|--\1/;s/\/[^/|]*/|   /g'
/documents
|--.DS_Store
|--.build
|   |--doctrees
|   |   |--environment.pickle
|   |   |--index.doctree
|   |--html
|   |   |--.buildinfo
|   |   |--_sources
|   |   |   |--index.txt
|   |   |--_static
|   |   |   |--ajax-loader.gif
|   |   |   |--basic.css
|   |   |   |--comment-bright.png
|   |   |   |--comment-close.png
|   |   |   |--comment.png
|   |   |   |--default.css
|   |   |   |--doctools.js
|   |   |   |--down-pressed.png
|   |   |   |--down.png
|   |   |   |--file.png
|   |   |   |--jquery.js
|   |   |   |--minus.png
|   |   |   |--plus.png
|   |   |   |--pygments.css
|   |   |   |--searchtools.js
|   |   |   |--sidebar.js
|   |   |   |--underscore.js
|   |   |   |--up-pressed.png
|   |   |   |--up.png
```

```
|   |   |   |--websupport.js
|   |   |--genindex.html
|   |   |--index.html
|   |   |--objects.inv
|   |   |--search.html
|   |   |--searchindex.js
```


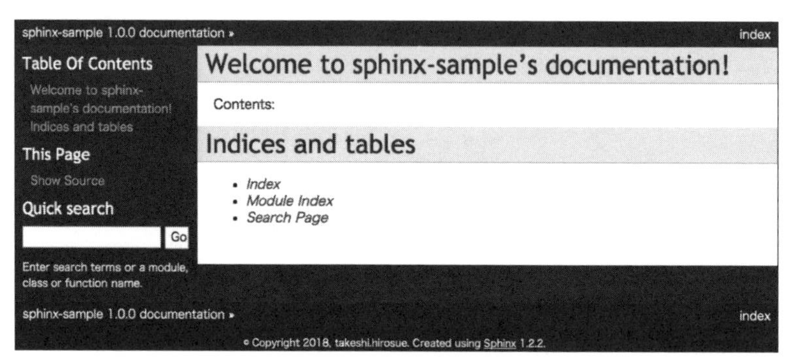

図 7.2　Sphinx で作成された HTML

Sphinx の特徴

次に Sphinx の特徴を説明します。DevOps に適応しやすい以下の特徴があるため、ドキュメント更新のモチベーションを保ちやすいです。

① テキスト（MarkDown）形式
② CI との相性がよい
③ 様々な出力形式をサポート

■ 1. テキスト形式

Sphinx での一番のメリットはテキスト形式で記載できる点です。ドキュメントをソースコードと同じ SCM に入れて管理することで、バイナリドキュメントの一番の問題点の変更履歴の調査や、ファイル内容の検索の問題が解消されます。Sphinx のデフォルトマークアップは、reST（reStructuredText）形式ですが、マークアップ言語のデファクトスタンダードの MarkDown 形式で記載できるところも大きなメリットです。

MarkDown を利用する場合はリスト 7.24 のように、Sphinx で利用する copy.sh を修正します。

▼ リスト7.24　SphinxでMarkDownを利用する (copy.sh)

```
### conf.py の recommonmark をカスタマイズすることで MarkDown 形式を利用できる
source_suffix = ['.rst', '.md']
source_parsers = {
  '.md' : 'recommonmark.parser.CommonMarkParser'
}
```

2. CIとの相性がよい

make html コマンドで HTML を簡単に生成できます。CI サイクルに HTML 生成処理を含めておくと、ドキュメントもソースコードコミット同様の更新サイクルとなるため、ドキュメント更新のモチベーションを保ちやすくなります。

作成されるファイルはプレーンな HTML であるため、GitHub Pages[注25] や AWS S3[注26]、Apache/nginx などの Web サーバーに作成した HTML を公開するのも容易です。

Column

ドキュメントを無料公開する (Read the Docs)

Read the Docs というサービスを利用すれば、Git リポジトリと Webhook 連携してドキュメントを自動公開できます。詳細は公式サイト[注27] を参照してください。

3. 様々な出力形式をサポート

HTML 形式で出力できることは紹介済みですが、HTML のほかにも LaTeX、ePub、Texinfo、man、プレーンテキスト形式と様々な形式での出力をサポートしています。

※注25　GitHub Pages URL https://pages.github.com/
※注26　AWS S3 URL https://aws.amazon.com/jp/s3/
※注27　Read the Docs URL https://readthedocs.org/

7.5 ソースジェネレータ

Spring MVCに基づいた画面開発では、1つの機能を追加するために、多岐に渡るファイルの作成が必要です。画面開発のたびに発生するファイル作成作業を効率化することで、開発生産性を向上させることができます。

通常のプロジェクト開発では多くの画面を開発する必要があり、大規模なプロジェクトだと数百画面もの開発が必要になってきます。プロジェクト開発で必要になってくる画面開発にかかる以下のコストを削減することで、開発生産性をさらに向上させることができます。

- **開発メンバー参画の際のパッケージ構成のベストプラクティスの共有**
- **新規画面開発の際の必要なソースコード一式の作成作業**

本節では、ソースジェネレータにより開発効率を高める方法を説明します。具体的には、コマンド1つで実際に動作するソースコードの雛形を生成し、即カスタマイズ可能な状態で各メンバーに展開する方法を紹介します。この方法論は古くから利用されており、有名なプロダクトとしては、YEOMAN[注28]やAngularJS[注29]でも同様のツールセットが用意されています。ソースジェネレータを用意することで、新規画面作成時だけではなく、後々のパッケージ構成の再整理作業を少なくできるため、リファクタリングコストも削減可能です。

ここでは、Thymeleafを用いてGradleのカスタムプラグインとしてソースジェネレータを作成する方法を紹介します。Gradleカスタムプラグインの詳細は公式サイト[注30]を参照してください。

また、本節ではソースコードの説明を一部割愛します。詳細はGitHubリポジトリ[注31]を参照してください。

ソースジェネレータプラグインの導入

ソースジェネレータプラグイン（Gradleカスタムプラグイン）は次の手順で導入します。

① Gradle Pluginの実装
② Gradle Pluginの利用

※注28　YEOMAN URL http://yeoman.io/
※注29　Angular CLI URL https://cli.angular.io/
※注30　カスタムプラグインの作成 URL http://gradle.monochromeroad.com/docs/userguide/custom_plugins.html
※注31　GitHub（ソースジェネレータ） URL https://github.com/miyabayt/spring-boot-doma2-sample/tree/master/buildSrc/

■ 1. Gradle Pluginの実装

はじめに図 7.3 のフォルダ構成でファイルを作成します。

```
/path/to/rootProjectDir/buildSrc ←── rootProjectDir/buildSrc ディレクトリに配置
  ├─ build.gradle
  ├─ src
  │   ├─ main
  │   │   ├─ groovy
  │   │   │   ├─ com
  │   │   │   │   ├─ sample
  │   │   │   │   │   ├─ CodeGenPlugin.groovy ←── Gradle Plugin の実装
  │   │   │   │   │   ├─ CodeGenPluginExtension.groovy ←── 拡張入力 Extension
  │   │   │   │   │   ├─ GenerateTask.groovy ←── Task の実装クラス
  │   │   ├─ resources
  │   │   │   ├─ templates ←── ソースジェネレータ用のテンプレートルートディレクトリ
  │   │   │   │   ├─ html
  │   │   │   │   │   ├─ find.txt
  │   │   │   │   │   ├─ new.txt
  (……省略……)
```

図 7.3　ソースジェネレータのフォルダ構成

次に、プラグインを実装します。シンプルなプラグインの場合、本実装のみで完結します。本サンプルでは、ビルドから入力を得る Extension と Task の実装を切り出して実装する例を紹介します。

▼ リスト7.25　Gradleカスタムプラグインの実装（CodeGenPlugin.groovy）

```
class CodeGenPlugin implements Plugin<Project> {

  @Override
  void apply(Project project) {
    project.extensions.create("codegen", CodeGenPluginExtension.class)
    project.task("codegen", type: GenerateTask)
  }
}
```

さらに、Extension を Pojo として実装し、Task のプロパティフィールドを列挙します。

▼ リスト7.26　Gradleカスタムプラグイン拡張Extensionの実装（CodeGenPluginExtension.groovy）

```
class CodeGenPluginExtension {
  String srcDirName = "src/main/java/"
  String sqlDirName = "src/main/resources/META-INF/"
  String htmlDirName = "src/main/resources/templates/modules/"
  String domainProjectName
  String webProjectName

(……省略……)
```


最後に Task の実装です。リスト 7.27 のとおり具体的なロジックはすべて Task に記載します。

▼ リスト7.27　Gradleカスタムプラグイン Taskの実装（GenerateTask.groovy）

```
// DefaultTask を拡張する
class GenerateTask extends DefaultTask {

  @TaskAction
  // TaskAction アノテーションを指定し、task 実行されるメソッドを明示する
  def codegen() {
    if (!project.hasProperty("subSystem")) {
      println("subSystem must not be null")
      return
    }

(……省略……) ※ Thymeleaf を用いて、雛形を生成する処理
```

2. Gradle Pluginの利用

作成したカスタムプラグインはリスト 7.28 のコマンドで実行できます。

▼ リスト7.28　Gradleカスタムプラグインの実行

```
### codegenプラグインの実行
$ cd /path/to/rootProjectDir
$ ./gradlew codegen
```

本サンプルでは、ビルドから入力を得るExtensionを実装しているので、リスト7.29のとおりbuild.gradleのTaskに設定する設定値を記載します。

▼ リスト7.29　拡張Extensionの設定（build.gradle）

```
apply plugin: com.sample.CodeGenPlugin

// 以下で実装した拡張Extensionの設定を記載する
codegen {
  domainProjectName = "sample-domain"
  webProjectName = "sample-web-admin"

  commonDtoPackageName = "com.sample.domain.dto.common"
  daoPackageName = "com.sample.domain.dao"
  dtoPackageName = "com.sample.domain.dto"

(……省略……)
}
```

タスクに引数を設定したい場合は、リスト7.30の方法（-Pオプション）で指定できます。

▼ リスト7.30　Gradleカスタムプラグインの実行（引数有り）

```
### 必要な引数を指定し、codegenプラグインを実行する
$ cd /path/to/rootProjectDir
$ ./gradlew codegen -PsubSystem=system -Pfunc=employee -PfuncStr=従業員
```

ソースジェネレータタスクを実行すると、図7.4のファイル群を作成します。作成されるファイルは多岐に渡るため、本タスクをプロジェクトに導入すると開発効率を高めることができます。

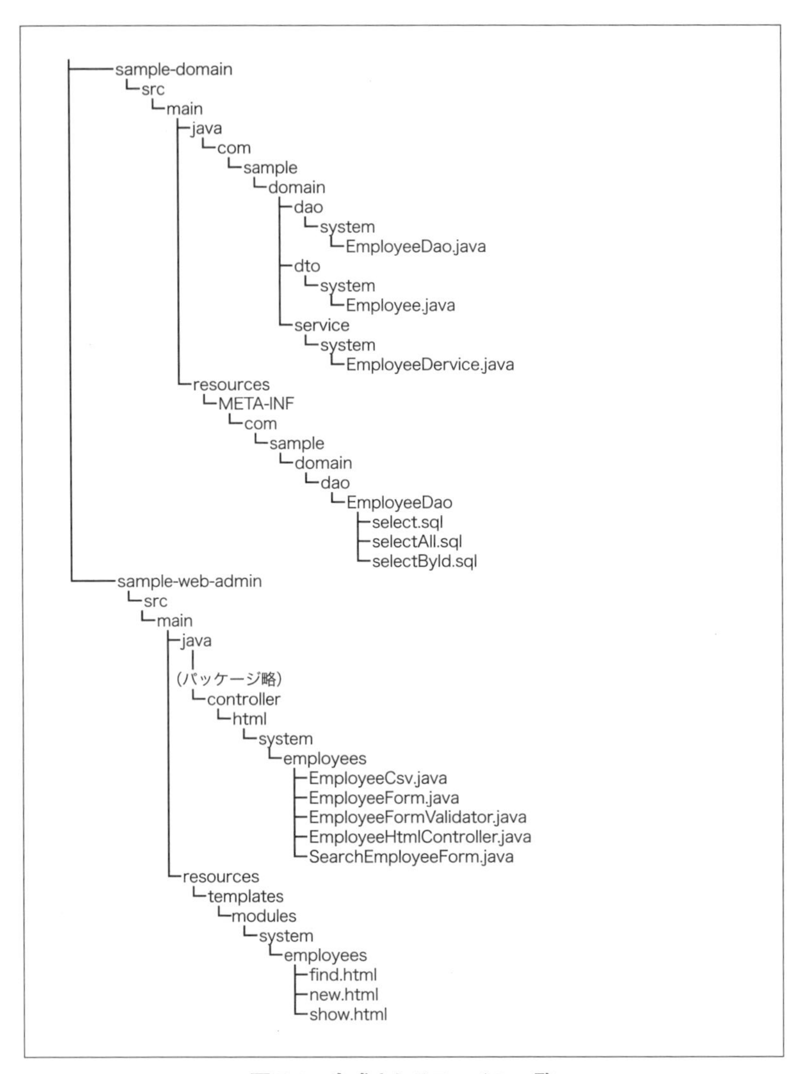

図7.4　生成されるファイル一覧

注意事項

ソースジェネレータを用いた開発は、チームメンバー全員がワークフローに従って作業をする必要があります。ワークフローを守らないメンバーが出てきたり、プラグインのメンテナンスが滞ったりする状況（＝出力されるソースコードがコンパイルエラー）が発生する場合は、チームに馴染んでいない状況でソースジェネレータを導入することで開発生産性が落ち込んでしまう可能性があります。

上述の兆候が見られる場合は、ソースジェネレータ廃止の検討をお勧めします。

運用

chapter 8

運用

システム開発は、「開発を完了させること」＝「業務やサービスの提供が滞りなく進むこと」ではありません。システムは、システムトラブルなどの望まない状態を排除・軽減し、利用者に継続的に使われていくことではじめて価値を産んでいきます。IPA[注1] によると、運用コストはシステム開発の全体の 3/4 以上のコストを占め、運用の重要性が高まってきているとあります。

本 chapter では、システム開発で欠かせない「運用」について述べます。

8.1 環境ごとの設定管理

システム開発には、ローカル環境、検証環境、本番環境など様々な環境があります。データベースなどのリソースへの接続情報やログレベルなど、開発環境と本番環境で切り替えたい設定が多々あります。これを実現するために、ビルドスクリプトを調整したり、環境ごとの設定シェルを用意したりすることがあります。このような方法を採用した場合、ビルド時やリリース時に各環境に依存した手順が存在するため、リリース事故が発生することがありました。検証環境で動作確認完了したモジュールを異なる環境で確認したい場合、ビルド手順が複雑であったりすると、開発のスピードが落ちてしまいます。

本節では、環境ごとの設定管理について、Spring の Profiles[注2] を用いる方法を紹介します。

Spring Profiles

Spring Profiles は、アプリケーションの構成の一部を分離し、特定の環境でのみ使用できる機能を提供します。

特定の環境でのみ使用できる機能は、次に述べる 3 点を用います。

※注1　情報システム運用時の定量的信頼性向上方法に関する調査報告書 - IPA URL https://www.ipa.go.jp/files/000045090.pdf
※注2　Spring Boot Docs - 25.Profiles URL https://docs.spring.io/spring-boot/docs/current/reference/html/boot-features-profiles.html

- JVMのシステムプロパティ
- コマンドライン引数
- OSの環境変数

▼ リスト8.1 Spring Profiles（JVMのシステムプロパティで上書き）

```
### spring.profiles.activeをdevに設定してアプリケーション起動
$ java -jar -Dspring.profiles.active=dev application.jar
```

▼ リスト8.2 Spring Profiles（コマンドライン引数で上書き）

```
### spring.profiles.activeをdevに設定してアプリケーション起動
$ java -jar --spring.profiles.active=dev application.jar
```

▼ リスト8.3 Spring Profiles（OS環境変数で上書き）

```
### OS環境変数を用いて、起動ポートを変更してアプリケーション起動
$ export SERVER_PORT=18081
$ java -jar application.jar # 18081portでアプリケーションを起動
$ export SERVER_PORT=28081
$ java -jar application.jar # 28081portでアプリケーションを起動
```

環境ごとの設定管理

上述の方法で起動時にプロファイルを上書きできるため、application.（properties | yml）を複数用意し、環境ごとに切り替えたい設定を切り出して管理すると環境ごとの設定をうまく管理できます。

ファイル構成例は次のとおりです。

- 共通設定ファイル：application.（properties ｜ yml）
- 開発環境設定ファイル：application-development.（properties ｜ yml）
- 検証環境設定ファイル：application-staging.（properties ｜ yml）
- 本番環境設定ファイル：application-production.（properties ｜ yml）

上述のとおり、application-｛profile｝.（properties ｜ yml）の命名規則でファイルを用意し、データベース接続情報などをリスト 8.4 のとおり別ファイルに切り出して管理します。

なお、有効な環境を明示的に指定しない場合のプロファイルは default となります。

▼ リスト8.4　application.yml（共通設定ファイル）

```
### 共通の設定を定義する
spring:
  profiles:
    # デフォルトを明示的に指定する
    # 開発環境以外は環境変数でプロファイルを切り替える
    default: development
    active: development
  messages:
    # メッセージ定義ファイルのパスを含めて設定する
    basename: messages,ValidationMessages,PropertyNames
    cache-seconds: -1
    encoding: UTF-8
  thymeleaf:
    # HTML5 モードが非推奨になったので HTML モードにする
    mode: HTML
  datasource:
    driver-class-name: com.mysql.jdbc.Driver
    hikari:
      autoCommit: false
      connectionTimeout: 30000
      idleTimeout: 30000
      maxLifetime: 1800000
      connectionTestQuery: SELECT 1
      minimumIdle: 10
```

```
      maximumPoolSize: 30

(……省略……)
```

▼ リスト8.5　application-development.yml（開発環境設定ファイル）

```
### 開発環境用設定ファイル
### 各環境個別で定義する設定のみ記載する
spring:
  profiles: development
  datasource:
    platform: mysql
    driver-class-name: com.mysql.jdbc.Driver
    url: jdbc:mysql://127.0.0.1:3306/sample?useSSL=false&characterEncoding
=UTF-8
    username: root
    password: passw0rd

(……省略……)
```

なお、リスト 8.6 のとおり環境設定を 1 つのファイルにまとめて記載することもできます。

▼ リスト8.6　application.yml（1ファイルで管理する例）

```
### プロファイルが未指定の場合、サーバーアドレスは 192.168.1.100
server:
  address: 192.168.1.100
---
### プロファイルが development の場合、サーバーアドレスは 127.0.0.1
spring:
  profiles: development
server:
  address: 127.0.0.1
```

```
---
### プロファイルが production の場合、サーバーアドレスは 192.168.1.120
spring:
  profiles: production
server:
  address: 192.168.1.120
```

運用

8.2 アプリケーションサーバー設定

Tomcatをはじめとするアプリケーションサーバーは数年前まではプロジェクト開発では必須となる構成要素の1つでした。しかし、MSA開発やコンテナ開発が盛んになってきている現在では、各々のプロセスを独立させ、各プロセスを繋いでシステムを組み上げていく手法が広まってきています。

Spring Bootアプリケーションはポータビリティが優れており、Java実行環境さえあれば稼働するサーバーを選びません。

本節では、Spring Bootで提供している組み込み型のWebサーバー（Embedded Web Servers）を配備するサーバーの設定方法を紹介します。

実行可能Jar

ポータビリティを支えているのは、実行可能なJarを容易に作成できる点です。Maven/Gradleに以下を追加するだけで、ビルド時に依存関係のあるライブラリを梱包したJarを容易に作成できます。実行可能なJarを作成することでアプリケーションの起動がJavaコマンドの単純な実行となるため、コンテナを用いたアプリケーションの公開の敷居も高くはありません。

▼ リスト8.7　実行可能Jar作成設定（Maven）

```
<plugin>
  <groupId>org.springframework.boot</groupId>
  <artifactId>spring-boot-maven-plugin</artifactId>
</plugin>
```

▼ リスト8.8　実行可能Jar作成設定（Gradle）

```
bootJar {
  launchScript()
}
```

作成したJarはリスト8.9のとおりそのまま実行可能です。なお、通常のJarファイル同様java -jarコマンドでも実行できます。

▼ リスト8.9　実行可能Jar起動

```
### 中身はbashスクリプトであるため、そのまま実行可能
$ ./application.jar
```

アプリケーションサーバーの設定およびリリース

環境ごとの起動スクリプトを用いて起動時にspring.profiles.activeを読み込んで起動する方式も悪くはないのですが、起動スクリプトに修正が入った場合などは、環境ごとにプロファイルを分けたスクリプトを配置する必要があります。上述の環境ごとに分岐する手順を排除し、リリースする資源はJarファイルのみにする運用が好ましいです。

次に、Linuxサーバーでのアプリケーションのリリース運用をJarファイルのみにする方法を紹介します。

Linuxサーバー共通の前提

上述の手順で作成した実行可能Jarは、実行可能の名前のとおり、実体はbashスクリプトとなっています。リスト8.10のようにデフォルトのconfigファイルの読み込み処理やコンソール出力のロギング処理などが記載されています。

▼ リスト8.10　実行可能Jarの内容

```
#!/bin/bash
#
```

```
#    .   ____          _            __ _ _
#   /\\ / ___'_ __ _ _(_)_ __  __ _ \ \ \ \
#  ( ( )\___ | '_ | '_| | '_ \/ _` | \ \ \ \
#   \\/  ___)| |_)| | | | | || (_| |  ) ) ) )
#    '  |____| .__|_| |_|_| |_\__, | / / / /
#   =========|_|==============|___/=/_/_/_/
#   :: Spring Boot Startup Script ::
#
### BEGIN INIT INFO
# Provides:          spring-boot-application
# Required-Start:    $remote_fs $syslog $network
# Required-Stop:     $remote_fs $syslog $network
# Default-Start:     2 3 4 5
# Default-Stop:      0 1 6
# Short-Description: Spring Boot Application
# Description:       Spring Boot Application
# chkconfig:         2345 99 01
### END INIT INFO
[[ -n "$DEBUG" ]] && set -x
# Initialize variables that cannot be provided by a .conf file
WORKING_DIR="$(pwd)"
# shellcheck disable=SC2153
[[ -n "$JARFILE" ]] && jarfile="$JARFILE"
[[ -n "$APP_NAME" ]] && identity="$APP_NAME"
# Follow symlinks to find the real jar and detect init.d script
cd "$(dirname "$0")" || exit 1
[[ -z "$jarfile" ]] && jarfile=$(pwd)/$(basename "$0")
while [[ -L "$jarfile" ]]; do
  [[ "$jarfile" =~ init\.d ]] && init_script=$(basename "$jarfile")
  jarfile=$(readlink "$jarfile")
  cd "$(dirname "$jarfile")" || exit 1
  jarfile=$(pwd)/$(basename "$jarfile")
done
jarfolder="$( (cd "$(dirname "$jarfile")" && pwd -P) )"
cd "$WORKING_DIR" || exit 1
```

```
# Source any config file
configfile="$(basename "${jarfile%.*}.conf")"

(……省略……)
```

上述の config ファイルの読み込み処理を利用しつつ、systemd および init.d でのアプリケーションサーバーの設定方法を紹介します。

systemd を用いたアプリケーションサーバーの設定

Linux 7 系で採用された systemd でのアプリケーションの起動設定を紹介します。

AWS EC2 の主力カーネルの Amazon Linux は init.d のみのサポートでしたが、Amazon Linux 2[注3] が 2017 年末にリリースされ、systemd がサポートされたため、今後 init.d を利用するシーンは少なくなってきそうです。

systemd では、次の手順で設定を実施します。

① アプリケーションルートフォルダ作成
② Jar ファイル名 .conf ファイルを生成し、Spring Profiles の上書き設定を定義
③ アプリケーションルートフォルダに実行可能 Jar 配置
④ systemd 設定ファイル生成
⑤ 以降、systemctl にて自動起動設定などを実施

▼ リスト8.11　systemdを利用したサーバー環境設定

```
### Oracle JDKインストール
$ rpm -ivh jdk-11.0.1_linux-x64_bin.rpm
### アプリケーションルートフォルダを作成
$ mkdir -p /var/sample-web-admin
### 最低限の設定を記載したコンフィグレーションファイルを作成
$ cat << EOF > /var/sample-web-admin/sample-web-admin.conf
> export JAVA_OPTS="-Dspring.profiles.active=development"
> EOF
### scpなどでビルドしたJarを配置
$ scp root@build-server-hostname:~/sample-web-admin.jar /var/sample-web-
```

※注3　Amazon Linux 2 のご紹介 URL https://aws.amazon.com/jp/about-aws/whats-new/2017/12/introducing-amazon-linux-2/

```
admin/
### systemdの設定ファイルを作成する
$ cat << EOF > /etc/systemd/system/sample-web-admin.service
> [Unit]
> Description=sample-web-admin
> After=syslog.target
>
> [Service]
> User=root
> ExecStart=/var/sample-web-admin/sample-web-admin.jar
> SuccessExitStatus=0
>
> [Install]
> WantedBy=multi-user.target
> EOF
### 自動起動設定
$ systemctl daemon-reload
$ systemctl enable sample-web-admin.service
### アプリケーション起動
$ systemctl start sample-web-admin.service
### アプリケーション状態確認
$ systemctl status sample-web-admin.service
● sample-web-admin.service - root
   Loaded: loaded (/etc/systemd/system/sample-web-admin.service; enabled; vendor preset: disabled)
   Active: active (running) since 土 2018-03-10 09:47:58 UTC; 14s ago
 Main PID: 4061 (sample-web-admi)
   CGroup: /system.slice/sample-web-admin.service
           ├─4061 /bin/bash /var/sample-web-admin/sample-web-admin.jar
           └─4078 /usr/bin/java -Dsun.misc.URLClassPath.disableJarChecking=true -Dspring.profiles.active=development -jar /var/sample-web-admin/sample-web-admin.jar

3月 10 09:48:10 ~~ sample-web-admin.jar[4061]: 2018-03-10 09:48:10.440 [::] INFO 4078 --- [           main] o.s.b.w.servlet.
```

```
FilterRegistrationBean    : Mapping filter: 'clearMDCFilter' to: [/*]
3月 10 09:48:10 ~~ sample-web-admin.jar[4061]: 2018-03-10 09:48:10.440 [::]
INFO 4078 --- [           main] o.s.b.w.servlet.
FilterRegistrationBean    : Mapping filter: 'forwardedHeaderFilter' to:
[/*]

(……省略……)
```

コンソールログは、journalctl（journald）を用いて、リスト8.12のように参照します。

▼ リスト8.12　サービスを特定してコンソール出力を確認する

```
$ journalctl -u sample-web-admin.service
-- Logs begin at 月 2018-03-12 01:31:11 UTC, end at 月 2018-03-12
01:37:40 UTC. --
 ~~ systemd[1]: Started sample-web-admin.
 ~~ systemd[1]: Starting sample-web-admin...
 ~~ sample-web-admin.jar[2935]:   .   ____          _            __ _ _
 ~~ sample-web-admin.jar[2935]:  /\\ / ___'_ __ _ _(_)_ __  __ _ \ \ \ \
 ~~ sample-web-admin.jar[2935]: ( ( )\___ | '_ | '_| | '_ \/ _` | \ \ \ \
 ~~ sample-web-admin.jar[2935]:  \\/  ___)| |_)| | | | | || (_| |  ) ) ) )
 ~~ sample-web-admin.jar[2935]:   '  |____| .__|_| |_|_| |_\__, | / / / /
 ~~ sample-web-admin.jar[2935]:  =========|_|==============|___/=/_/_/_/
 ~~ sample-web-admin.jar[2935]: :: Spring Boot ::        (v1.5.6.RELEASE)
 ~~ sample-web-admin.jar[2935]: 2018-03-12 01:37:05.336 [::]  INFO 2952
--- [           main] com.sample.web.admin.Application
: Starting Application on ip-10-0-0-32.ec2.internal with PID 2952 (/var/
sample-web-admin
 ~~ sample-web-admin.jar[2935]: 2018-03-12 01:37:05.362 [::] DEBUG 2952
--- [           main] com.sample.web.admin.Application
: Running with Spring Boot v1.5.6.RELEASE, Spring v4.3.10.RELEASE

(……省略……)
```

上述の設定後のアプリケーションリリースは、対象サーバーにビルドしたJarを配置するだけとなります。

init.dを用いたアプリケーションサーバーの設定

init.dでも同様の設定でアプリケーションの起動設定が可能です。

init.dでは、次の手順で設定を実施します。

① アプリケーションルートフォルダ作成
② Jarファイル名.confファイルを生成し、Spring Profilesの上書き設定を定義
③ アプリケーションルートフォルダに実行可能Jar配置
④ /etc/init.d/直下にシンボリックリンク生成
⑤ 以降、chkconfigにて自動起動設定などを実施

▼ リスト8.13　init.dを利用したサーバー環境設定

```
### Oracle JDKインストール
$ rpm -ivh jdk-11.0.1_linux-x64_bin.rpm
### アプリケーションルートフォルダを作成
$ mkdir -p /var/sample-web-admin
### 最低限の設定を記載したコンフィグレーションファイルを作成
$ cat << EOF > /var/sample-web-admin/sample-web-admin.conf
> export JAVA_OPTS="-Dspring.profiles.active=development"
> EOF
### scpなどでビルドしたJarを配置
$ scp root@build-server-hostname:~/sample-web-admin.jar /var/sample-web-
admin/
### init.d直下にJarのシンボリックリンクを作成
$ ln -s /var/sample-web-admin/sample-web-admin.jar /etc/init.d/
### 自動起動設定
$ /sbin/chkconfig --add sample-web-admin.jar
$ /sbin/chkconfig sample-web-admin.jar on
### アプリケーション起動
$ service sample-web-admin.jar start
### アプリケーション状態確認
$ service sample-web-admin.jar status
Running [3146]
```

systemd 同様、上述の設定後のアプリケーションリリースは、対象サーバーにビルドした Jar を配置するだけとなります。なお、init.d で設定した場合、PID ファイルとコンソールログが次の場所に作成されます。

- **PID ファイル：/var/run/<appname>/<appname>.pid**
- **コンソールログ：/var/log/<appname>.log**

8.3 アプリケーションの状態確認

システム開発では、利用者に見える機能開発や画面デザインが優先されてしまい、SLA（Service Level Agreement）の検討が後回しになることが少なくありません。システム運用では、システムトラブルなどの望まない状態が少なからず発生します。アプリケーションの状態を把握できる状態を整えることは、サービスの稼働率に大きく寄与します。

本節では、Spring Boot でのアプリケーションの状態の確認方法について紹介します。

Spring Boot Actuator

Spring Boot には Actuator という安定運用に寄与する強力な機能があります。Actuator を有効にすると、HTTP や JMX 経由でアプリケーションの状態を確認でき、自前でヘルスチェックなどのエンドポイントを実装する必要はなくなります。

Spring Boot Actuator を有効化する

Actuator を有効化するためには、Spring Boot プロジェクトよりスターターが用意されているため、リスト 8.14 のとおり依存関係に spring-boot-starter-actuator を指定します。

▼ リスト8.14　Spring Boot Actuator利用（build.gradle）

```
compile "org.springframework.boot:spring-boot-starter-actuator"
```

リスト 8.14 の設定だけで、デフォルトではシャットダウンを除くすべてのエンドポイントが有効になります。なお、一部を明示的に有効にする場合は、リスト 8.15 のとおりに設定します。

▼ リスト8.15　Actuatorのエンドポイントの明示的な有効化（applicaiton.yml）

```
# info および health チェックのみ有効にする
management:
  endpoints:
    enabled-by-default: false # すべてを無効
  endpoint:
    health:
      enabled: true
    info:
      enabled: true
```

運用

主要なエンドポイント

本書では主要なエンドポイントについて説明します。すべてのエンドポイントの詳細については、公式リファレンス注4 を参照してください。

Beans

アプリケーションに登録されたBeanの一覧を取得します。curlでのリクエストはリスト8.16のとおりです。

▼ リスト8.16　curlリクエスト：Beanエンドポイント

```
$ curl 'http://localhost:8080/beans' -i -X GET
```

▼ リスト8.17　レスポンス：Beanエンドポイント

```
HTTP/1.1 200 OK
Content-Type: application/vnd.spring-boot.actuator.v2+json;charset=UTF-8
Content-Length: 1150
```

※注4　Spring Boot Actuator Web API Documentation URL https://docs.spring.io/spring-boot/docs/2.0.6.RELEASE/actuator-api/html/

```
{
  "contexts" : {
    "application" : {
      "beans" : {
        "defaultServletHandlerMapping" : {
          "aliases" : [ ],
          "scope" : "singleton",
          "type" : "org.springframework.web.servlet.config.annotation.Web
MvcConfigurationSupport$EmptyHandlerMapping",
          "resource" : "org.springframework.boot.autoconfigure.web.
servlet.WebMvcAutoConfiguration$EnableWebMvcConfiguration",
          "dependencies" : [ ]
        },
        "org.springframework.boot.autoconfigure.web.servlet
              .DispatcherServletAutoConfiguration" : {
          "aliases" : [ ],
          "scope" : "singleton",
          "type" : "org.springframework.boot.autoconfigure.web.servlet.Di
spatcherServletAutoConfiguration$$EnhancerBySpringCGLIB$$43c5f87b",
          "dependencies" : [ ]
        },
        "org.springframework.boot.autoconfigure.context.
              PropertyPlaceholderAutoConfiguration" : {
          "aliases" : [ ],
          "scope" : "singleton",
          "type" : "org.springframework.boot.autoconfigure.context.Prope
rtyPlaceholderAutoConfiguration$$EnhancerBySpringCGLIB$$561a15f7",
          "dependencies" : [ ]
        }
      }
    }
  }
}
```

Environment

アプリケーションで利用している環境変数の一覧を取得します。curlでのリクエストはリスト8.18のとおりです。

▼ リスト8.18　curlリクエスト：Environmentエンドポイント

```
$ curl 'http://localhost:8080/env' -i -X GET
```

▼ リスト8.19　レスポンス：Environmentエンドポイント

```
HTTP/1.1 200 OK
Content-Type: application/vnd.spring-boot.actuator.v2+json;charset=UTF-8
Content-Length: 799

{
  "activeProfiles" : [ ],
  "propertySources" : [ {
    "name" : "systemProperties",
    "properties" : {
      "java.runtime.name" : {
        "value" : "OpenJDK Runtime Environment"
      },
      "java.vm.version" : {
        "value" : "25.141-b15"
      },
      "java.vm.vendor" : {
        "value" : "Oracle Corporation"
      }
    }
  }, {
    "name" : "systemEnvironment",
    "properties" : {
      "JAVA_HOME" : {
        "value" : "/docker-java-home",
```

運用

```
        "origin" : "System Environment Property \"JAVA_HOME\""
      }
    }
  }, {
    "name" : "applicationConfig: [classpath:/application.properties]",
    "properties" : {
      "com.example.cache.max-size" : {
        "value" : "1000",
        "origin" : "class path resource [application.properties]:1:29"
      }
    }
  } ]
}
```

Health

アプリケーションのヘルスチェックです。AutoConfigurationの状態をもとにデータベース接続やDiskFullのチェックを実施します。curlでのリクエストはリスト8.20のとおりです。

▼ リスト8.20　curlリクエスト：ヘルスチェック

```
$ curl 'http://localhost:8080/health' -i -X GET
```

▼ リスト8.21　レスポンス：ヘルスチェック

```
HTTP/1.1 200 OK
Content-Type: application/vnd.spring-boot.actuator.v2+json;charset=UTF-8
Content-Length: 385

{
  "status" : "UP",
  "details" : {
    "diskSpaceHealthIndicator" : {
      "status" : "UP",
```

```
        "details" : {
          "total" : 78188351488,
          "free" : 41675071488,
          "threshold" : 10485760
        }
      },
      "dataSourceHealthIndicator" : {
        "status" : "UP",
        "details" : {
          "database" : "HSQL Database Engine",
          "hello" : 1
        }
      }
    }
  }
```


Heap Dump

ヒープダンプファイルをHTTPエンドポイントから取得できます。curlでのリクエストはリスト8.22のとおりです。

▼ リスト8.22　curlリクエスト：Heap Dumpエンドポイント

```
curl 'http://localhost:8080/actuator/heapdump' -O
```

リスト8.22のリクエストで、HPROF[注5]のヒープダンプファイルが出力されます。

Mappings

アプリケーションのエンドポイントとリクエストパスのマッピング情報を出力します。SpringFoxなどを導入しなくても、アプリケーションのエンドポイントの詳細な情報が取得できます。

curlでのリクエストはリスト8.23のとおりです。

※注5　HPROF - Oracle Help Center URL https://docs.oracle.com/javase/jp/8/docs/technotes/guides/troubleshoot/tooldescr008.html

▼ リスト8.23　curlリクエスト：Mappingsエンドポイント

```
$ curl 'http://localhost:8080/mappings' -i -X GET
```

▼ リスト8.24　レスポンス：Mappingsエンドポイント

```
HTTP/1.1 200 OK
Content-Type: application/vnd.spring-boot.actuator.v2+json;charset=UTF-8
Transfer-Encoding: chunked
Date: Thu, 05 Apr 2018 11:46:09 GMT
Content-Length: 6505

{
  "contexts" : {
    "application" : {
      "mappings" : {
        "dispatcherServlets" : {
          "dispatcherServlet" : [ {

          (……省略……)

              "requestMappingConditions" : {
                "consumes" : [ ],
                "headers" : [ ],
                "methods" : [ "GET" ],
                "params" : [ ],
                "patterns" : [ "/actuator/mappings" ],
                "produces" : [ {
                  "mediaType" : "application/vnd.spring-boot.actuator.
v2+json",
                  "negated" : false
                }, {
                  "mediaType" : "application/json",
                  "negated" : false
                } ]
```

```
                }
            }

        (……省略……)
```

Metrics

アプリケーションの現在の状態を出力します。curl でのリクエストはリスト 8.25 のとおりです。

▼ リスト8.25　curlリクエスト：Metricsエンドポイント

```
$ curl 'http://localhost:8080/actuator/metrics' -i -X GET
```

▼ リスト8.26　レスポンス：Metricsエンドポイント

```
HTTP/1.1 200 OK
Content-Disposition: inline;filename=f.txt
Content-Type: application/vnd.spring-boot.actuator.v2+json;charset=UTF-8
Content-Length: 352

{
  "mem" : 193024,
  "mem.free" : 87693,
  "processors" : 4,
  "instance.uptime" : 305027,
  "uptime" : 307077,
  "systemload.average" : 0.11,
  "heap.committed" : 193024,
  "heap.init" : 124928,
  "heap.used" : 105330,
  "heap" : 1764352,
  "threads.peak" : 22,
  "threads.daemon" : 19,
  "threads" : 22,
```

運用

```
  "classes" : 5819,
  "classes.loaded" : 5819,
  "classes.unloaded" : 0,
  "gc.ps_scavenge.count" : 7,
  "gc.ps_scavenge.time" : 54,
  "gc.ps_marksweep.count" : 1,
  "gc.ps_marksweep.time" : 44,
  "httpsessions.max" : -1,
  "httpsessions.active" : 0,
  "counter.status.200.root" : 1,
  "gauge.response.root" : 37.0
}
```

Thread Dump

スレッドダンプを取得します。curl でのリクエストはリスト 8.27 のとおりです。

▼ リスト8.27　curlリクエスト：ThreadDumpエンドポイント

```
$ curl 'http://localhost:8080/threaddump' -i -X GET
```

▼ リスト8.28　レスポンス：ThreadDumpエンドポイント

```
HTTP/1.1 200 OK
Content-Type: application/vnd.spring-boot.actuator.v2+json;charset=UTF-8
Content-Length: 4522

{
  "threads" : [ {
    "threadName" : "Thread-200",
    "threadId" : 543,
    "blockedTime" : -1,
    "blockedCount" : 0,
    "waitedTime" : -1,
```

```
    "waitedCount" : 1,
    "lockOwnerId" : -1,
    "inNative" : false,
    "suspended" : false,
    "threadState" : "TIMED_WAITING",
    "stackTrace" : [ {
      "methodName" : "sleep",
      "fileName" : "Thread.java",
      "lineNumber" : -2,
      "className" : "java.lang.Thread",
      "nativeMethod" : true

      (……省略……)
```

運用

Prometheus

インフラサービス監視ツールのPrometheusへ連携するメトリクスを出力するエンドポイントです。curlでのリクエストはリスト8.29のとおりです。

▼ リスト8.29　curlリクエスト：Prometheusエンドポイント

```
$ curl 'http://localhost:8080/actuator/prometheus' -i -X GET
```

▼ リスト8.30　レスポンス：Prometheusエンドポイント

```
HTTP/1.1 200
Content-Type: text/plain; version=0.0.4;charset=utf-8
Content-Length: 11980
Date: Sat, 14 Apr 2018 12:31:49 GMT

# HELP tomcat_global_sent_bytes_total
# TYPE tomcat_global_sent_bytes_total counter
tomcat_global_sent_bytes_total{name="http-nio-8080",} 158757.0
# HELP hikaricp_connections_creation_seconds_max Connection creation
```

```
time
# TYPE hikaricp_connections_creation_seconds_max gauge
hikaricp_connections_creation_seconds_max{pool="HikariPool-1",} 0.0
# HELP hikaricp_connections_creation_seconds Connection creation time
# TYPE hikaricp_connections_creation_seconds summary
hikaricp_connections_creation_seconds{pool="HikariPool-1",quantile="0.95",}
0.662700032
hikaricp_connections_creation_seconds_count{pool="HikariPool-1",} 29.0
hikaricp_connections_creation_seconds_sum{pool="HikariPool-1",} 10.638
# HELP jdbc_connections_max
# TYPE jdbc_connections_max gauge
jdbc_connections_max{name="dataSource",} 10.0
# HELP tomcat_global_error_total
# TYPE tomcat_global_error_total counter
tomcat_global_error_total{name="http-nio-8080",} 0.0
# HELP process_uptime_seconds The uptime of the Java virtual machine
# TYPE process_uptime_seconds gauge

    (……省略……)
```

なお、執筆時点（2018年10月）では、Prometheusエンドポイントを有効にするためには、リスト8.31のとおりに設定し、Prometheusメトリクス取得用にライブラリ追加する必要があります。

▼ リスト8.31　Prometheusエンドポイントの有効化（build.gradle）

```
compile "org.springframework.boot:spring-boot-starter-actuator"

// Prometheusメトリクス取得用にライブラリ追加
compile "io.micrometer:micrometer-registry-prometheus"
```

Column **Prometheusとは**

Prometheus[注6]は、サーバーやインフラなどのメトリクスを取得できるOSSの統合監視ソリューションです。Prometheusはインストールや設定が容易で、かつ十分な機能を持ち管理しやすいという特徴を持ちます。

Go言語で開発されており、バイナリと設定ファイルを用意するだけで利用できるほか、Zabbixなどと異なりデータを格納するデータベースを別途用意する必要もありません。また、DockerやKubernetesといったコンテナ／クラスター管理ツールとの連携機能もあり、容易に監視対象を設定できるため、マイクロサービス開発を推進している企業での導入が増加しています。

なお、Prometheusについては、「8.4 アプリケーション監視」で詳細を解説します。

運用

ヘルスチェックのカスタマイズ

Actuatorのデフォルトのヘルスチェックも強力ですが、ヘルスチェックをカスタマイズすることも可能です。ヘルスチェックのカスタマイズのサンプルは、リスト8.32のとおりとなり、HealthIndicatorインターフェースを実装するBeanを登録することで実現できます。

▼リスト8.32 ヘルスチェックのカスタマイズ

```
import org.springframework.boot.actuate.health.Health;
import org.springframework.boot.actuate.health.HealthIndicator;
import org.springframework.stereotype.Component;

@Component
public class MyHealthIndicator implements HealthIndicator {

  @Override
  public Health health() {
    int errorCode = check(); // システム独自のチェックを実装
    if (errorCode != 0) {
```

※注6 Prometheus URL https://prometheus.io/

```
      return Health.down().withDetail("Error Code", errorCode).build();
    }
    return Health.up().build();
  }
}
```

カスタムアプリケーション情報を追加する

カスタムアプリケーション情報の追加は、InfoContributor インターフェースを実装する Bean を登録することで実現できます。リスト 8.33 は、単一の値を返すシンプルな例となります。

▼ リスト8.33　カスタムアプリケーション情報の追加

```
import java.util.Collections;

import org.springframework.boot.actuate.info.Info;
import org.springframework.boot.actuate.info.InfoContributor;
import org.springframework.stereotype.Component;

@Component
public class ExampleInfoContributor implements InfoContributor {

  @Override
  public void contribute(Info.Builder builder) {
    builder.withDetail("example",
        Collections.singletonMap("key", "value"));
  }
}
```

上述の Bean 登録後、info エンドポイントをコールすると、レスポンスはリスト 8.34 のとおりとなり、カスタムアプリケーション情報が追加されます。

▼ リスト8.34　レスポンス

```
{
  "example": {
    "key" : "value"
  }
}
```

❯ Spring Boot Actuatorのセキュリティ制御

Actuatorは、アプリケーションの機密情報を取得できるため、システム管理者以外からのアクセスは遮断する必要があります。Spring Boot 2系では、/info、/health以外のエンドポイントはデフォルトで認可ありとなります。認可なしにしつつ、LISTENポートの変更および接続元IPを制限する設定はリスト8.35のとおりとなります。

▼ リスト8.35　Actuatorのセキュリティ設定例（application.yml）

```
management:
  # ActuatorのLISTENポートを変更し、一般利用者には公開しない
    server:
      port: 18081
      # localhostからのリクエストのみ有効とする
      address: 127.0.0.1
    # すべてのendpointを有効にする
    endpoints:
      web:
        exposure:
          include: "*" #ALL
```

また、Spring Securityを有効にしている場合、デフォルトでBasic認証が有効になります。ActuatorをBasic認証無効にしたい場合は、リスト8.36のとおりSpring Securityのコンフィグレーションを設定しましょう。

▼ リスト8.36　ActuatorをBasic認証無効にする（JavaConfig）

```
@Configuration
public class ActuatorSecurity extends WebSecurityConfigurerAdapter {

  @Override
  protected void configure(HttpSecurity http) throws Exception {

  http.authorizeRequests()
  // Actuator は認証をかけない
      .regexMatchers("^/actuator.*").permitAll();
  }
}
```

8.4 アプリケーション監視

前節では、アプリケーション状態の確認方法を説明しました。システム運用をしていくためには、アプリケーション状態の可視化およびアプリケーション異常を迅速に検知する必要があります。

クラウドを用いた開発が普通（ニューノーマル[注7]）となった現在では、監視設計についてもクラウドに適したものにしていく必要があります。

本節では、システム運用に欠かせないアプリケーション監視について、Prometheus を用いる方法を説明します。

Prometheus

アプリケーション監視の選択肢は枚挙にいとまがないのですが、本書では次の観点で Prometheus を紹介します。

- **導入の敷居の低さ**
- **クラウドネイティブ時代に適した設計**
- **オープンソース**

※注7　クラウドはニューノーマル --AWS Summit Tokyo 2015 URL https://japan.zdnet.com/article/35065424/

なお、本番環境のトータルの運用コストを見据える場合は、有償の監視サービスの Mackerel[注8] や Datadog[注9] も検討対象にしてみてください。

Prometheusの導入

Prometheus は次の 3 つの方法でインストールできます。

- **バイナリのダウンロード**
- **Docker**
- **ソースビルド**

本書では、バイナリダウンロードの方法を紹介します。図 8.1 の Prometheus の Download ページ[注10] より、ターゲット OS のファイルをダウンロードし、展開するだけでインストールは完了です。

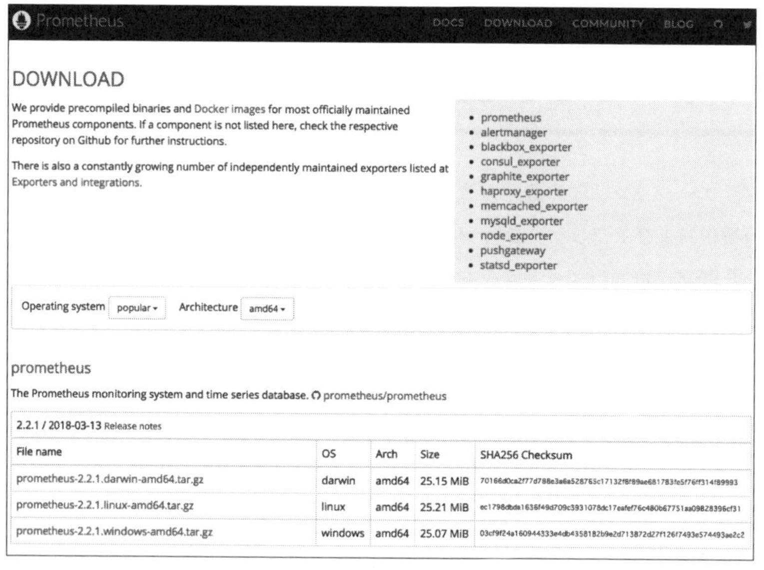

図 8.1　Prometheus の Download ページ

リスト 8.37 のとおり、数コマンドで導入から起動までが完了します。

※注8　Mackerel URL https://mackerel.io/ja/
※注9　Datadog URL https://www.datadoghq.com/
※注10　Download | Prometheus URL https://prometheus.io/download/

▼ リスト8.37 Prometheusインストール（darwin）

```
### バイナリダウンロード
$ wget https://github.com/prometheus/prometheus/releases/download/v2.2.1/
prometheus-2.2.1.darwin-amd64.tar.gz
$ tar xvfz prometheus-2.2.1.darwin-amd64.tar.gz
$ cd prometheus-2.2.1.darwin-amd64
### 設定ファイルを指定し、起動。デフォルトポートは 9090
$ $ ./prometheus --config.file=prometheus.yml
level=info ts=2018-04-28T09:10:05.749960456Z caller=main.go:220 msg=
"Starting Prometheus" version="(version=2.2.1, branch=HEAD, revision=
bc6058c81272a8d938c05e75607371284236aadc)"
level=info ts=2018-04-28T09:10:05.750034495Z caller=main.go:221 build_
context="(go=go1.10, user=root@149e5b3f0829, date=20180314-14:21:40)"
level=info ts=2018-04-28T09:10:05.750048557Z caller=main.go:222 host_
details=(darwin)
level=info ts=2018-04-28T09:10:05.750061207Z caller=main.go:223 fd_
limits="(soft=4864, hard=9223372036854775807)"
level=info ts=2018-04-28T09:10:05.752166847Z caller=web.go:382
component=web msg="Start listening for connections" address=0.0.0.0:9090
level=info ts=2018-04-28T09:10:05.752152587Z caller=main.go:504
msg="Starting TSDB ..."
level=info ts=2018-04-28T09:10:05.75665221Z caller=main.go:514 msg="TSDB
started"
level=info ts=2018-04-28T09:10:05.756696586Z caller=main.go:588
msg="Loading configuration file" filename=prometheus.yml
level=info ts=2018-04-28T09:10:05.757574068Z caller=main.go:491
msg="Server is ready to receive web requests."
```

図 8.2　Prometheus のホーム画面

Prometheusのサービスディスカバリー

Prometheus にはサービスディスカバリー機能が備わっており、サービスの拡張に自動で追従します。例えば、AWS EC2 を利用している場合、リスト 8.38 のとおり記載すると、サーバーの増減に自動で追従します。

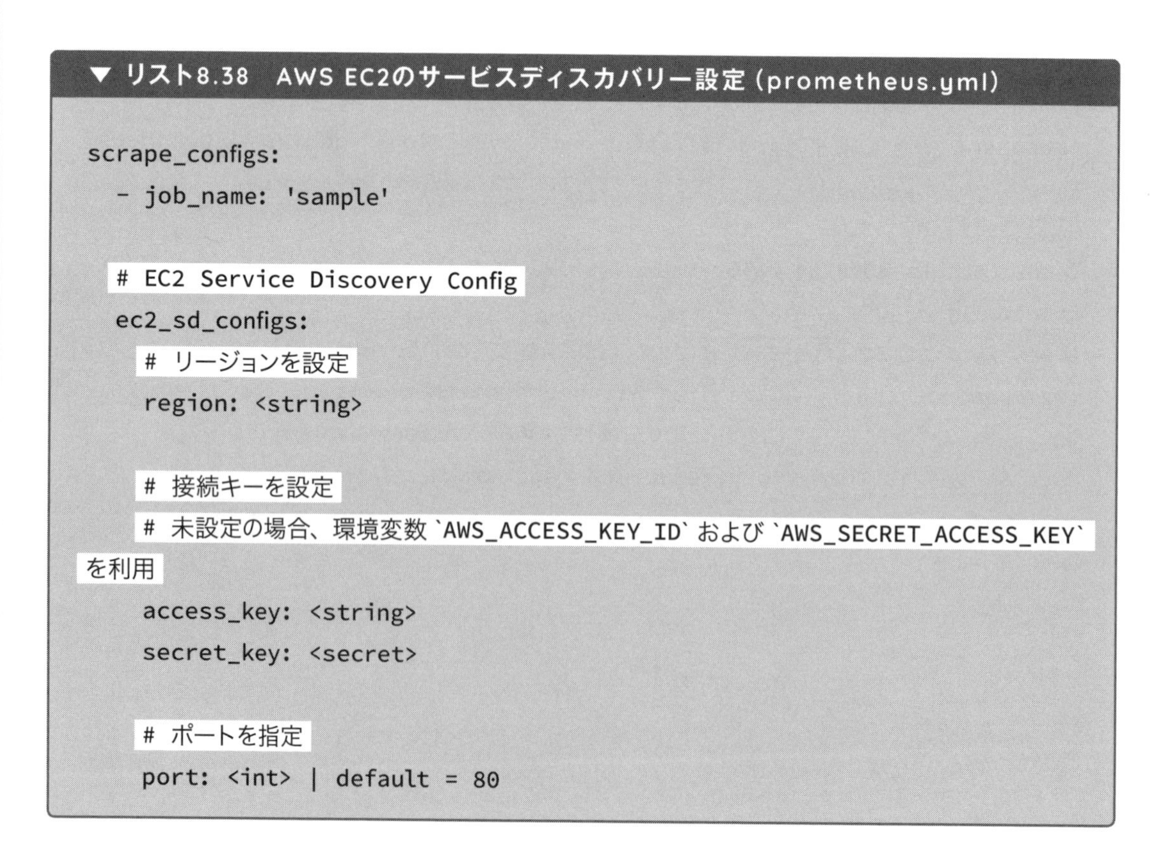

▼ リスト8.38　AWS EC2のサービスディスカバリー設定 (prometheus.yml)

```
scrape_configs:
  - job_name: 'sample'

  # EC2 Service Discovery Config
  ec2_sd_configs:
    # リージョンを設定
    region: <string>

    # 接続キーを設定
    # 未設定の場合、環境変数 `AWS_ACCESS_KEY_ID` および `AWS_SECRET_ACCESS_KEY` を利用
    access_key: <string>
    secret_key: <secret>

    # ポートを指定
    port: <int> | default = 80
```

なお、AWS EC2 にタグ（メタデータ）を設定している場合、リスト 8.39 のように記載して、メトリクスを取得する対象をフィルタできます。

▼ リスト8.39　AWS EC2のサービスディスカバリーフィルタ設定（prometheus.yml）

```
relabel_configs:
  # tag の "env" が "production" のもの
  - source_labels: [__meta_ec2_tag_env]
    regex: production
    action: keep
```

リスト 8.39 の設定を行うと、図 8.3 のとおり設定されているインスタンスのみが取得対象になります。

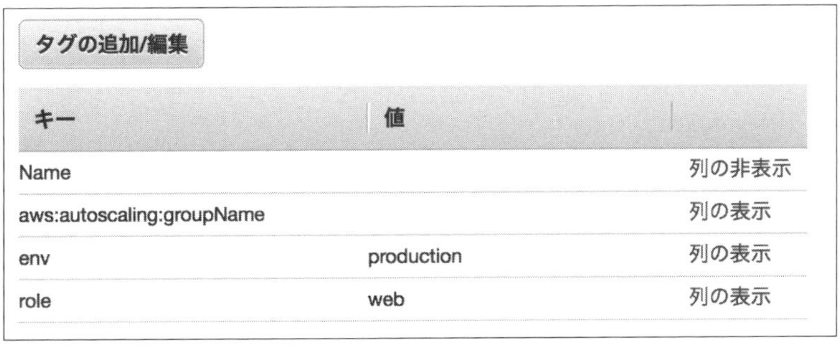

タグの追加/編集

キー	値	
Name		列の非表示
aws:autoscaling:groupName		列の表示
env	production	列の表示
role	web	列の表示

図 8.3　AWS EC2 タグ情報

本書では、EC2 の設定例のみを紹介しましたが、Kubernetes や Azure、Openstack のサービスディスカバリーにも対応[注11]しています。

Springアプリケーションとの連携

Spring Boot 2 系では、前節で紹介したとおり、Actuator で Prometheus との連携をサポートしています。Actuator で Prometheus エンドポイントを有効にした上で、Prometheus との連携設定をリスト 8.40 のとおりに設定し、メトリクス収集を有効化します。

※注11　Prometheus CONFIGURATION URL https://prometheus.io/docs/prometheus/latest/configuration/configuration/

▼ リスト8.40　Actuatorとの連携（prometheus.yml）

```
scrape_configs:
 - job_name: 'sample-api'

  # Override the global default and scrape targets from this job every 5 seconds.
  scrape_interval: 5s

  # Actuator のエンドポイントを設定
  metrics_path: /actuator/prometheus

  # management.port を指定
  static_configs:
   - targets: ['api:18080']
```

上述の設定を有効にすると、データベースに接続するのみの単純なアプリケーションで 30 以上のメトリクスを取得できます。おもなメトリクスは表 8.1 のとおりです。

表 8.1　Prometheus メトリクス

カテゴリ	メトリクス名称	概要
OS	system_cpu_usage	CPU使用率
OS	system_load_average_1m	ロードアベレージ
OS	process_cpu_usage	プロセスのCPU使用率
OS	process_files_open	プロセスのファイルオープン数
OS	process_files_max	プロセスのファイルオープン最大数
ログ	logback_events_total	ログレベルごとの出力数
スレッド	jvm_threads_live	アクティブスレッド数
スレッド	jvm_threads_daemon	アクティブdeamonスレッド数
スレッド	jvm_threads_peak	ピークのアクティブスレッド数
メモリ	jvm_memory_max_bytes	最大メモリ
メモリ	jvm_memory_used_bytes	利用メモリ
GC	jvm_gc_pause_seconds_max	最大GC pause時間
GC	jvm_gc_pause_seconds_count	GC回数
GC	jvm_gc_pause_seconds_sum	GC pauseサマリ時間
GC	jvm_gc_memory_allocated_bytes_total	JVNのYoung領域
GC	jvm_gc_memory_promoted_bytes_total	JVMのOld領域
GC	jvm_gc_max_data_size_bytes	JVMの最大Old領域
JDBC	jdbc_connections_max	最大コネクション数
JDBC	jdbc_connections_min	最小コネクション数
HTTP	http_server_requests_seconds_count	HTTPリクエスト数
HTTP	http_server_requests_seconds_max	HTTP最大応答時間
HTTP	http_server_requests_seconds_sum	HTTP最大応答時間サマリ

メトリクスの可視化

Prometheus 単体でもメトリクスの可視化はできますが、Grafana[注12] と連携すればより強力にビジュアライズできます。

※注12　Grafana URL https://grafana.com/

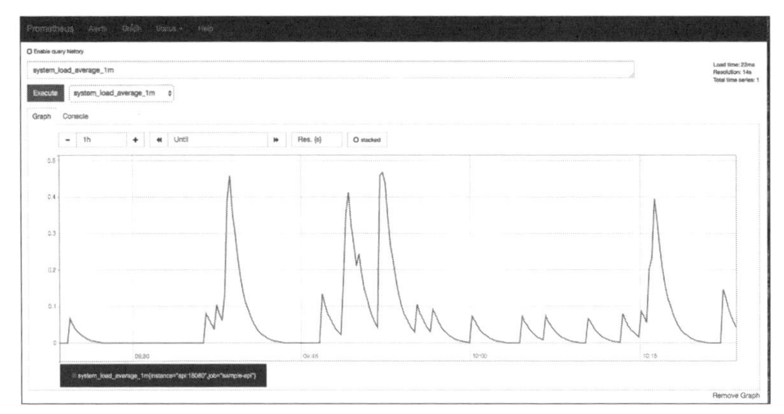

図 8.4　Prometheus でのロードアベレージ表示

Grafana のセットアップ

Grafana をインストールするには、次の方法があります。

① バイナリのダウンロード
② パッケージマネージャインストール

Ubuntu では、リスト 8.41 のようにインストールします。

▼ リスト8.41　Grafanaのインストール：バイナリダウンロード（Ubuntu）

```
$ wget https://s3-us-west-2.amazonaws.com/grafana-releases/release/
grafana_5.1.0_amd64.deb
$ sudo dpkg -i grafana_5.1.0_amd64.deb
```

その他のディストリビューションについては公式サイト[注13]を参照してください。

Prometheus 連携

Grafana と Prometheus を連携するには、図 8.5 のとおりデータソースの設定を行います。必要に応じ、Basic 認証などの追加設定を行ってください。

※注13　Download Grafana URL https://grafana.com/grafana/download/

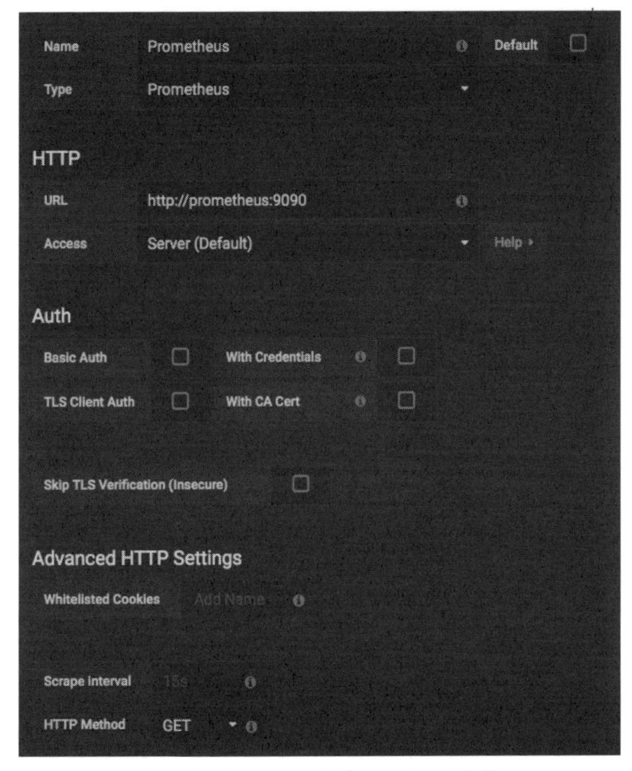

図 8.5　Grafana のデータソース設定

メトリクスの可視化

メトリクスの可視化は「Dashboard」を開き、次の手順で行います。

① パネル選択
② メトリクス設定

図 8.6 のとおりにパネル選択を行います。本手順では「Graph」を選択します。

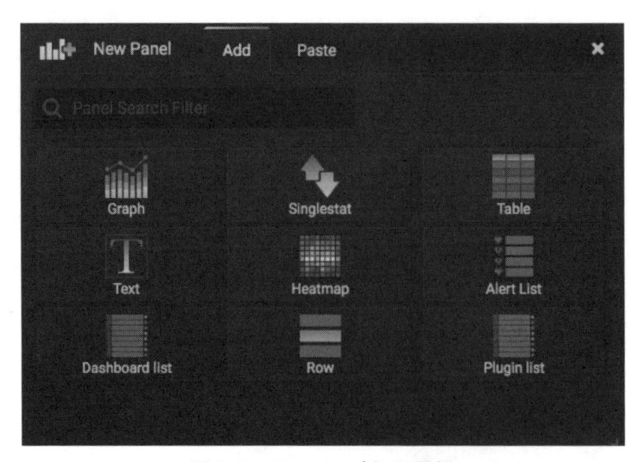

図 8.6　Step1. パネル選択

Graph を選択の上、パネル上部を選択し、「Edit」を行います。図 8.7 のとおりデータソースに「Prometheus」をセットし、Actuator で収集したメトリクスを選択します。なお、図 8.7 ではロードアベレージを選択しています。

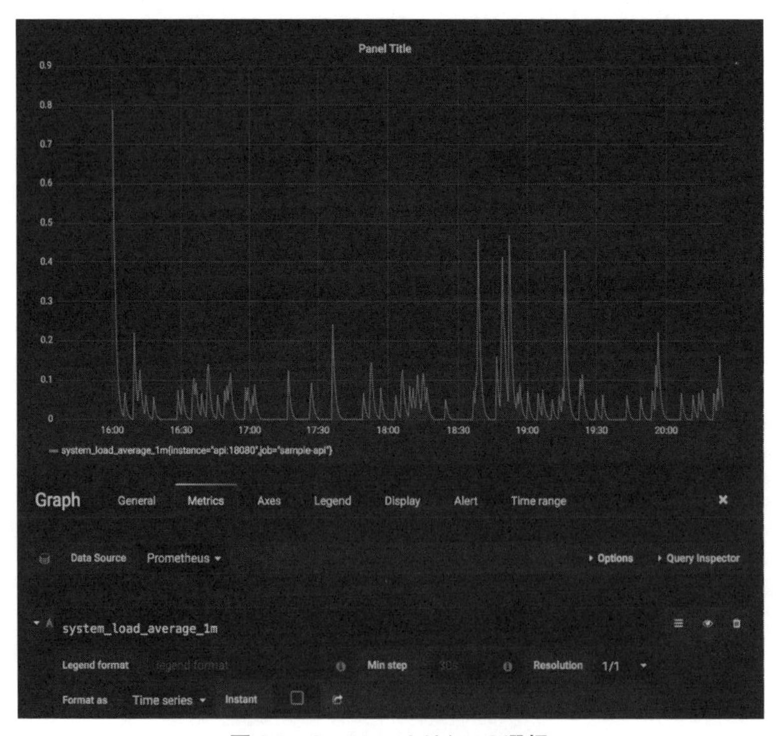

図 8.7　Step2. メトリクスの選択

図8.8にあるとおり、単にメトリクスの選択だけではなく、クエリでフィルタした結果を表示できます。なお、クエリの詳細は、公式サイト注14を参照してください。

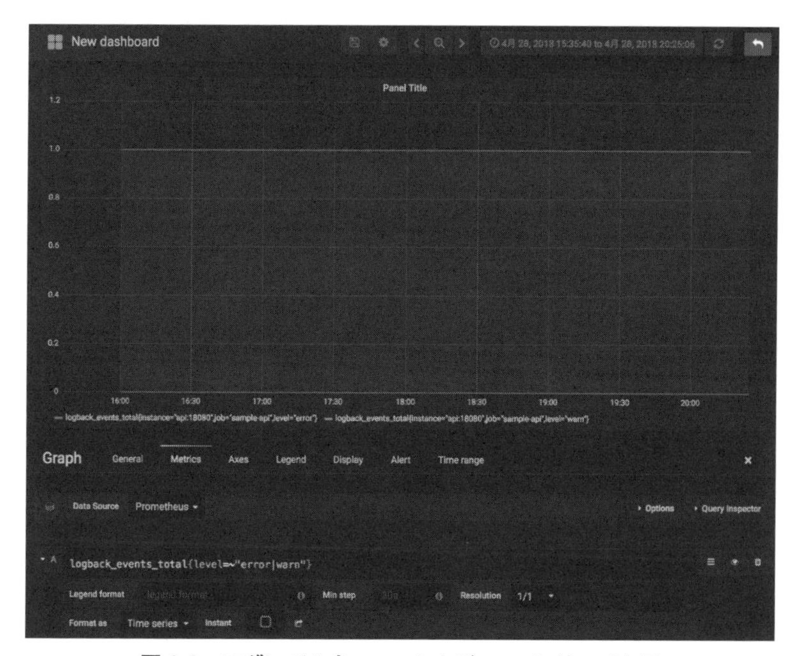

図8.8　ログレベルをwarnおよびerrorに絞って表示

上述の作業を必要数繰り返し図8.9のとおり、必要なメトリクスを追加し、ダッシュボードを作成します。

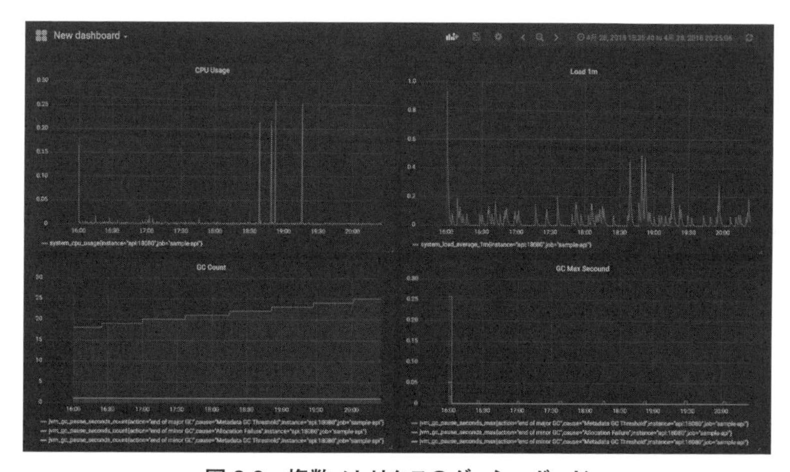

図8.9　複数メトリクスのダッシュボード

※注14　QUERYING PROMETHEUS URL https://prometheus.io/docs/prometheus/latest/querying/basics/

＞ アラート通知

Prometheusは、図8.10のとおり複数のコンポーネントで構成されており、アラート通知もオプション構成となっています。

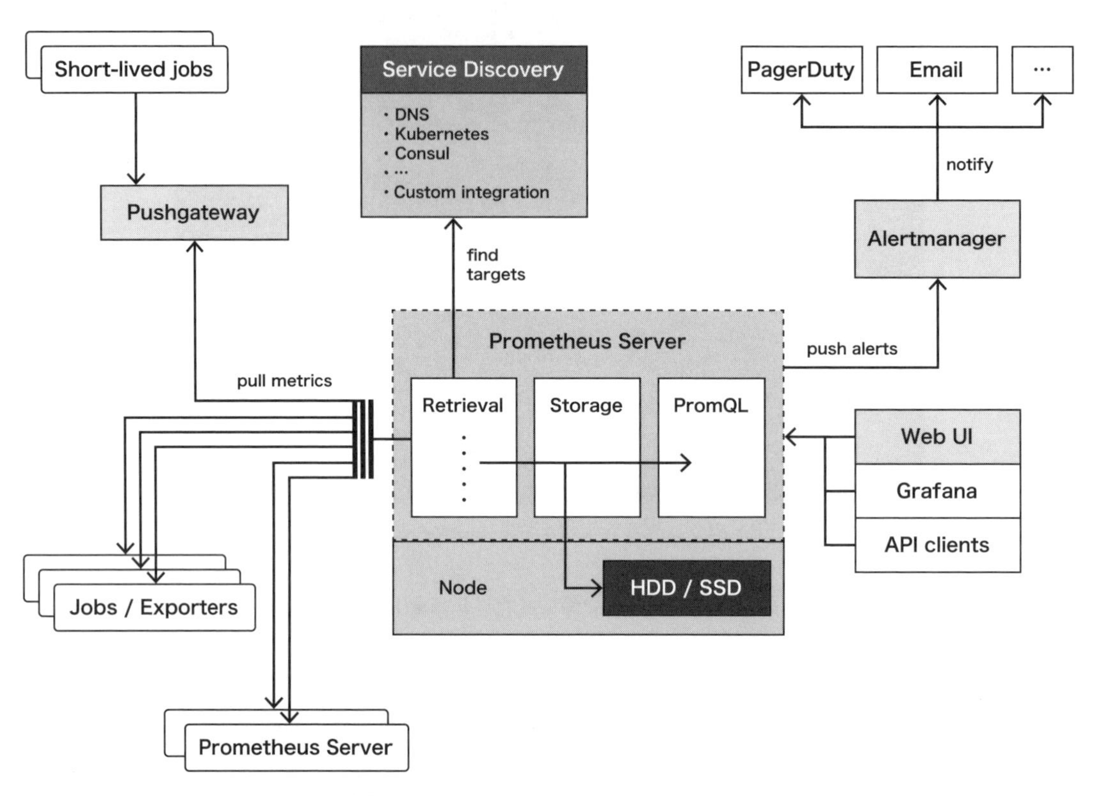

図8.10　Prometheusのアーキテクチャ

AlertManagerのインストール

アラート通知を実現するためには、Prometheus本体のPush通知を処理するAlertManagerのインストールが必要です。AlertManagerもリスト8.42のとおり、ターゲットOSのファイルをダウンロードし、展開するだけでインストールは完了です。

▼ リスト8.42　AlertManagerインストール（darwin）

```
### バイナリダウンロード
```

```
$ wget https://github.com/prometheus/alertmanager/releases/download/
v0.15.0-rc.1/alertmanager-0.15.0-rc.1.darwin-amd64.tar.gz
$ tar xvfz alertmanager-0.15.0-rc.1.darwin-amd64.tar.gz
$ cd alertmanager-0.15.0-rc.1.darwin-amd64
### 設定ファイルを指定し、起動。デフォルトポートは 9093
$ ./alertmanager --config.file=simple.yml
level=info ts=2018-04-29T06:20:12.280912362Z caller=main.go:140
msg="Starting Alertmanager" version="(version=0.15.0-rc.1,
branch=HEAD, revision=acb111e812530bec1ac6d908bc14725793e07cf3)"
level=info ts=2018-04-29T06:20:12.280984029Z caller=main.go:141 build_
context="(go=go1.10, user=root@f278953f13ef, date=20180323-13:07:06)"
level=info ts=2018-04-29T06:20:12.292601336Z caller=cluster.go:249
component=cluster msg="Waiting for gossip to settle..." interval=2s
level=info ts=2018-04-29T06:20:12.292966618Z caller=main.go:270
msg="Loading configuration file" file=simple.yml
level=info ts=2018-04-29T06:20:12.299053623Z caller=main.go:346
msg=Listening address=:9093
level=info ts=2018-04-29T06:20:14.293107095Z caller=cluster.go:274
component=cluster msg="gossip not settled" polls=0 before=0 now=1
elapsed=2.000385893s
```

Slack 通知設定

本書では、Slack 通知の設定方法を説明します。AlertManager は、メール、HipChat などの連携をデフォルトでサポートしています。詳細は公式サイト注15 を参照してください。

■ Prometheusとアラートマネージャの連携

リスト 8.43 のとおり、AlertManager の接続情報とアラート通知のルール設定ファイルのパスを設定します。

▼ リスト8.43　AlertManagerとの連携（Prometheus [prometheus.yml]）

```
# Alertmanager 設定
alerting:
```

※注15　ALERTING OVERVIEW URL https://prometheus.io/docs/alerting/overview/

```
  alertmanagers:
  - static_configs:
    - targets:
       - localhost:9093

# アラート通知のルール設定ファイルのパスを設定
rule_files:
   - "first_rules.yml"
```


■ アラートルール設定

リスト 8.44 のとおり、アラートのルール設定を実施します。リスト 8.44 は、サービスのヘルスチェックの例になります。

▼ リスト8.44　アラートルール設定ファイル（Prometheus [first_rules.yml]）

```
groups:
- name: sample_exporter
 rules:
 - alert: 'API Server Down'
  expr: up == 0  # alertの評価式
  for: 5m
  labels:
   severity: critical
  annotations:
   summary: "Service {{ $labels.instance }} down"
   description: "{{ $labels.instance }} has been down for more than 5 minutes."
```

■ Slack連携設定

リスト 8.45 のとおり、Slack との連携設定を実施します。本ファイルを、AlertManager の起動引数（--config.file=slack.yml）に設定し、AlertManager を起動します。

▼ リスト8.45　Slack連携設定（AlertManager［slack.yml］）

```
global:
  slack_api_url: 'https://hooks.slack.com/services/XXX/YYY/ZZZ'

# The root route on which each incoming alert enters.
route:
  group_by: ['alertname', 'cluster', 'service']

  # アラートをまとめるための間隔設定
  group_wait: 30s
  group_interval: 5m
  repeat_interval: 3h

  # default receiver の設定
  receiver: team-X-slack

receivers:
- name: 'team-X-slack'
  slack_configs:
  - api_url: 'https://hooks.slack.com/services/XXX/YYY/ZZZ'
  - channel: '#alert_test'
```

上述の設定をすると、Slack に図 8.11 のとおり、通知が連携されます。

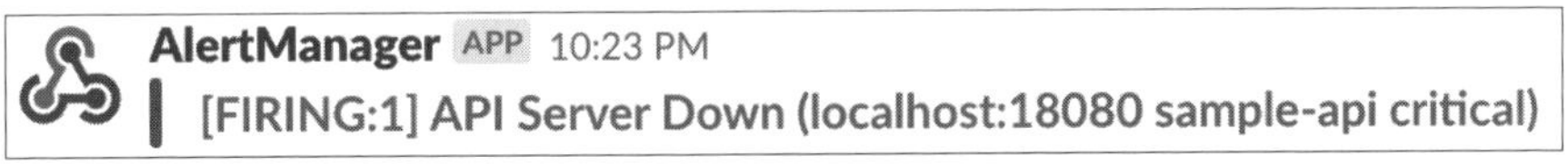

AlertManager APP 10:23 PM
[FIRING:1] API Server Down (localhost:18080 sample-api critical)

図 8.11　Slack 通知

8.5 リクエスト追跡

本番環境では、可用性要件を考慮の上、アプリケーションサーバーを冗長化することが多く行われます。また、並行性を考慮するとアプリケーションサーバーは状態をNoSQLやRDBに保持させるステートレス構成とし、スケールアウトおよびスケールイン構成とすることも多く行われます。

アプリケーションが多層（Webサーバー、APIサーバーなど）で連携する場合、各層でリクエストを処理するサーバーが不定となるため、ユーザーの行動履歴をトレースするためには、リクエスト追跡の仕掛けを導入する必要があります。本節では、リクエスト追跡の方法として、nginxを用いる方法を紹介します。

運用

nginxトレース

静的コンテンツ配信の最適化やプロキシ用途でnginxを導入することは多く行われます。nginxでは、リスト8.46のとおり設定[注16]すると、リクエスト追跡IDがCookieに付与されます。

▼ リスト8.46　リクエスト追跡設定（nginx.conf）

```
userid          on;
userid_name     uid;
userid_domain   example.com;
userid_path     /;
userid_expires 365d;
```

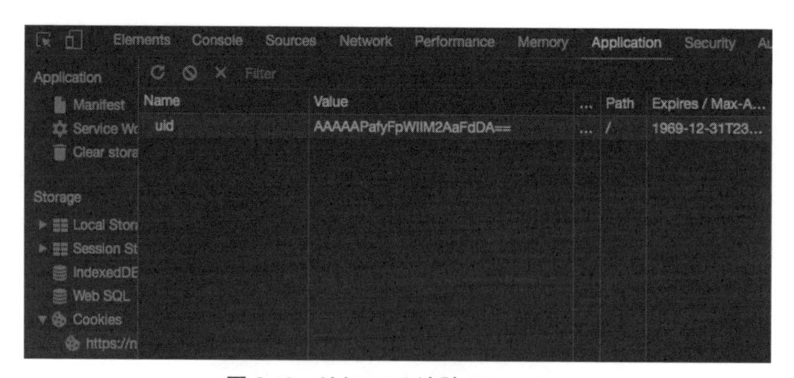

図8.12　リクエスト追跡ID：nginx

※注16　Module ngx_http_userid_module URL http://nginx.org/en/docs/http/ngx_http_userid_module.html#userid_expires

nginxとのトレースIDの統合

前項では、ミドルウエア（nginx）でリクエスト追跡 ID を発行する方法を紹介しました。本項では、リクエスト追跡を切れ目なく実現するために、nginx とのリクエスト追跡 ID の統合の方法を紹介します。

リクエスト追跡機能は横断的関心事（cross-cutting concerns）のため、Spring AOP で実装する方針が望ましいといえます。リスト 8.47 は、HandlerInterceptorAdapter を拡張し、nginx のリクエスト追跡 ID を MDC に追加する例です。

▼ リスト8.47　リクエスト追跡実装（Spring）

```
public class RequestTrackingInterceptor extends
HandlerInterceptorAdapter {
  @Override
  public boolean preHandle(HttpServletRequest request,
HttpServletResponse response, Object handler)
      throws Exception {
    // コントローラーの動作前
    getNginxTrackingId(request).ifPresent(cookie -> {
      MDC.put(MDC_TRACKING_ID, cookie.getValue());
    });
    return true;
  }

  /**
   * nginx で払い出したトラッキング ID を取得する
   *
   * @param request
   * @return
   */
  private Optional<Cookie> getNginxTrackingId(HttpServletRequest
request) {
    return Arrays.stream(request.getCookies()).filter(c->REQUEST_TRACKING_
ID.equals(c.getName())).findFirst();
  }
```

```
}
```

また、Spring Bootはデフォルトでは、リスト8.48およびリスト8.49のとおり設定されているため、logging.pattern.levelをリスト8.50のとおりカスタマイズすることで、パターン定義を省略できます。

▼ リスト8.48　Spring Bootデフォルトのログレベル出力フォーマット

```
logging.pattern.level=%5p # Appender pattern for log level. Supported
only with the default Logback setup.
```

▼ リスト8.49　Spring Bootデフォルトのログ出力パターン（defaults.xml）

```
<property name="CONSOLE_LOG_PATTERN"
  value="${CONSOLE_LOG_PATTERN:-%clr(%d{yyyy-MM-dd HH:mm:ss.SSS}){faint}
  %clr(${LOG_LEVEL_PATTERN:-%5p}) %clr(${PID:- }){magenta} %clr(---){faint}
  %clr([%15.15t]){faint} %clr(%-40.40logger{39}){cyan}
  %clr(:){faint} %m%n${LOG_EXCEPTION_CONVERSION_WORD:-%wEx}}"/>
<property name="FILE_LOG_PATTERN"
  value="${FILE_LOG_PATTERN:-%d{yyyy-MM-dd HH:mm:ss.SSS}
    ${LOG_LEVEL_PATTERN:-%5p} ${PID:- } --- [%t] %-40.40logger{39} :
    %m%n${LOG_EXCEPTION_CONVERSION_WORD:-%wEx}}"/>
```

▼ リスト8.50　ログ出力パターン簡易カスタマイズ（application.yml）

```
logging:
  pattern:
    # MDCで設定した値を追記する
    level: "%5p [%X{X-Track-Id}]"
```

上述の設定でリスト8.51のとおり、ログレベルの右にリクエスト追跡IDが出力されるようになります。

▼ リスト8.51 ログ出力例（簡易カスタマイズ：FILE_LOG_PATTERN利用）

```
2018-04-30 14:22:49.368  INFO [rBcAAlrlyM9L4QAHAwMDAg==] 11631 ---
[p503642634-1351] o.s.doma.jdbc.UtilLoggingJdbcLogger : ~~
2018-04-30 14:22:49.366  INFO [rBcAAlrlyM9L4QAHAwMDAg==] 2438 ---
[p452121674-1422] sample.base.aop.RequestTimeInterceptor : ~~
```

なお、nginxは、ログ出力設定をリスト8.52のとおりカスタマイズすることで、リクエスト追跡IDをログ出力できます。

▼ リスト8.52 ログ出力カスタマイズ（nginx.conf）

```
http {
  include       /etc/nginx/mime.types;
  default_type  application/octet-stream;

  log_format  main  '$remote_addr - $remote_user [$time_local]
"$request" '
                    '$status $body_bytes_sent "$http_referer" '
                    '"$http_user_agent" "$http_x_forwarded_for"
"$cookie_uid"'; # $cookie_uidを追加し、リクエスト追跡IDをログ出力する
```

リスト8.52の設定で、nginxのログにもリスト8.53のとおり、リクエスト追跡IDをログ出力することができ、nginxおよびSpring Bootアプリを跨るリクエストを横断的に追跡できます。

▼ リスト8.53 nginxログ出力例

```
172.23.0.1 - - [30/Apr/2018:14:22:49 +0000] "GET /api/staff?page=3
HTTP/1.1" 200 71 "-" "Mozilla/5.0 (Macintosh; Intel Mac OS X 10_13_4)
AppleWebKit/537.36 (KHTML, like Gecko) Chrome/65.0.3325.181
Safari/537.36" "-" "rBcAAlrlyM9L4QAHAwMDAg=="
```

Column

ログ集約ソリューション

複数台構成のアプリケーションをステートレスに保つことを望ましい構成とすると、各アプリケーションサーバーにSSH接続してログを確認する方法では運用が大変です。上述の課題に対応するためには、ログ集約の仕組みを導入する方法がよいでしょう。

ログ集約のソリューションとしては、商用のSplunk[注17]、Datadog[注18]やOSSのFluentd[注19]、Logstash[注20]が有名です。クラウドベンダーのサービスではAWSではAmazon CloudWatch Logs[注21]、AzureではLog Analytics[注22]などの仕組みがあります。アプリケーションを複数台で運用する際は、これらのソリューションの導入も検討してみてください。

8.6 レイテンシ分析

前節では、リクエスト追跡について説明しました。リクエスト追跡が必要な構成で、かつ応答遅延が発生した場合は、ボトルネック箇所を特定し対応を検討する必要があります。また、MSA開発では、多層、多数のサービスが連携するため、サービスのどこがボトルネックであるか特定できる仕組みの導入が望ましいといえます。

本節では、SpringエコシステムであるSpring CloudプロジェクトのSpring Cloud Sleuthを用いてレイテンシ分析する方法を紹介します。

Spring Cloud Sleuth

Springでは、Spring Cloud Sleuth[注23]というツールを利用することで、以下を容易に実現できます。

- **リクエスト追跡**
- **リクエスト追跡データの見える化**

※注17 Splunk URL https://www.splunk.com/ja_jp/homepage.html
※注18 Datadog URL https://www.datadoghq.com/
※注19 Fluentd URL https://www.fluentd.org/
※注20 Logstash URL https://www.elastic.co/jp/products/logstash/
※注21 Amazon CloudWatch Logs URL https://docs.aws.amazon.com/ja_jp/AmazonCloudWatch/latest/logs/WhatIsCloudWatchLogs.html
※注22 Log Analytics URL https://azure.microsoft.com/ja-jp/services/log-analytics/
※注23 Spring Cloud Sleuth URL https://cloud.spring.io/spring-cloud-sleuth/

Spring Cloud Sleuth の利用

Spring Cloud Sleuth は、Spring Cloud プロジェクト[注24]でスターターが用意されているため、リスト8.54 のとおり spring-cloud-starter-sleuth を追加します。

▼ リスト8.54　Spring Cloud Sleuthの利用（build.gradle）

```
ext['cloud-sleuth.version'] = '2.0.1.RELEASE'

dependencies {
  compile "org.springframework.cloud:spring-cloud-starter-sleuth:
${project.ext['cloud-sleuth.version']}"
}
```

リクエスト追跡

Spring Cloud Sleuth でのログ追跡を有効にするには、RestTemplate を用いて、サービス連携をする必要があります。なお、Bean 登録された RestTemplate に Interceptor を注入してサービス間の連続した追跡を実現しているため、RestTemplate は必ず Bean 登録してください。サービス連携の最低限のサンプルはリスト 8.55 およびリスト 8.56 のとおりとなります。

▼ リスト8.55　フロントエンドアプリケーションサンプル（Spring Cloud Sleuth）

```
@RestController
@RequestMapping("/api")
@SpringBootApplication
@Slf4j
public class DemoApplication {

  @Autowired
  RestTemplate restTemplate;

  public static void main(String[] args) {
    SpringApplication.run(DemoApplication.class,
      "--spring.application.name=frontend-app", // アプリ名
```

※注24　Spring Cloud URL http://projects.spring.io/spring-cloud/

```
        "--server.port=8081",
        "--logging.pattern.level=%5p [${spring.zipkin.service.name:${spring.
application.name:-}},%X{X-B3-TraceId:-,%X{X-B3-SpanId:-}]"); // ログカスタマ
イズ時に設定
  }

  @RequestMapping(method = RequestMethod.GET)
  public String sample() {
    log.info("frontend call!!");
        return restTemplate.getForObject("http://localhost:8080/api/
backend", String.class);
  }

  @Bean
  RestTemplate restTemplate() {
    return new RestTemplate();
  }
}
```

▼ リスト8.56　バックエンドアプリケーションサンプル（Spring Cloud Sleuth）

```
@RestController
@RequestMapping("/api")
@SpringBootApplication
@Slf4j
public class BackendApplication {

  public static void main(String[] args) {
    SpringApplication.run(BackendApplication.class,
      "--spring.application.name=backend-app", // アプリ名
      "--server.port=8080",
      "--logging.pattern.level=%5p [${spring.zipkin.service.name:${spring.
application.name:-},%X{X-B3-TraceId:-},%X{X-B3-SpanId:-}]"); // ログカスタマ
イズ時に設定 }
```

```
  }

  @RequestMapping(method = RequestMethod.GET, path = "backend")
  public String backend() {
    log.info("backend call!!");
    return "hello world!";
  }
}
```

上記アプリの出力ログは、リスト 8.57 およびリスト 8.58 のとおりとなります。なお、追跡 ID は次の項目で構成されます。

- **トレース ID：リクエスト全体で一意な ID**
- **スパン ID：1 つのサービス内での一意な ID**

▼ リスト8.57　フロントエンドアプリケーションログ

```
2018-04-21 18:37:50.987  INFO [frontend-app,99ee1d2014228989,99ee
1d2014228989] 28494 --- [nio-8081-exec-1] com.example.demo.
DemoApplication : frontend call!!
2018-04-21 18:38:02.922  INFO [frontend-app,5dfcfb957fd3bb18,5dfcfb957fd3
bb18] 28494 --- [nio-8081-exec-3] com.example.demo.
DemoApplication : frontend call!!
```

▼ リスト8.58　バックエンドアプリケーションログ

```
2018-04-21 18:37:51.141  INFO [backend-app,99ee1d2014228989,5de7fda9235a
aa76] 28492 --- [nio-8080-exec-1] com.example.backend.
BackendApplication : backend call!!
2018-04-21 18:38:02.926  INFO [backend-app,5dfcfb957fd3bb18,9f668c2800981
c2d] 28492 --- [nio-8080-exec-3] com.example.backend.BackendApplication :
backend call!!
```

なお、logging.pattern.levelを指定しない場合、デフォルトプロパティはリスト8.59のとおり実装されているため、ログ出力はリスト8.60のとおりとなります。

▼ リスト8.59　ロギングデフォルト実装

```
private static final String PROPERTY_SOURCE_NAME = "defaultProperties";

@Override
public void postProcessEnvironment(ConfigurableEnvironment environment,
  SpringApplication application) {
  Map<String, Object> map = new HashMap<String, Object>();
  if (Boolean.parseBoolean(
    environment.getProperty("spring.sleuth.enabled", "true"))) {
    map.put("logging.pattern.level",
      "%5p [${spring.zipkin.service.name:
        ${spring.application.name:-}}, // アプリ名
        %X{X-B3-TraceId:-}, // トレースID
        %X{X-B3-SpanId:-}, // スパンID
        %X{X-Span-Export:-}]"); // Zipkin連携したか否か
  }
  addOrReplace(environment.getPropertySources(), map);
}
```

▼ リスト8.60　デフォルトログ

```
2018-04-21 19:26:39.586  INFO [backend-app,b9edebf2afdf827e,f81053e7350bc
aee,true] 30635 --- [nio-8080-exec-1] com.example.backend.
BackendApplication : backend call!!
```

❯ リクエスト追跡データの見える化（Zipkin）

次に、リクエスト追跡データの見える化について説明します。Spring Cloud Sleuthでは、分散環境での各

運用

サービスの呼び出し状況を収集・可視化できるOSSツールであるZipkin[注25]と容易に連携できます。

Zipkinの起動

Zipkinは Spring Bootで実装されており、実行可能Jarや Dockerを利用して起動できます。リクエスト追跡データの永続化は、CassandraやElasticsearch、MySQLを用いることができます。詳細はGitHubのREADME[注26]を参照してください。

Zipkinとの連携設定

Spring Cloud Sleuthは、Zipkin連携用のスターターが用意されているため、リスト8.61のとおりリポジトリの追加および依存関係の調整を行った上、spring-cloud-starter-zipkinを追加します。なお、dependenciesクロージャ以外はSpring Cloud Sleuth利用と差異はありません。

▼ リスト8.61　Zipkinとの連携設定（build.gradle）

```
ext['cloud-sleuth.version'] = '2.0.1.RELEASE'

dependencies {
  compile "org.springframework.cloud:spring-cloud-starter-zipkin:
${project.ext['cloud-sleuth.version']}"
}
```

なお、Zipkinと連携するために必要なアプリケーション設定はリスト8.62のとおりです。

▼ リスト8.62　Zipkinとの連携設定（application.yml）

```
spring:
  # Zipkinのendpoint設定
  zipkin:
    baseUrl: http://localhost:9411/
  # デフォルト 0.1＝10%、リクエスト追跡をすべて有効にするためには、1.0を指定
  sleuth:
    sampler:
```

※注25　Zipkin URL https://zipkin.io/
※注26　Zipkin:GitHub URL https://github.com/openzipkin/zipkin

```
        probability: 1.0
```

リスト8.62の設定をすると、図8.13および図8.14のとおりZipkinで確認でき、ボトルネックが容易に特定できます。

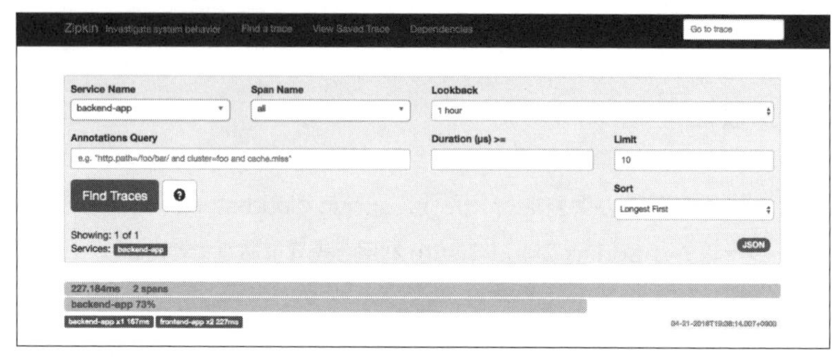

図8.13　Zipkinでのリクエストのサマリ

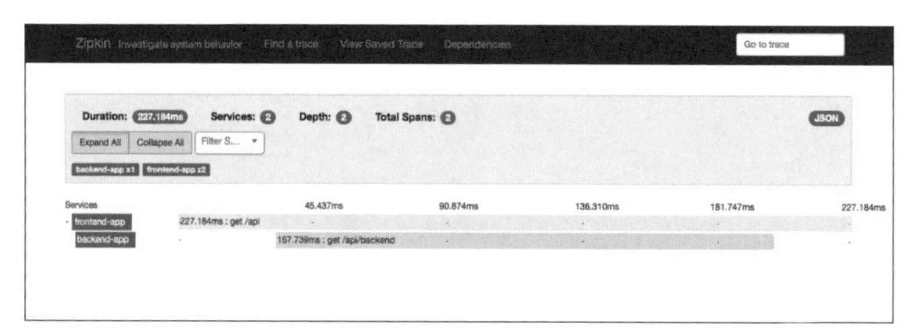

図8.14　Zipkinでのリクエストの詳細

8.7 無停止デプロイ

BtoCサービス開発の場合、サービスに影響をおよぼさず無停止でアプリケーションをデプロイする必要が多くあります。特に利用者が多い場合は、必須の要件となります。

本節では、オンプレミスの条件付きで、無停止でアプリケーションを更新する方法を紹介します。

ローリングデプロイ

クラウドサービス[注27]やコンテナ管理サービス[注28]の多くは、ローリングデプロイを標準で搭載しています。上述のサービスを用いる場合の方法は公式ドキュメントに譲ることとし、本項ではオンプレミス環境でのローリングデプロイの方法を紹介します。

前提として、図8.15の構成で、プロキシサーバーにnginxを用いている場合の方法を紹介します。

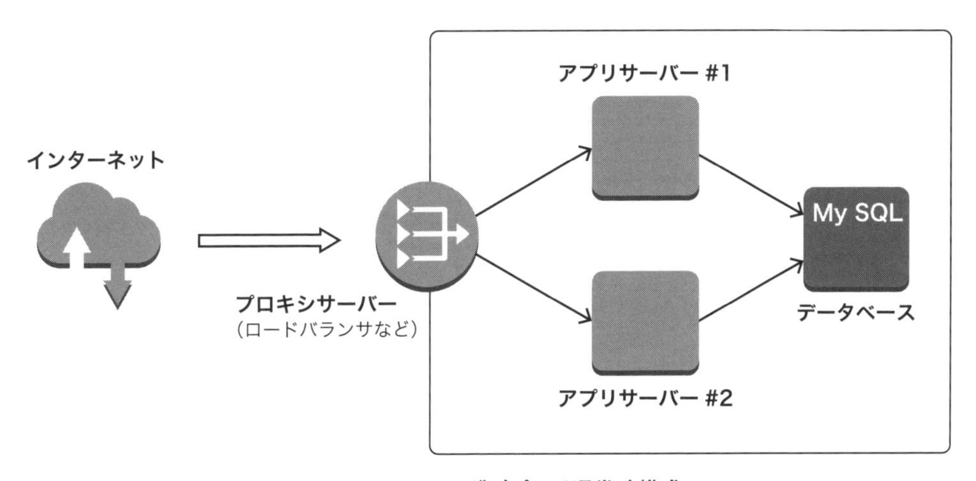

図8.15　ローリングデプロイ通常時構成

ローリングデプロイ作業フロー

アプリケーションを無停止でデプロイするためには、以下のフローでデプロイ作業を実施する必要があります。

Step1. アプリサーバー #1 へのデプロイ

次の作業を実施し、アプリサーバー #1 へのデプロイを行います。

- **プロキシサーバーからアプリサーバー #1 へのリクエスト振り分けを停止**
- **アプリサーバー #1 のアプリケーションをデプロイ**

※注27　AWS CodeDeploy URL https://docs.aws.amazon.com/ja_jp/codedeploy/latest/userguide/welcome.html

※注28　Perform Rolling Update Using a Replication Controller - Kubernetes URL https://kubernetes.io/docs/tasks/run-application/rolling-update-replication-controller/

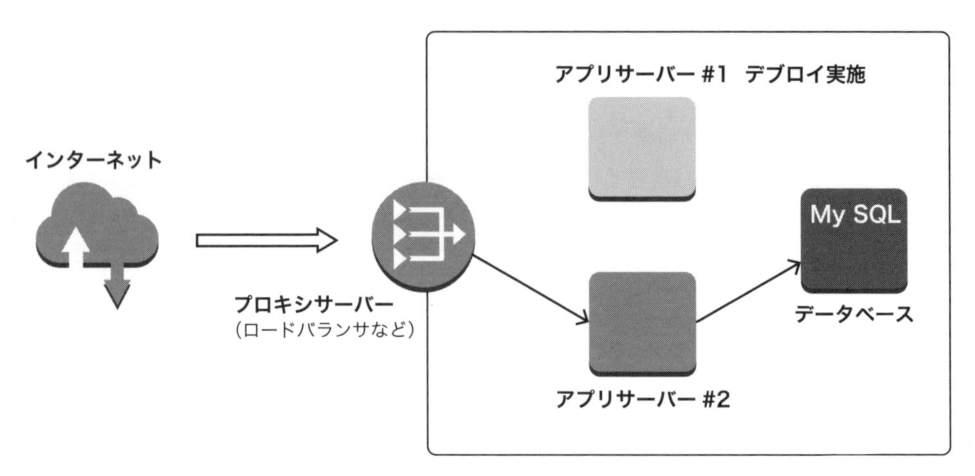

図 8.16　Step1. アプリサーバー #1 へのデプロイ

Step2. アプリサーバー #1 へのデプロイ完了

アプリサーバー #1 へのデプロイが完了次第、アプリサーバー #1 へのリクエスト振り分けを再開し、通常状態へ戻します。

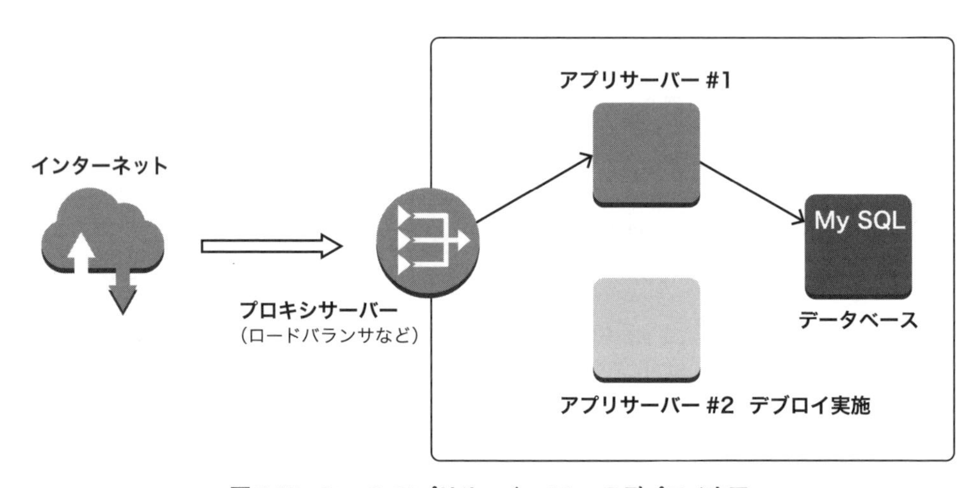

図 8.17　Step2. アプリサーバー #1 へのデプロイ完了

Step3. アプリサーバー #2 へのデプロイ

次の作業を実施し、アプリサーバー #2 へのデプロイを行います。

- **プロキシサーバーからアプリサーバー #2 へのリクエスト振り分けを停止**
- **アプリサーバー #2 のアプリケーションをデプロイ**

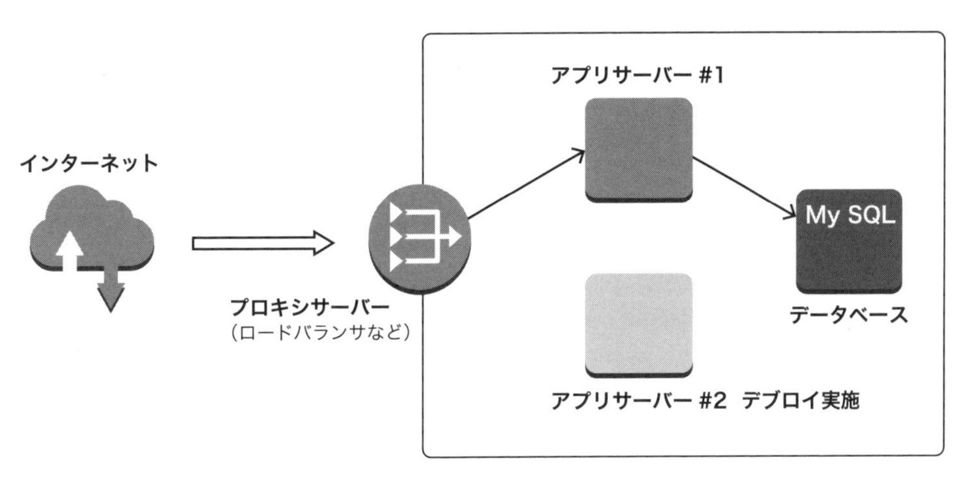

図 8.18　Step3. アプリサーバー #2 へのデプロイ

Step4. デプロイ完了

アプリサーバー #2 へのデプロイが完了次第、アプリサーバー #2 へのリクエスト振り分けを再開し、デプロイ作業は完了となります。

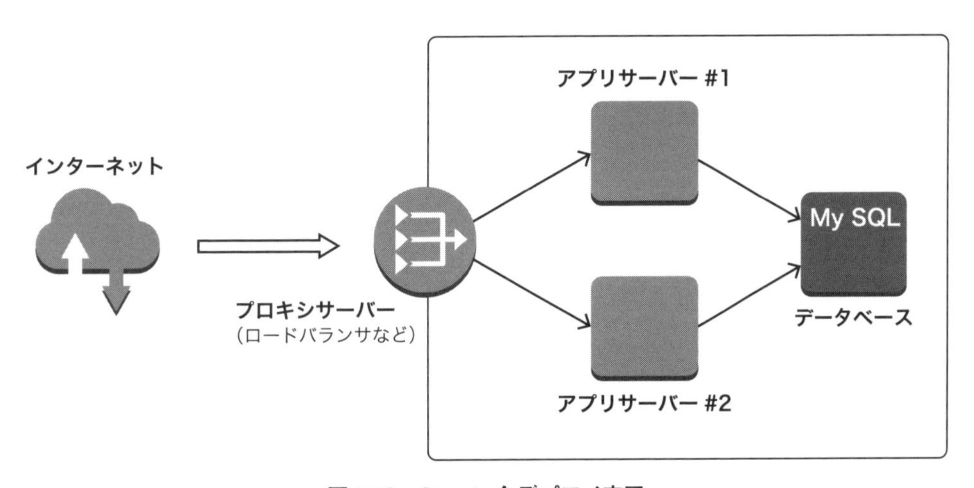

図 8.19　Step4. 全デプロイ完了

＞ ローリングデプロイ作業手順

nginxのプロキシ設定

nginxのプロキシ設定はリスト8.63およびリスト8.64のとおりです。

▼ リスト8.63　nginxのプロキシ設定（nginx.conf）

```
http {
  include /etc/nginx/conf.d/upstream.conf; # プロキシ設定のインクルード

  server {
    listen       80;
    server_name  localhost;

    location / {
      proxy_pass http://backend;
    }
  }
}
```

▼ リスト8.64　nginxのプロキシ設定（upstream.conf）

```
upstream backend {
  server api1:18080 max_fails=3 fail_timeout=30s; # アプリサーバー#1へのプ
ロキシ設定
  server api2:18080 max_fails=3 fail_timeout=30s; # アプリサーバー#2へのプ
ロキシ設定
}
```

上述の設定のみで、タイムアウト時間や最大失敗回数も考慮したロードバランサとして動作します。

Step1. アプリサーバー #1 へのデプロイ作業

Step1 での、アプリサーバー #1 への振り分け停止の作業では、upstream.conf をリスト 8.65 のとおり修正し、リスト 8.66 のコマンドを実行します。リスト 8.65 のとおりアプリサーバー #1 への振り分け設定が無効となっているため、コマンド実行後にアプリサーバー #1 の振り分けは停止します。

▼ リスト8.65 Step1. nginxのプロキシ設定（upstream.conf）

```
# アプリサーバー #1への振り分けを無効にする
upstream backend {
 ##server api1:18080 max_fails=3 fail_timeout=30s; # アプリサーバー #1へのプロキシ設定
 server api2:18080 max_fails=3 fail_timeout=30s; # アプリサーバー #2へのプロキシ設定
}
```

▼ リスト8.66 nginxコマンド（設定検証および設定リロード）

```
# nginx 設定ファイルチェック
$ nginx -t
# nginx 設定リロード(アプリサーバー#1への振り分け停止)
$ nginx -s reload
```

上述の作業完了後、アプリサーバー #1 へ実行可能の Jar ファイルを再配置し、アプリケーションを再起動します。詳細は、「8.1 環境ごとの設定管理」を参照してください。

Step3. アプリサーバー #2 へのデプロイ作業

同様に、Step3 での、アプリサーバー #2 への振り分け停止の作業では、upstream.conf をリスト 8.67 のとおり修正し、リスト 8.68 のコマンドを実行します。

▼ リスト8.67 Step3. nginxのプロキシ設定（upstream.conf）

```
# アプリサーバー #2への振り分けを無効にする
upstream backend {
```

```
  server api1:18080 max_fails=3 fail_timeout=30s; # アプリサーバー #1 へのプロキシ設定
  ##server api2:18080 max_fails=3 fail_timeout=30s; # アプリサーバー #2 へのプロキシ設定
}
```

▼ リスト8.68　nginxコマンド（設定検証および設定リロード）

```
# nginx 設定ファイルチェック
$ nginx -t
# nginx 設定リロード(アプリサーバー#2への振り分け停止)
$ nginx -s reload
```

上述の作業完了後、アプリサーバー #2 へ実行可能の Jar ファイルを再配置し、アプリケーションを再起動します。

デプロイ完了時作業（Step2/Step4）

Step2 および Step4 での振り分け再開の作業では、upstream.conf をリスト 8.69 のとおり修正し、リスト 8.70 のコマンドを実行します。

▼ リスト8.69　nginxのプロキシ設定（upstream.conf）

```
# 振り分けの無効を解除し、両サーバーへの振り分けを有効にする
upstream backend {
  server api1:18080 max_fails=3 fail_timeout=30s; # アプリサーバー #1 へのプロキシ設定
  server api2:18080 max_fails=3 fail_timeout=30s; # アプリサーバー #2 へのプロキシ設定
}
```

▼ リスト8.70 nginxコマンド（設定検証および設定リロード）

```
# nginx 設定ファイルチェック
$ nginx -t
# nginx 設定リロード(両サーバーへの振り分けを再開)
$ nginx -s reload
```

なお、上述の一連の作業をJenkins注29やAnsible注30などのツールでデプロイ作業手順として定義することで、デプロイ作業のミスを防止できます。

（補足）ローリングデプロイ（URLベースのヘルスチェック）

ここまで、設定ファイルを書き換えてアプリケーションの振り分けを制御する方法を紹介しました。これは、nginxがURLベースのヘルスチェックをサポートしていないためです。しかし、商用のロードバランサ（nginx Plusでもサポート対象）では、URLベースのヘルスチェックをサポートしていることが多くあります。

URLベースのヘルスチェックが有効な場合は次の方法でローリングデプロイが対応できます。

以下に、前提となる構成を示します。

- **前段にプロキシサーバーを配置し、アプリケーションへのプロキシを実施**
- **プロキシサーバーでヘルスチェックのURLパスにヘルスチェック用の静的HTMLを配置**

ローリングデプロイの手順は次のとおりです。

① アプリサーバー#1のヘルスチェック用の静的HTMLをリネームする。
② アプリサーバー#1への振り分け停止を確認する。
③ アプリサーバー#1へアプリケーションをデプロイする。
④ アプリサーバー#1のヘルスチェック用の静的HTMLの名前を戻す。
⑤ アプリサーバー#1への振り分け再開を確認する。
⑥ 以下、アプリサーバー#2も同様の作業を行う。

ここまでに解説した方法を参考にし、プロジェクト特性に応じた適切なデプロイ方法を検討してみてください。

※注29 Jenkins URL https://jenkins.io
※注30 Ansible is Simple IT Automation URL https://www.ansible.com

8.8 コンテナオーケストレーションツールへのデプロイ

chapter7で紹介したようにコンテナを用いた開発は現在常識となっています。コンテナをデプロイする基盤としてのコンテナオーケストレーションツールは、激しい開発競争が繰り広げられましたが、Kubernetesがデファクトスタンダードとなっています。

本節では、Spring Bootアプリケーションを、chapter7で紹介したDockerコンテナを用い、コンテナオーケストレーションツールのKubernetesを用いてデプロイする方法を紹介します。

運用

コンテナイメージの作成

DockerHubにあるopenjdkのイメージおよび実行可能Jarを利用すると、リスト8.71のとおりシンプルな構成でDockerfileを作成できます。

▼ リスト8.71　Spring Bootを利用したDockerfile

```
FROM openjdk:11.0.1
ADD demo-0.0.1-SNAPSHOT.jar demo-0.0.1-SNAPSHOT.jar
ENTRYPOINT ["java","-jar","/demo-0.0.1-SNAPSHOT.jar"]
```

コンテナのビルドはリスト8.72のとおりとなります。

▼ リスト8.72　Dockerイメージのビルド

```
$ cd /path/to/rootProjectDir
## 実行可能Jarを生成
$ ./gradlew build
## 実行可能JarをDockerfile配置ディレクトリにコピー
$ cp build/libs/demo-0.0.1-SNAPSHOT.jar /path/to/dockerfileDir/
$ cd /path/to/dockerfileDir/
## springbootdemoという名前でコンテナイメージをビルド
$ docker build -t springbootdemo .
```

コンテナの実行はリスト 8.72 のとおりとなります。

▼ リスト8.73　Dockerコンテナの実行

```
$ docker run --name=springbootdemo -d -e "SPRING_PROFILES_ACTIVE=
production" -p 8080:8080 springbootdemo
```

上述のとおり、コンテナの単体での実行は容易ですが、本番ワークロードを実行するためには、最低でも次の 2 点の考慮が必要となります。

- **コンテナ自体の冗長化**
- **環境変数（SPRING_PROFILES_ACTIVE）の問題**

環境ごとの設定の切り分けの環境変数（SPRING_PROFILES_ACTIVE）は、「8.2 アプリケーションサーバー設定」で紹介のとおり、init.d および systemd については Linux サーバーを固定し、.conf ファイルを用意することでシンプルに解決できました。しかし、コンテナでアプリケーションを実行するためには、環境ごとの設定情報をうまく扱う必要があります。

Kubernetes

Kubernetes または k8s（k+8 文字 +s）は、Linux コンテナの操作を自動化するオープンソースプラットフォームです。コンテナ化されたアプリケーションのデプロイとスケーリングに伴う多くの手動プロセスをなくすことができます。ここでは、Kubernetes 自体の説明は最低限とし、環境変数（Spring Profiles）への対応についてフォーカスして説明します。

Kubernetes Deployments

Kubernetes では、Deployments[注31] という仕組みを利用し、ローリングアップデートやロールバックといったデプロイ管理を行います。

Kubernetes Deployments は、リスト 8.74 のとおり YAML 形式で設定ファイルを作成します。env セクションで環境変数を定義できるため、リスト 8.74 のとおりに設定すると spring.profiles.active を production に指定しコンテナが起動します。

※注31　Deployments - Kubernetes URL https://kubernetes.io/docs/concepts/workloads/controllers/deployment/

▼ リスト8.74　Kubernetes Deploymentsのサンプル（deployment.yml）

```
apiVersion: apps/v1
kind: Deployment
metadata:
  name: springbootdemo
spec:
  selector:
    matchLabels:
      app: springbootdemo
  replicas: 2
  template:
    metadata:
      labels:
        app: springbootdemo
    spec:
      containers:
      - name: springbootdemo
        image: mirrored1976/springbootdemo
        env:
        - name: SPRING_PROFILES_ACTIVE
          value: production
        ports:
        - containerPort: 8080
```

なお、Kubernetesの起動はリスト8.75のとおり実行します。

▼ リスト8.75　Deploymentsのサンプル（deployments.yml）

```
$ kubectl apply -f deployment.yml
$ kubectl get pod
NAME                              READY   STATUS    RESTARTS   AGE
springbootdemo-5858c97c47-2jtg6   1/1     Running   0          20m
springbootdemo-5858c97c47-qd45v   1/1     Running   0          20m
```

上述の方法でも環境変数の切り替えは可能ですが、環境（Kubernetes Cluster）ごとにデプロイファイルを調整する必要が出てくるため、ビルドフローを完全に均一にはできません。

Kubernetes ConfigMap

上述を解決する手段として、Kubernetes ConfigMap[注32]という仕組みがあります。

Kubernetes ConfigMapを用いることで、設定ファイルやコマンドライン引数、環境変数などをコンテナと分離して管理できます。

ConfigMapの設定ファイルの設定例はリスト8.76のとおりです。

▼ リスト8.76　Kubernetes Configfileのサンプル（spring-profile.yml）

```
apiVersion: v1
kind: ConfigMap
metadata:
  name: spring-config
data:
  spring.profiles.active: production
```

リスト8.76のファイルを作成後、リスト8.77のとおりコマンドを実行し、Kubernetes Clusterに設定情報を登録します。

▼ リスト8.77　Kubernetes Configfileの登録（spring-profile.yml）

```
$ kubectl apply -f spring-profile.yml
configmap "spring-config" created
$ kubectl get configmaps spring-config -o yaml
apiVersion: v1
data:
  spring.profiles.active: production
kind: ConfigMap
metadata:
  annotations:
    kubectl.kubernetes.io/last-applied-configuration: |
```

※注32　ConfigMap | Kubernetes Engine | Google Cloud　URL https://cloud.google.com/kubernetes-engine/docs/concepts/configmap/

(……省略……)

Kubernetes ConfigMap を用いる場合、Deployments の設定ファイルをリスト 8.78 のとおり修正します。Kubernetes ConfigMap を各環境の Cluster や NameSpace（コラム「Kubernetes Namespace とは」参照）で個別に管理することで環境依存の設定項目が消え、リスト 8.78 のとおりデプロイファイルを一元管理できます。

▼ リスト8.78　Spring Profile指定（Kubernetes ConfigMap利用）

```
spec:
  containers:
  - name: springbootdemo
    image: mirrored1976/springbootdemo
    env:
      - name: SPRING_PROFILES_ACTIVE
        valueFrom:
          configMapKeyRef:
            name: spring-config
            key: spring.profiles.active

(……省略……)
```

Column　**Kubernetes Namespaceとは**

Kubernetes に代表されるコンテナオーケストレーションツールは、サーバーリソースを最適化できるという特徴があります。そのため、検証環境と本番環境も同じクラスターで管理が可能であれば、よりリソース効率を上げることができます。Kubernetes は名前空間（Namespace）の概念があるため、検証環境と本番環境を同一のクラスターで扱うことができます。

Namespace の利用例は、リスト 8.79 のとおりです。なお、Namespace 未指定の場合は default となります。

▼ リスト8.79 Namespaceを指定しコンテナ取得

```
$ kubectl --namespace=default get pods
NAME                               READY   STATUS    RESTARTS   AGE
springbootdemo-8464b94fdc-8t6nn    1/1     Running   0          17m
springbootdemo-8464b94fdc-tfgg5    1/1     Running   0          17m
```

Kubernetes では、service がコンテナ（pod）間のアクセスを仲介するため、図 8.20 のとおり、別の名前空間でも同じサービス名を指定したアクセスが可能です。上述のため、接続先情報は Spring Profile で分割する必要がなくなり、ログレベルを分ける必要がない場合などは Spring Profile を用いる必要がなくなる可能性さえあります。

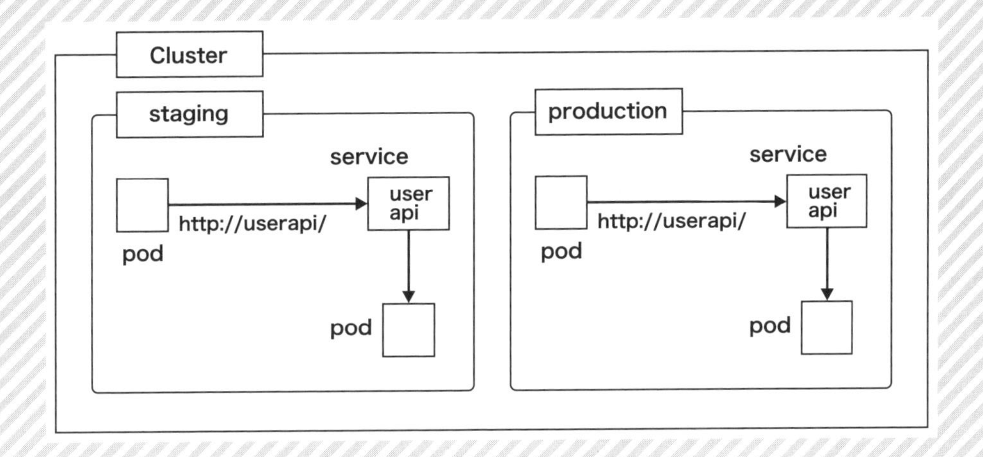

Kubernetes Secrets

ConfigMap は機密ではない（暗号化する必要のない）情報の共有に向いている仕組みです。Cluster でデータベースのパスワードや API キーなどの機密情報を利用するには、Kubernetes Secrets[注33] という仕組みを利用します。

例として、リスト 8.80 のとおりに設定ファイルが管理されている、アプリケーションの設定情報の管理の方法を紹介します。

※注33 Secrets - Kubernetes URL https://kubernetes.io/docs/concepts/configuration/secret/

▼ リスト8.80　データベース設定サンプル（application.yml）

```
spring:
  datasource:
    platform: mysql
    driver-class-name: com.mysql.jdbc.Driver
    url: jdbc:mysql://127.0.0.1:3306/sample
    username: root
    password: passw0rd
```

運用

リスト 8.80 の設定の中で認証情報は機密情報として管理すべき項目のため、Kubernetes Secrets で管理します。Kubernetes Secrets はリスト 8.81 のとおり設定します。

① base64 でエンコード
② Kubernetes Secrets 定義ファイル作成
③ Kubernetes Secrets 作成

▼ リスト8.81　Kubernetes Secrets設定例

```
### base64 でエンコード
$ echo -n "root" | base64
cm9vdA==
$ echo -n "passw0rd" | base64
cGFzc3cwcmQ=
### Kubernetes Secrets 定義ファイル作成
$ cat << EOF > secret.yaml
> apiVersion: v1
> kind: Secret
> metadata:
>   name: db-user-pass
> type: Opaque
> data:
>   username: cm9vdA==
```

```
>   password: cGFzc3cwcmQ=
> EOF
### Kubernetes Secrets作成
$ kubectl create -f ./secret.yaml
$ kubectl get secret
NAME                   TYPE                                  DATA      AGE
db-user-pass           Opaque                                2         6s
$ kubectl describe secrets/db-user-pass
Name:          db-user-pass
Namespace:     default
Labels:        <none>
Annotations:   <none>

Type:  Opaque

Data
====
password:  8 bytes
username:  4 bytes
```

▼ リスト8.82　Kubernetes Secrets設定ファイルのみ抜粋（secret.yml）

```
apiVersion: v1
kind: Secret
metadata:
  name: db-user-pass
type: Opaque
data:
  username: cm9vdA==
  password: cGFzc3cwcmQ=
```

なお、作成した設定情報はリスト 8.83 のとおり取得できます。

▼ リスト8.83　Kubernetes Secrets取得

```
$ kubectl get secret db-user-pass -o yaml
apiVersion: v1
data:
  password: cGFzc3cwcmQ=
  username: cm9vdA==
kind: Secret
metadata:
  creationTimestamp: 2018-03-25T08:31:24Z
  name: db-user-pass
  namespace: default
  resourceVersion: "6123"
  selfLink: /api/v1/namespaces/default/secrets/db-user-pass
  uid: e783347f-3006-11e8-9f3e-080027db7659
type: Opaque
$ echo "cGFzc3cwcmQ=" | base64 --decode
passw0rd
```

Kubernetes Secrets を用いる場合、Deployments の設定ファイルをリスト 8.84 のとおり修正します。

▼ リスト8.84　データベース設定サンプル（Kubernetes Secrets利用）

```
spec:
  containers:
  - name: springbootdemo
    image: mirrored1976/springbootdemo
    env:
    - name: MYSQL_DB_USER
      valueFrom:
      secretKeyRef:
        name: db-user-pass
        key: username
    - name: MYSQL_DB_PASSWORD
      valueFrom:
```

```
      secretKeyRef:
        name: db-user-pass
        key: password

(……省略……)
```

なお、最終的な設定ファイル（application.yml）はリスト 8.85 のとおりに設定し、環境ごとの設定情報を環境変数から読み込むように修正します。

▼ リスト8.85　データベース設定サンプル（application.yml）

```
spring:
  datasource:
    platform: mysql
    driver-class-name: com.mysql.jdbc.Driver
    url: jdbc:mysql://${MYSQL_DB_HOST}:${MYSQL_DB_PORT}/sample
    username: ${MYSQL_DB_USER}
    password: ${MYSQL_DB_PASSWORD}
```

(Spring Bootアプリケーションが想定している) システム構成

(Spring Bootアプリケーションが想定している) システム構成

どんなにアプリケーションコードが優れていても、システムアーキテクチャ設計が適切でないと安定的にサービスを提供できません。本 chapter では Spring Boot で作成したアプリケーションを中心とした本番環境のシステムアーキテクチャ構成について検討します。

9.1 システムアーキテクチャ考察

データベースを用いる Spring Boot で作成したアプリケーションの場合、1 つの仮想サーバーにアプリケーションおよびデータベースを構築することで、最小限の構成によるサービスの提供は可能です。クラウドネイティブが常識となった現在では、クラウドベンダーが提供するマネージドサービスの特性を理解し、適切なアーキテクチャ設計を行う必要があります。

本 chapter では、AWS の利用を前提としたシステムのアーキテクチャを検討していきます。

❯ システムが必要とする要件

本節は、以下のシステム要件が提示されている前提で進めます。

- **可用性 …… 稼働率は 99.9% 以上を目標とすること**
- **拡張性 …… スループットの増加に対して、サービスが低下しない性能を維持するための資源の追加が容易に行えること**
- **完全性 …… データの操作には ACID（原子性（Atomicity）、一貫性（Consistency）、独立性（Isolation）および永続性（Durability））を保証し、データの堅牢性を実現すること**

システム要件の検討

提示された要件をもとに各項目について検討していきます。

可用性

システム構築では、SLA（Service Level Agreement：サービスの提供事業者とその利用者の間で結ばれるサービスのレベル）が明記されることが普通です。サービス品質がSLAの保証値を著しく下回った場合には、ペナルティが発生することもあります。SLAに可用性99.9%と記載されている場合、数値として年間にして9時間弱、月間にして44分弱以内の停止しか許さないシステム構成を検討する必要があります。

拡張性

システム構築では、サービス特性によりシステムへの負荷がばらついたり、突発的な高負荷が発生したりすることがあります。上述のため、システム負荷に応じて、可能な限りシステムリソースのスケールアウトおよびスケールインできるように設計することが望ましいといえます。オンプレミスでは突発的な高負荷に合わせてシステムリソースを調達することが多いのですが、そのような場合、遊休リソースが発生してしまい非効率です。

完全性

システム構築では、システムの状態をRDBなどのデータストアに保管することが普通です。システムで保管した情報資産が正当な権利を持たない人により変更されていないことを確実にしておくよう設計する必要があります。また、データの消失を防ぐための対策も実施していく必要があります。

コスト

chapter8で解説したように、運用コストはシステム開発の全体の3/4以上のコストを占めます。コスト面では、次の点を総合的に考慮し、システムアーキテクチャを設計する必要があります。

- **システムリソースの運用コスト（ハードウエアコストやライセンスコストなど）**
- **システム運用のコスト（人件費など）**

なお、コストは運用に関わってくる重要な項目であるため、要件に記載の有無にかかわらず必ず検討を実施してください。

9.2 システムアーキテクチャ案

本書で検討した構成案は図 9.1 のとおりとなります。

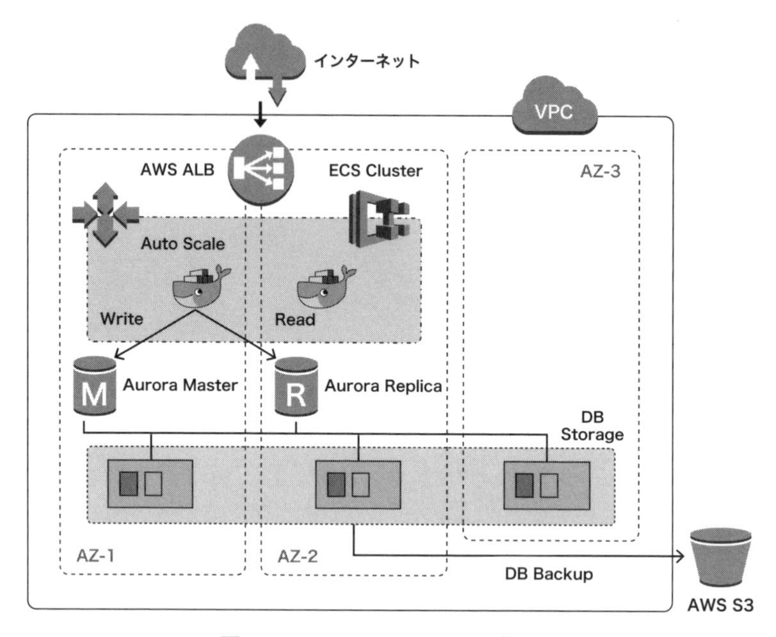

図 9.1　AWS アーキテクチャ構成案

Column　AWS EKSについて

Kubernetes ベースの Amazon EKS[注1] は執筆時の 2018/10/23 日現在、AWS 東京リージョンでの利用は解禁されていません。Kubernetes はコンテナ管理のデファクトスタンダードとなっているため、東京リージョンでの利用解禁後は、Amazon EKS も選択肢として検討する必要があります。

構成要素一覧

AWS アーキテクチャ構成案の主要な要素は表 9.1 のとおりです。なお、VPC 関連の細かいネットワーク構

※注1　Amazon EKS URL https://aws.amazon.com/jp/eks/

成要素は本書では割愛します。構成要素の詳細は、「9.3 構築チュートリアル」の定義ファイルを参照してください。

表 9.1　AWS アーキテクチャ構成要素一覧

用途	略称	概要
プロキシ	ALB[注2]	コンテナにリクエストをプロキシ
アプリ	AWS Fargate[注3]	サーバーやクラスターの管理が不要なコンテナ基盤
データストア	Aurora[注4]	高可用性、高パフォーマンスなクラウド向けに構築されたデータベース
バックアップ	S3[注5]	拡張性と耐久性（99.999999999%の耐久性）を兼ね備えたクラウドストレージ
耐障害性	アベイラビリティーゾーン[注6]	電源、ロケーションが異なるデータセンター群
ネットワーク	VPC[注7]	仮想ネットワーク定義した仮想ネットワーク内でAWSリソースを起動

可用性

Application Load Balancer（ALB）と Fargate の組み合わせは、正常なターゲットによってのみトラフィックが受信されるようにしつつ、電源、ロケーションが異なるデータセンター群（アベイラビリティーゾーン）の間で自動的にトラフィックを分散することで、アプリケーションの耐障害性を実現します。

また、データストアに利用する Aurora の可用性は 99.99% を上回り、3 つのアベイラビリティーゾーン間にデータのコピーを 6 個作成します。さらに、イレブンナイン（99.999999999%）の耐久性のストレージの S3 に自動的にバックアップが作成されます。なお、ストレージの物理的な障害が発生した場合は、自動的にフェイルオーバー（通常 30 秒以内に復旧）を行います。

拡張性

Application Load Balancer は、特別な設定なしにネットワークトラフィックの増減に自動で追従します。Fargate については、自動拡張（Auto Scale）を設定することで、トラフィックの増減に合わせてスケールアウト、スケールインを実施します。

Aurora は、データストアに用いるストレージを 64TB まで自動拡張します。また、読み取り性能については、

※注2　Application Load Balancer とは URL https://docs.aws.amazon.com/ja_jp/elasticloadbalancing/latest/application/introduction.html
※注3　AWS Fargate URL https://aws.amazon.com/jp/fargate/
※注4　Amazon Aurora URL https://aws.amazon.com/jp/rds/aurora/
※注5　Amazon S3 URL https://aws.amazon.com/jp/s3/
※注6　リージョンとアベイラビリティーゾーン URL https://docs.aws.amazon.com/ja_jp/AWSEC2/latest/UserGuide/using-regions-availability-zones.html
※注7　Amazon VPC とは？ URL https://docs.aws.amazon.com/ja_jp/AmazonVPC/latest/UserGuide/VPC_Introduction.html

Read Replica の追加、書き込み性能については、インスタンスサイズの変更で対応できます。なお、Read Replica の追加およびインスタンスサイズの変更は、いずれも数クリックの作業で対応できます。

コスト

利用するサービスについては、AWS で管理されたサービス（AWS マネージドサービス[注8]）となるため、運用コストの削減が図れます。また、システム利用コストについても、Application Load Balancer は、トラフィック量に対する課金となるため、無駄なコストは発生しません。Fargate については、スケールイン設定することで、遊休リソースをなくすことができ、かつ仮想サーバーの管理から解放されるため、アプリケーションの構築と運用に注力できます。

Aurora については、共有ストレージ構成や待機系サーバーの不要な構成により、リソースを効率的に扱え、かつライセンス費用はかからないため、他のデータベースよりコスト効率が向上します。

9.3 構築チュートリアル

次に、Spring Boot で作成したアプリケーションを AWS アーキテクチャ構成に適応、構築する手順を紹介します。

Infrastructure as Code (IaC)

AWS をはじめとするクラウドサービスについては、GUI や CUI で手続き的にインフラやマネージドサービスを構築することができます。しかし、この方法を採用すると、インフラの構成変更履歴の確認やチームメンバーへのシステム構築手順の共有も、別途作成するドキュメントベースとなってしまいます。

インフラの構築手順をコードとしてバージョン管理ツールで管理することで、上述の問題を緩和できます。また、インフラの構築手順をコード管理した上で AWS をはじめとするクラウドサービスを用いると、本番同等のクローン構成を即座に構築することができるため、本番同等環境でのテストやブルーグリーンデプロイにも対応できます。なお、環境は即座に破棄できるため、余分なコストの発生も最低限に抑えられます。

※注8　AWS マネージドサービス URL https://aws.amazon.com/jp/managed-services/

Terraform

本書では、インフラ構築にTerraform※注9を用います。TerraformはHashiCorp社※注10のオープンソースで、宣言的で可読性の高い設定ファイルでインフラをコード化できるため、チーム開発を円滑に進めることができます。

本項では、次の手順に従いインフラを作成します。

① ネットワーク構築
② データベース構築
③ コンテナイメージのレジストリへの登録
④ コンテナ設定
⑤ アプリケーションデプロイ

なお、本項のソースコードは、サンプルプロジェクト※注11のfeature/deploy_awsブランチを参照してください。

Terraformの主要コマンドはリスト9.1、リスト9.2およびリスト9.3のとおりです。

▼ リスト9.1　設定検証（Dry run）

```
$ terraform plan
```

▼ リスト9.2　プロビジョニング実行

```
$ terraform apply
```

▼ リスト9.3　環境破棄

```
$ terraform destroy
```

※注9　Terraform by HashiCorp URL https://www.terraform.io/
※注10　HashiCorp URL https://www.hashicorp.com
※注11　サンプルプロジェクト URL https://github.com/miyabayt/spring-boot-doma2-sample

また、Terraformは内部的にはAWS CLIを用いるため、AWS認証情報（シークレットキー／アクセスキー）およびAWS Account ID（12桁の数値）[注12]を設定ファイルに記載する必要があります。

▼ リスト9.4　AWS認証情報の準備

```
$ cd /path/to/provisioning/home/
$ cat terraform.tfvars
access_key="[ アクセスキーを記載 ]"
secret_key="[ シークレットキーを記載 ]"
aws_id="[AWS Account ID を記載 ]"
```

本書で用いるTerraformのバージョンはリスト9.5のとおりです。

▼ リスト9.5　利用するTerraformのバージョン

```
$ terraform -v
Terraform v0.11.7
+ provider.aws v1.16.0
+ provider.template v1.0.0
```

Step1. ネットワーク構築

まず、アプリケーションを配備するのに必要なネットワークインフラを作成します。ネットワーク構築で作成する主要なリソースは、図9.2のとおりです。

※注12　AWSアカウントIDとその別名 URL https://docs.aws.amazon.com/ja_jp/IAM/latest/UserGuide/console_account-alias.html

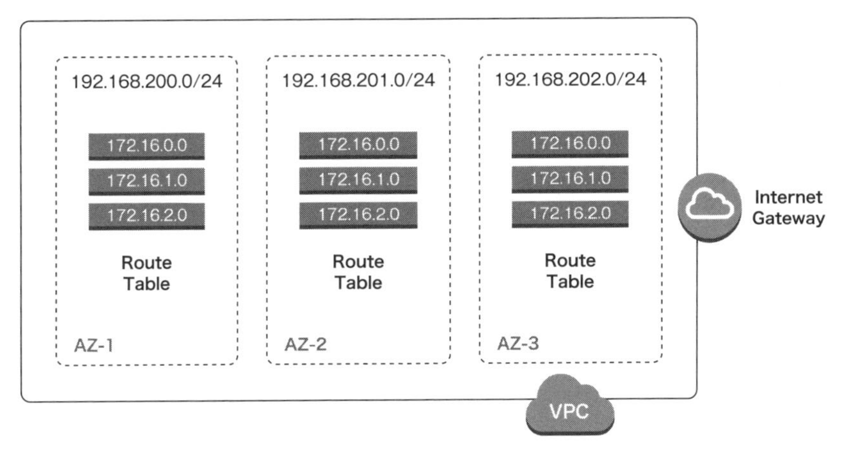

図 9.2　Step1. ネットワーク構築

ネットワーク構築では、以下の定義ファイルを用意します。なお、本書では可読性のため、設定ファイルを分割して定義します。

- **構築で利用する変数ファイル（02_variable.tf）**
- **ネットワーク定義ファイル（03_vpc.tf）**
- **ファイアーウォール定義ファイル（04_firewall.tf）**

リスト 9.6 のとおり構築で利用する変数を定義します。

▼ リスト9.6　変数定義（02_variable.tf）

```
### ※※※ 設定を抜粋して記載 ※※※
#######################
# 構築に利用する変数を定義する
#######################

# 未定義のものは実行時に設定
variable "access_key" {}
variable "secret_key" {}
variable "aws_id" {}

### default 値を定義
# 引数で上書き可能
```

```
variable "app_name" {
  default = "springboot-fargate-sample"
}

variable "region" {
  default = "us-east-1"
}

variable "az1" {
  default = "us-east-1a"
}

variable "root_segment" {
  default = "192.168.0.0/16"
}

variable "public_segment1" {
  default = "192.168.200.0/24"
}

# サンプル公開のため、自身のIPアドレスでフィルタ
variable "myip" {
  default = "xxx.xxx.xxx.xxx/32"
}
```

次に、リスト9.7のとおりネットワーク設定を定義します。本設定で、ネットワークの大枠（VPC／サブネット／ルーティング）を定義します。

▼ リスト9.7　ネットワーク定義（03_vpc.tf）

```
### ※※※ 設定を抜粋して記載 ※※※
### VPC Settings
resource "aws_vpc" "vpc" {
  cidr_block = "${var.root_segment}"
```

```
  tags {
    Name = "${var.app_name} vpc"  # var. 変数で変数を利用
    Group = "${var.app_name}"
  }
}

### Internet Gateway Settings
resource "aws_internet_gateway" "igw" {
  vpc_id = "${aws_vpc.vpc.id}"
  tags {
    Name = "${var.app_name} igw"
    Group = "${var.app_name}"
  }
}

### Public Subnets Settings
resource "aws_subnet" "public-subnet1" {
  vpc_id = "${aws_vpc.vpc.id}"
  cidr_block = "${var.public_segment1}"
  availability_zone = "${var.az1}"
  map_public_ip_on_launch = true
  tags {
    Name = "${var.app_name} public-subnet1"
    Group = "${var.app_name}"
  }
}

### Routes Table Settings
# → InterNet GateWay をアタッチし、インターネット接続可能とする
resource "aws_route_table" "public-root-table" {
  vpc_id = "${aws_vpc.vpc.id}"
  route {
    cidr_block = "0.0.0.0/0"
    gateway_id = "${aws_internet_gateway.igw.id}"
  }
```

```
  tags {
    Name = "${var.app_name} public-root-table"
    Group = "${var.app_name}"
  }
}

resource "aws_route_table_association" "public-rta1" {
  subnet_id = "${aws_subnet.public-subnet1.id}"
  route_table_id = "${aws_route_table.public-root-table.id}"
}
```

続けて、リスト9.8のとおりファイアーウォールを定義します。本書ではサンプル公開のため、入力アドレスを自身のIPアドレスに絞っていますが、サービスを本番公開する際は、公開するポートを指定し、全公開("0.0.0.0/0")します。なお、プライベート用のファイアーウォールは内部通信用に準備します。

▼ リスト9.8　ファイアーウォール定義（04_firewall.tf）

```
### ※※※ 設定を抜粋して記載 ※※※
resource "aws_security_group" "public_firewall" {
  name = "${var.app_name} public-firewall"
  vpc_id = "${aws_vpc.vpc.id}"
  ingress {
    from_port = 0
    to_port = 0
    protocol = "-1"
    cidr_blocks = ["${var.root_segment}"]
  }
  ingress {
    from_port = 0
    to_port = 0
    protocol = "-1"
    cidr_blocks = ["${var.myip}"]
  }
  egress {
```

```
    from_port = 0
    to_port = 0
    protocol = "-1"
    cidr_blocks = ["0.0.0.0/0"]
  }
  tags {
    Name = "${var.app_name} public-firewall"
    Group = "${var.app_name}"
  }
  description = "${var.app_name} public-firewall"
}

resource "aws_security_group" "private_firewall" {
  name = "${var.app_name} private-firewall"
  vpc_id = "${aws_vpc.vpc.id}"
  ingress {
    from_port = 0
    to_port = 0
    protocol = "-1"
    cidr_blocks = ["${var.root_segment}"]
  }
  egress {
    from_port = 0
    to_port = 0
    protocol = "-1"
    cidr_blocks = ["0.0.0.0/0"]
  }
  tags {
    Name = "${var.app_name} private-firewall"
    Group = "${var.app_name}"
  }
  description = "${var.app_name} private-firewall"
}
```

上述を定義した後、リスト 9.9 のとおりコマンド実行すると、ネットワークスタックが作成されます。

▼ リスト9.9　Step1. プロビジョニング

```
$ cd /path/to/provisioning/step1_vpc_setting
$ terraform plan
$ terraform apply

    (……省略……)
aws_route_table_association.public-rta2: Creation complete
after 1s (ID: rtbassoc-9831xxxx)
aws_route_table_association.public-rta3: Creation complete after 1s (ID:
rtbassoc-4301xxxx)
aws_route_table_association.public-rta1: Creation complete after 1s (ID:
rtbassoc-ab37xxxx)

Apply complete! Resources: 11 added, 0 changed, 0 destroyed.
```

コマンド実行後、マネジメントコンソールでログインすると、図9.3のとおりVPCなどのリソースが作成されていることが確認できます。

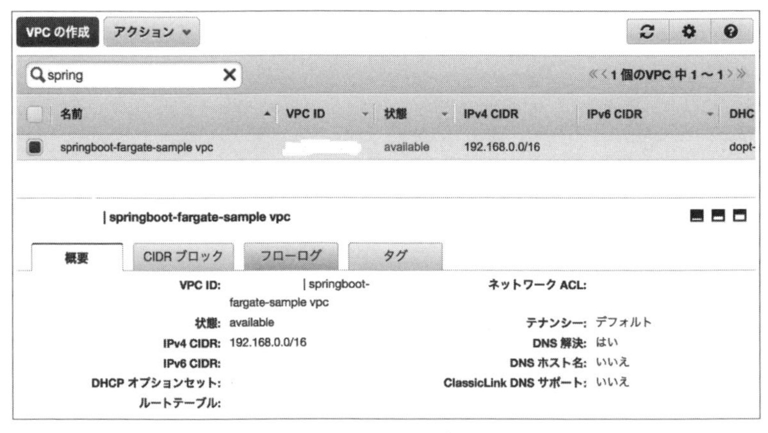

図9.3　Step1. プロビジョニング後

Step2. データベース構築

次に、アプリケーションの状態保持のためのデータベースを作成します。データベース構築では、Step1のネットワーク内に、図9.4のとおりデータベースを作成していきます。

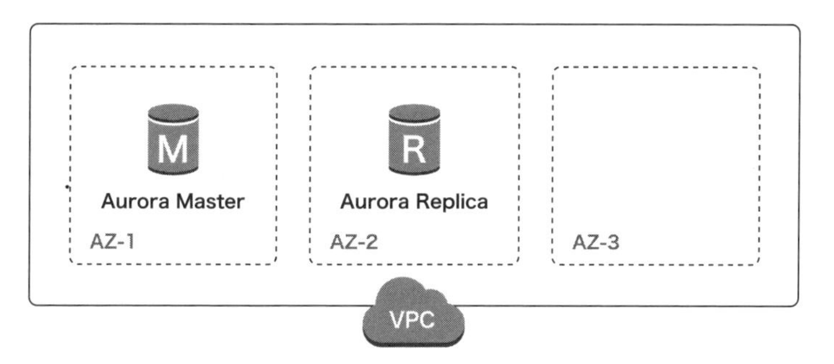

図 9.4　Step2. データベース構築

データベース構築では、次の定義ファイルを用意します。

- **構築で利用する変数ファイル（02_variable.tf）**
- **データベース設定ファイル（03_aurora.tf）**

リスト 9.10 のとおり構築で利用する変数を定義します。なお、作成済みのスタックのリソース ID は、data 宣言を用いることで動的に取得可能です。

▼ リスト9.10　変数定義（02_variable.tf）

```
（前略　※Step1と同様の内容を記載する）

### ※※※ 設定を抜粋して記載 ※※※
### data 宣言で Step1 で作成したリソースを取得
# -> リソースの tag でフィルタする

# get vpc id
data "aws_vpc" "selected" {
  filter {
    name   = "tag-value"
    values = ["*${var.app_name}*"]
  }
}

# get subnet id
```

```
data "aws_subnet" "public_1" {
  filter {
    name   = "tag-value"
    values = ["*${var.app_name}*public-subnet1*"]
  }
}

# get security group id
data "aws_security_group" "private" {
  filter {
    name   = "tag-value"
    values = ["*${var.app_name}*private-firewall*"]
  }
}
```

次に、リスト9.11のとおりデータベース設定を定義します。aws_db_subnet_groupにてネットワーク設定、aws_rds_cluster_parameter_groupにてMySQLの設定（my.cnf）を定義し、Auroraクラスターに適応します。

▼ リスト9.11　データベース定義（03_aurora.tf）

```
### ※※※ 設定を抜粋して記載 ※※※
### 配置するサブネットの設定
resource "aws_db_subnet_group" "aurora_subnet_group" {
 name = "${var.app_name}-aurora-db-subnet-group"
  subnet_ids = [
   "${data.aws_subnet.public_1.id}", "${data.aws_subnet.public_2.id}"
      , "${data.aws_subnet.public_3.id}"
  ]
}

### 日本語を用いるため、文字コードにutf8設定する
# → my.cnfに設定する項目を設定する
resource "aws_rds_cluster_parameter_group" "default" {
```

```
  name          = "rds-cluster-pg"
  family        = "aurora5.6"

  parameter {
   name  = "character_set_server"
   value = "utf8"
  }

  parameter {
   name  = "character_set_client"
   value = "utf8"
  }
}

resource "aws_rds_cluster" "default" {
 cluster_identifier = "${var.app_name}-aurora-cluster"
 availability_zones = ["${var.az1}", "${var.az2}", "${var.az3}"] # AZを3つ
用いる
 db_subnet_group_name  = "${aws_db_subnet_group.aurora_subnet_group.
name}"
 vpc_security_group_ids = ["${data.aws_security_group.private.id}"]
 db_cluster_parameter_group_name
    = "${aws_rds_cluster_parameter_group.default.name}"
 database_name       = "sample"
 master_username     = "root"
 master_password     = "passw0rd"
 final_snapshot_identifier = "${var.app_name}-aurora-cluster-final"
 skip_final_snapshot       = true
}

resource "aws_rds_cluster_instance" "cluster_instances" {
 # Read Replicaを増やしたい場合は数を調整する
 count                = 2
 identifier          = "${var.app_name}-aurora-cluster-${count.index}"
 cluster_identifier = "${aws_rds_cluster.default.id}"
```

```
  db_subnet_group_name = "${aws_db_subnet_group.aurora_subnet_group.
name}"
  instance_class      = "${var.db_instance_type}"
  performance_insights_enabled = true
}
```

上述を定義した後、リスト 9.12 のとおりコマンド実行すると、データベーススタックが作成されます。

▼ リスト9.12　Step2. プロビジョニング

```
$ cd /path/to/provisioning/step2_aurora_setting
$ terraform plan
$ terraform apply

    (……省略……)
aws_rds_cluster_instance.cluster_instances[1]: Creation complete after
11m36s (ID: springboot-fargate-sample-aurora-cluster-1)

Apply complete! Resources: 5 added, 0 changed, 0 destroyed.
```

コマンド実行後、マネジメントコンソールでログインすると、図 9.5 のとおり Aurora クラスターが作成されていることが確認できます。

なお、太線枠内のクラスターエンドポイントがデータベースの接続情報となるため、値をメモしておきます。

RDS > クラスター > springboot-fargate-sample-aurora-cluster

springboot-fargate-sample-aurora-cluster

Details

設定

ARN

DB クラスター
springboot-fargate-sample-aurora-cluster (available)

DB クラスターロール
マスター

クラスターエンドポイント
springboot-fargate-sample-aurora-cluster .us-east-1.rds.amazonaws.com

バックアップ

自動バックアップ
1 日前に有効

復元可能な最新時刻
Wed May 02 16:04:29 GMT+900 2018

最新の復元時刻
Wed May 02 16:17:49 GMT+900 2018

バックアップウィンドウ
07:01-07:31 UTC (GMT)

メンテナンスウィンドウ
sun:08:19-sun:08:49 UTC (GMT)

図 9.5　Step2. プロビジョニング後

Step3. コンテナイメージのレジストリへの登録

続けて、アプリケーションデプロイに利用するコンテナのイメージを Docker レジストリに登録していきます。リスト 9.13 のとおりコマンドを実行し、コンテナイメージをレジストリに登録します。なお、リスト 9.13 では、DockerHub の公開レジストリに Push していますが、本番サービス構築時は、AWS Amazon Elastic Container Registry[注13] などのプライベートレジストリに登録してください。

▼ リスト9.13　Step3. コンテナイメージのレジストリへの登録

```
$ cd /path/to/appRoot/
### ビルド
$ ./gradlew :sample-web-admin:build -x test
### ビルドした Jar ファイルを Dockerfile のルートディレクトリに配置
$ cp sample-web-admin/build/libs/sample-web-admin.jar docker/app/ \
        && cd docker/app/
### コンテナビルド
```

※注13　Amazon Elastic Container Registry URL https://aws.amazon.com/jp/ecr/

```
$ docker build -t springboot-farget-sample .
### Push用にtagを付与
$ docker tag springboot-farget-sample mirrored1976/springboot-farget-
sample
### DockerHubへPush
$ docker login
$ docker push mirrored1976/springboot-farget-sample
```

なお、Dockerfileは、リスト9.14のとおりシンプルな構成です。

▼ リスト9.14　Dockerfile

```
FROM openjdk:11.0.1

ADD sample-web-admin.jar /
EXPOSE 18081
CMD ["java","-jar","/sample-web-admin.jar"]
```

Step4. コンテナ設定

Amazon ECSでDockerコンテナを実行するには、コンテナイメージをもとにタスク定義[注14]する必要があります。一方、Step2で作成したデータベースの接続情報やSpring Profileをコンテナに引き渡す必要があります。

上述のため、Amazon ECSタスク定義ファイルをリスト9.15のとおり定義します。タスク定義ファイルには、利用するイメージやCPU、メモリなどのリソース情報を設定します。なお、environmentでSpring Profileおよびデータベースの接続情報を環境変数としてコンテナに引き渡しています。

▼ リスト9.15　Amazon ECSタスク定義ファイル

```
[
  {
    "name": "springboot",
    "image": "mirrored1976/springboot-farget-sample",
```

※注14　Amazon ECSタスク定義 URL https://docs.aws.amazon.com/ja_jp/AmazonECS/latest/developerguide/task_definitions.html

```
      "cpu": 512,
      "memory": 1024,
      "essential": true,
      "network_mode": "awsvpc",
      "portMappings": [
        {
          "containerPort": 18081
        }
      ],
      "environment" : [
        { "name" : "SPRING_PROFILES_ACTIVE", "value" : "production" },
        { "name" : "MYSQL_DB_HOST", "value" :
          "springboot-fargate-sample-aurora-cluster.cluster-xxxxxxxx.us-
east-1.rds.amazonaws.com"
        }
      ],
      "logConfiguration": {
          "logDriver": "awslogs",
          "options": {
              "awslogs-group": "awslogs-${app_name}-log",
              "awslogs-region": "${aws_region}",
              "awslogs-stream-prefix": "awslogs-${app_name}-springboot"
          }
      }
    }
]
```

Column **AWS ECSでの機密情報の管理**

chapter8では、Kubernetesでシステムの機密情報管理の方法を紹介しました。AWS ECSでも機密情報の管理の仕組みは提供されており、IAMロールとシステムパラメータストアを用いて機密情報の管理を実現します。詳細は公式サイト注15を参照してください。

※注15 AWS Systems Manager パラメータストア URL https://docs.aws.amazon.com/ja_jp/systems-manager/latest/userguide/systems-manager-paramstore.html

Step5. アプリケーションデプロイ

ここまでの設定が完了したら、いよいよアプリケーションをデプロイしていきます。アプリケーションデプロイでは、Step4までの作業をすべて利用し、作業を実施します。

アプリケーションデプロイでは、おもに以下の定義ファイルを用意します。

- **ECSクラスター定義ファイル（05_cluster.tf）**
- **ECSタスク定義ファイル（06_task.tf）**
- **Application Load Balancer 定義ファイル（07_alb.tf）**
- **ECSサービス定義ファイル（08_service.tf）**
- **ECSサービス自動拡張定義ファイル（09_autoscale.tf）**

リスト9.16のとおり、コンテナデプロイに用いるECSクラスターを作成します。

▼ リスト9.16　クラスター定義（05_cluster.tf）

```
resource "aws_ecs_cluster" "springboot" {
  name = "${var.app_name}-cluster"
}
```

次に、リスト9.17のとおり、Step4で準備した、ECSタスク定義ファイルを用いてサービス実行に必要なタスクの定義を行います。なお、コンテナ上のアプリログを永続化するために、CloudWatchLogとの連携も本設定ファイルで実施します。

▼ リスト9.17　ECSタスク定義（06_task.tf）

```
### ※※※ 設定を抜粋して記載 ※※※
### Step4で準備したファイルを利用
data "template_file" "springboot" {
  template = "${file("task/app.json")}"

  vars {
    app_name              = "${var.app_name}"
    aws_region            = "${var.region}"
    aws_id                = "${var.aws_id}"
```

```
  }
}

resource "aws_ecs_task_definition" "springboot" {
  family = "springboot"
  container_definitions = "${data.template_file.springboot.rendered}"
  requires_compatibilities = ["FARGATE"]
  network_mode             = "awsvpc"
  execution_role_arn        = "${aws_iam_role.ecs_task_role.arn}"
  cpu                       = 512
  memory                    = 1024

 ### CloudWatchLog 連携
  depends_on = [
    "aws_cloudwatch_log_group.springboot"
  ]
}
```

タスク定義の後、コンテナへのリクエストをプロキシするApplication Load Balancerをリスト9.18のとおり定義します。なお、Application Load Balancerのログはあらかじめ準備したS3に保存します。

▼ リスト9.18　ロードバランサ定義（07_alb.tf）

```
### ※※※ 設定を抜粋して記載 ※※※
resource "aws_alb" "springboot" {
  name = "${var.app_name}-alb"
  internal = false

  security_groups = ["${data.aws_security_group.public.id}"]
  subnets = ["${data.aws_subnet.public_1.id}","${data.aws_subnet.public_2.
id}"]

 ### ログを保存するS3バケットを指定
  access_logs {
```

```
    bucket = "${var.app_name}-accesslog"
    prefix = "alb_log"
  }

  idle_timeout = 400

  tags {
      Name = "${var.app_name}-alb"
      Group = "${var.app_name}"
  }
}

resource "aws_alb_target_group" "springboot" {
  name     = "${var.app_name}-tg"
  port     = 80
  protocol = "HTTP"
  vpc_id   = "${data.aws_vpc.selected.id}"
  target_type = "ip"
}

resource "aws_alb_listener" "springboot" {
  load_balancer_arn = "${aws_alb.springboot.id}"
  port              = "80"
  protocol          = "HTTP"
  default_action {
    target_group_arn = "${aws_alb_target_group.springboot.id}"
    type             = "forward"
  }
}
```

次に、Application Load BalancerおよびECSタスク定義をもとにECSサービスをリスト9.19のとおり定義します。

▼ リスト9.19　ECSサービス定義（08_service.tf）

```
### ※※※ 設定を抜粋して記載 ※※※
resource "aws_ecs_service" "springboot" {
  name = "${var.app_name}-service"
  cluster = "${aws_ecs_cluster.springboot.id}"
  ### Amazon ECSタスク定義へのリンク
  task_definition = "${aws_ecs_task_definition.springboot.arn}"
  desired_count = 1
  launch_type = "FARGATE"

  ### Application Load Balancer連携
  load_balancer {
    target_group_arn = "${aws_alb_target_group.springboot.id}"
    container_name = "springboot"
    container_port = 18081
  }

  ### 複数サブネットを指定し、可用性を担保
  network_configuration {
    subnets = [
      "${data.aws_subnet.public_1.id}",
      "${data.aws_subnet.public_2.id}"
    ]

    security_groups = [
      "${data.aws_security_group.public.id}"
    ]
    assign_public_ip = "true"
  }

  ### Application Load Balancer連携
  depends_on = [
    "aws_alb_listener.springboot"
  ]
```

```
}
```

最後に、ECS サービス定義に対しリスト 9.20 のとおりスケールアウト、スケールインを定義します。なお、リスト 9.20 では以下のとおりに定義しています。

- **スケールアウト：CPU 利用率が 75% 以上（5 分平均）の場合、コンテナを 1 つ追加**
- **スケールイン：CPU 利用率が 25% 以下（5 分平均）の場合、コンテナを 1 つ停止**

本書ではサンプルのため、コンテナの最大実行数と最小実行数を 1 としていますが、本番サービス定義時はサービス特性に応じて、コンテナの最大実行数と最小実行数を定義してください。

▼ リスト9.20　ECSサービス拡張定義（09_autoscale.tf）

```
### ※※※ 設定を抜粋して記載 ※※※
resource "aws_cloudwatch_metric_alarm" "service_sacle_out_alerm" {
 alarm_name          = "${var.app_name}-ECSService-CPU-Utilization-
High-75"
 comparison_operator = "GreaterThanOrEqualToThreshold"
 evaluation_periods  = "1"
 metric_name         = "CPUUtilization"
 namespace           = "AWS/ECS"
 period              = "300"
 statistic           = "Average"
 threshold           = "75"

 dimensions {
  ClusterName = "${aws_ecs_cluster.springboot.name}"
  ServiceName = "${aws_ecs_service.springboot.name}"
 }

 alarm_actions = ["${aws_appautoscaling_policy.scale_out.arn}"]
}

resource "aws_cloudwatch_metric_alarm" "service_sacle_in_alerm" {
```

```
 alarm_name          = "${var.app_name}-ECSService-CPU-Utilization-
Low-25"
 comparison_operator = "LessThanThreshold"
 evaluation_periods  = "1"
 metric_name         = "CPUUtilization"
 namespace           = "AWS/ECS"
 period              = "300"
 statistic           = "Average"
 threshold           = "25"

 dimensions {
  ClusterName = "${aws_ecs_cluster.springboot.name}"
  ServiceName = "${aws_ecs_service.springboot.name}"
 }

 alarm_actions = ["${aws_appautoscaling_policy.scale_in.arn}"]
}

resource "aws_appautoscaling_target" "ecs_service_target" {
 service_namespace  = "ecs"
 resource_id
  = "service/${aws_ecs_cluster.springboot.name}/${aws_ecs_service.
springboot.name}"
 scalable_dimension = "ecs:service:DesiredCount"
 role_arn           = "${aws_iam_role.ecs_autoscale_role.arn}"
 ### サンプルのため、最大実行数および最小実行数を 1 としている
 min_capacity       = 1
 max_capacity       = 1
}

resource "aws_appautoscaling_policy" "scale_out" {
 name                    = "scale-out"
 resource_id
  = "service/${aws_ecs_cluster.springboot.name}/${aws_ecs_service.
springboot.name}"
```

```
  scalable_dimension
   = "${aws_appautoscaling_target.ecs_service_target.scalable_dimension}"
  service_namespace
   = "${aws_appautoscaling_target.ecs_service_target.service_namespace}"
  adjustment_type         = "ChangeInCapacity"
  cooldown                = 300
  metric_aggregation_type = "Average"

  step_adjustment {
   metric_interval_lower_bound = 0
   scaling_adjustment          = 1
  }

  depends_on = ["aws_appautoscaling_target.ecs_service_target"]
}

resource "aws_appautoscaling_policy" "scale_in" {
  name                    = "scale-in"
  resource_id
   = "service/${aws_ecs_cluster.springboot.name}/${aws_ecs_service.
springboot.name}"
  scalable_dimension
   = "${aws_appautoscaling_target.ecs_service_target.scalable_dimension}"
  service_namespace
   = "${aws_appautoscaling_target.ecs_service_target.service_namespace}"
  adjustment_type         = "ChangeInCapacity"
  cooldown                = 300
  metric_aggregation_type = "Average"

  step_adjustment {
   metric_interval_upper_bound = 0
   scaling_adjustment          = -1
  }

  depends_on = ["aws_appautoscaling_target.ecs_service_target"]
```

```
}
```

上述を定義した後、リスト 9.21 のとおりコマンドを実行すると、アプリケーションスタックが作成されます。

▼ リスト9.21　Step5. プロビジョニング

```
$ cd /path/to/provisioning/step3_bootapp_setting
$ terraform plan
$ terraform apply

    (……省略……)
aws_cloudwatch_metric_alarm.service_sacle_out_alerm: Creation complete
after 2s (ID: springboot-fargate-sample-ECSService-CPU-Utilization-
High-75)
aws_cloudwatch_metric_alarm.service_sacle_in_alerm: Creation complete
after 2s (ID: springboot-fargate-sample-ECSService-CPU-Utilization-
Low-25)

Apply complete! Resources: 18 added, 0 changed, 0 destroyed.
```

コマンド実行後、マネジメントコンソールでログインすると、図 9.6 のとおり AWS ECS クラスターが正常に動作していることが確認できます。

図 9.6　Step5. プロビジョニング後

なお、アプリケーションのエンドポイントは、ロードバランサの管理画面である図 9.7 の太線枠で確認できます。

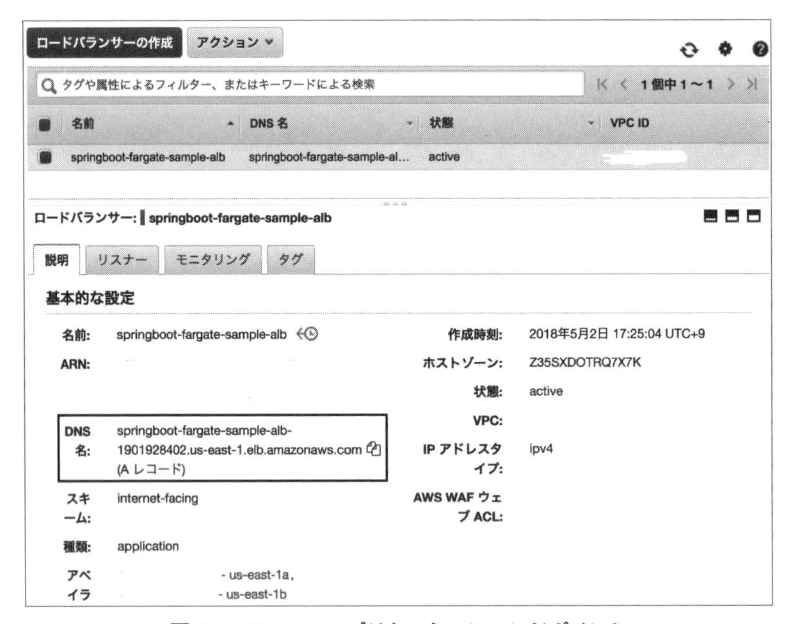

図 9.7　Step5. アプリケーションエンドポイント

ブラウザでアプリケーションエンドポイントのパス /admin にアクセスすると、図 9.8 のとおりアプリケーションのログイン画面が表示されます。

図 9.8　Step5. ログイン画面

テストユーザーとして登録済みのユーザー ID：test@sample.com、パスワード：passw0rd を入力し、ログイン処理を行うと、図 9.9 のとおりログイン後トップ画面へ遷移します。

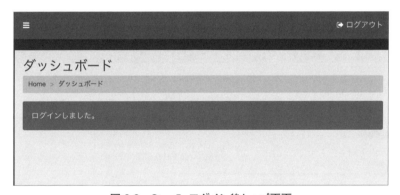

図 9.9　Step5. ログイン後トップ画面

なお、アプリケーションのログは Amazon CloudWatch Logs[注16] に出力するように定義しているため、期待する動作が得られない場合は、CloudWatch Logs を確認（図 9.10 参照）してみてください。

※注16　Amazon CloudWatch Logs とは？ URL https://docs.aws.amazon.com/ja_jp/AmazonCloudWatch/latest/logs/WhatIsCloudWatchLogs.html

図 9.10　Step5. アプリケーションログ

なお、テストで環境構築した場合は、定義ファイルが配置されている3ディレクトリで環境の破棄を忘れずに実行してください。リスト9.22のとおりにコマンドを実行します。

▼ リスト9.22　環境破棄（Terraform）

```
$ terraform destroy

    (……省略……)
Destroy complete! Resources: 11 destroyed.
```

Spring 5/Spring Boot 2の新機能

chapter 10

Spring 5/Spring Boot 2の新機能

2017年にリリースされたSpring 5、2018年にリリースされたSpring Boot 2の新機能のうち、今後重要になると考えられるWebFluxについて説明します。

10.1 WebFlux

HTTPを利用したシステムの範囲が拡大し、同時アクセスが増えていくにつれて、Webアプリケーションにおけるコンピュータリソースに対して待ちが多いことがわかってきました。そのため、非同期処理を用いたWebアプリケーションが求められるようになりました。その解決案の1つとしてリアクティブプログラミングが選ばれ、Spring 5/Spring Boot 2においてはWebFluxと呼ばれるリアクティブプログラミングを用いたWebプログラムを書くことができるようになりました。このプログラムは同期ではないのでブロックれさることなく、実施されてI/O待ちのような状態にはならずにI/Oが発生したタイミングで実施されることになります。

執筆時点（2018年）において、IoTやAPIによるデータの収集など従来よりも多くのデータを取り扱うケースが増えてきています。これらの処理を行うために豊富なリソースを用いて並列化しようとしました。しかし、入出力の待ちなどが影響し、それほど効果的に並行・並列化できませんでした。そのため、今までのやり方と別のやり方として非同期ストリーミング処理に注目が集まっています。

WebFluxを用いたWebアプリケーションの開発には、従来のSpring MVCでの開発方法と同等となるアノテーションを用いた開発方法と、Java 8以降で適用されている関数型の開発方法の2種類が利用できます。API時代の開発という意味で、ここではREST APIを実装する例とREST APIを利用する例について説明します。同じ内容のサンプルを、アノテーションを使ったサンプルと関数型を使ったサンプルを用いて説明します。それぞれを比較することで違いがわかると考えます。

アノテーションを使った開発

Spring MVC で利用していたアノテーションを用いてリアクティブプログラミングをできるようにするのは、今までの開発者にとって学習コストが下がる方法として望ましいものでした。そのため、WebFlux ではアノテーションプログラミングモデルを提供しています。

WebFlux ではアノテーションを用いて、ルーティング（URL と処理のマッピング）およびパラメータマッピングを実現した上で、Reactor の Mono/Flux を用いたリアクティブプログラムが記載できるようにしています。

GET を用いたリクエストに対して文字列を返戻する例

リスト 10.1 は、一番単純な例として、URL（/annotation/sample1）に GET リクエストを受け取った場合、「Hello Annotation WebFlux World!」という文字列を戻す例です。

▼ リスト10.1　GETを用いたリクエストに対して文字列を返戻する例

```
// サンプル1　引数はなく文字列を返戻する例
@GetMapping("/annotation/sample1")
public Mono<String> sample1(){
  return Mono.just("Hello Annotation WebFlux World!");
}
```

@GetMapping アノテーションは、Spring MVC と同様に対象パスを設定するものです。WebFlux 固有の記述方法は、返戻値を Mono クラスとして戻している点です。この Mono は、リアクティブプログラミングのライブラリである Reactor で提供されているものを Spring では利用しています。このクラスは Generics の対象となっているクラスを非同期ストリーミングで戻すことを実現しています。この戻す回数が 1 回であれば Mono、複数回であれば Flux が利用できます。このサンプル 1 の例では、"Hello Annotation WebFlux World!" という文字列を戻しています。Mono クラスの just メソッドは引数の値が確定したタイミングで Mono インスタンスを作成します。

パスに変数が含まれている例

リスト 10.2 は、URL に含まれている値が変数として利用される例です。URL（/annotation/sample2/{name}）の {name} に具体的な値が含まれて GET リクエストされた場合に Mono<String> を戻しています。

▼ リスト10.2　パスに変数が含まれている例

```
// サンプル2　URLに引数がある例
@GetMapping("/annotation/sample2/{name}")
public Mono<String> sample2(@PathVariable("name") String name){
  return Mono.just("Hello " + name);
}
```

従来のSpring MVCでのアノテーションである@PathVariableを用いて、パスに含まれている値を処理ロジックの引数として用いることができます。

QueryStringに引数が含まれている例

リスト10.3は、QueryStringに引数が含まれている例です。

▼ リスト10.3　QueryStringに引数がある場合

```
// サンプル3　QueryStringに引数がある場合
@GetMapping("/annotation/sample3")
public Mono<String> sample3(@RequestParam("name") String name){
  return Mono.just("Hello " + name);
}
```

この例は、/annotation/sample3?name=btcといった形のQueryStringで、nameというキーで値が送信される前提のプログラムです。従来のSpring MVCでのアノテーションである@RequestParamを用いてQueryStringに含まれている値を引数としています。このサンプルでは返戻値として、送られたパラメータをJSON化して戻します。

すべてのQueryStringを取得する場合

リスト10.4は、送られてくるパラメータをすべて記載しないで、すべてのQueryStringの情報を取得したい場合のサンプルです。

▼ リスト10.4　すべてのQueryStringを取得する場合

```
// サンプル4　すべての QueryString を取得する場合
@GetMapping("/annotation/sample4")
public Mono<Map<String,String>> handle4(@RequestParam Map<String,String>
req) {
  return Mono.just(req);
}
```

サンプル４はサンプル３と変わりませんが、Mono<Map<String,String>> を戻すことで従来の Spring MVC と同様に呼び出し元には JSON で戻される例です。

サンプル１～４は１つのクラスで実装されています。以下に記します。

▼ リスト10.5　GETの例（RestController）

```
import com.bigtreetc.arch.chapterten.rest.common.io.Output;
import org.springframework.web.bind.annotation.*;

import reactor.core.publisher.Mono;

import java.util.Map;

@RestController
public class GetAnnotationDemo {

  // サンプル1　引数はなく文字列を返戻する例
  @GetMapping("/annotation/sample1")
  public Mono<String> sample1(){
    return Mono.just("Hello Annotation WebFlux World!");
  }

  // サンプル2　URL に引数がある例
  @GetMapping("/annotation/sample2/{name}")
  public Mono<String> sample2(@PathVariable("name") String name){
```

```
    return Mono.just("Hello " + name);
  }

  // サンプル3　QueryStringに引数がある場合
  @GetMapping("/annotation/sample3")
  public Mono<String> sample3(@RequestParam("name") String name){
    return Mono.just("Hello " + name);
  }

  // サンプル4　すべてのQueryStringを取得する場合
  @GetMapping("/annotation/sample4")
  public Mono<Map<String,String>> handle4(@RequestParam
Map<String,String> req) {
    return Mono.just(req);
  }
}
```


送信されたデータをそのまま返戻する例

サンプル1〜4はGETリクエストの例でしたが、ここからはPOSTリクエストの例となります。リスト10.6は、送信された値をそのまま文字列として返戻する例です。

▼ リスト10.6　POSTの例

```
// サンプル5　送られたデータを文字列として取り扱ってそのまま返戻する場合
@PostMapping("/annotation/sample5")
public Mono<String> handle1(@RequestBody String req){
  return Mono.just(req);
}
```

従来のSpring MVCと同様に@PostMapping、@RequestBodyを用いることができます。また、GETリクエストと同様にMonoクラスを利用して返戻しています。

Form から送信された POST の例

リスト 10.7 は、Form から送信されたデータを受け取って、その値の組み合わせを JSON として返戻する例です。

▼ リスト10.7　Formから送信されたPOSTの例

```
// サンプル 6　x-www-form-urlencoded によって Form 送信された場合
@PostMapping(value="/annotation/sample6")
public Mono<MultiValueMap<String,String>> handle2(@RequestBody
MultiValueMap<String, String> req){
  return Mono.just(req);
}
```

Form から送信（x-www-form-urlencoded）された場合、従来の Spring MVC と同様に @RequestBody アノテーションを付けた MultiValueMap 型の仮引数を用意することで利用できます。

Body に JSON が送信される場合

リスト 10.8 は、POST で送信されたデータを Data クラスにマッピングして受け取ったものを Output クラスにマッピングして出力する例となります。

▼ リスト10.8　BodyにJSONが送信される場合

```
// サンプル7　Body に JSON が送信される場合(POST)
// firstName、lastName、birthday(yyyyMMdd) を要素とする JSON を送信する
@PostMapping("/annotation/sample7")
public Mono<Output> handle3(@RequestBody Data req){
  return Mono.just(ConvetUtil.convert(req));
}
```

以下に ConvetUtil、Data、Output クラスの全体を記載します。

▼ リスト10.9　ConvetUtil

```
import com.bigtreetc.arch.chapterten.rest.common.io.Data;
import com.bigtreetc.arch.chapterten.rest.common.io.Output;

import java.time.LocalDate;
import java.time.format.DateTimeFormatter;
import java.time.temporal.ChronoUnit;

public class ConvetUtil {

  public static  Output convert(Data input){

    Output out = new Output();
    out.setName(input.getLastName() + " " +input.getFirstName());
    out.setAge(calcAge(input.getBirthday()));

    return out;
  }

  private static long calcAge(String birthday) {
    LocalDate birth = LocalDate.parse(birthday, DateTimeFormatter.
ofPattern("yyyyMMdd"));
    return ChronoUnit.YEARS.between(birth,LocalDate.now());
  }
}
```

リスト 10.10 は、入力値をマッピングする POJO の Data クラスの例です。入力された Data クラスの姓名を連結して氏名とし、生年月日から現状の年齢を計算して年齢としています。

▼ リスト10.10　Data

```
import java.util.Date;
```

```
public class Data {

  private String firstName;
  private String lastName;

  // 誕生日を yyyyMMdd で表したもの
  private String birthday;

  public String getFirstName() {
    return firstName;
  }

  public void setFirstName(String firstName) {
    this.firstName = firstName;
  }

  public String getLastName() {
    return lastName;
  }

  public void setLastName(String lastName) {
    this.lastName = lastName;
  }

  public String getBirthday() {
    return birthday;
  }

  public void setBirthday(String birthday) {
    this.birthday = birthday;
  }
}
```

リスト 10.11 は、返戻値の POJO を表す Output クラスの例です。

▼ リスト10.11　Output

```
public class Output {
  private String name;
  private long age;

  public String getName() {
    return name;
  }

  public void setName(String name) {
    this.name = name;
  }

  public long getAge() {
    return age;
  }

  public void setAge(long age) {
    this.age = age;
  }
}
```

リスト 10.12 は、サンプル 5 ～ 7 の全体を記載したコントローラー全体です。

▼ リスト10.12　POSTの例のRestController

```
import com.bigtreetc.arch.chapterten.rest.common.io.Data;
import com.bigtreetc.arch.chapterten.rest.common.io.Output;
import com.bigtreetc.arch.chapterten.rest.common.util.ConvetUtil;
import org.springframework.http.MediaType;
import org.springframework.util.MultiValueMap;
import org.springframework.web.bind.annotation.PostMapping;
import org.springframework.web.bind.annotation.RequestBody;
import org.springframework.web.bind.annotation.RequestParam;
```

```
import org.springframework.web.bind.annotation.RestController;
import reactor.core.publisher.Mono;

import java.util.Map;

@RestController
public class PostAnnotationDemo {

  // サンプル5　送られたデータを文字列として取り扱ってそのまま返戻する場合
  @PostMapping("/annotation/sample5")
  public Mono<String> handle1(@RequestBody String req){
    return Mono.just(req);
  }

  // サンプル6　x-www-form-urlencodedによってForm送信された場合
  @PostMapping(value="/annotation/sample6")
  public Mono<MultiValueMap<String,String>> handle2(@RequestBody
MultiValueMap<String, String> req){
    return Mono.just(req);
  }

  // サンプル7　BodyにJSONが送信される場合(POST)
  // firstName、lastName、birthday(yyyyMMdd)を要素とするJSONを送信する
  @PostMapping("/annotation/sample7")
  public Mono<Output> handle3(@RequestBody Data req){
    return Mono.just(ConvetUtil.convert(req));
  }
}
```

アノテーションを利用した記載方法は、従来のSpring MVCのアノテーションを用いながらMono/Fluxクラスを用いることで、非同期ストリーミングで対応できる記法となります。

関数型を使った開発

WebFluxは、アノテーションを使ったプログラムの記述方法とは別に、Java 8で導入された関数型のプログラミングモデルを用いた記述ができます。この記述方法を用いる場合は、Router Functionを束ねたSpringのBeanとWeb処理を実施するHandler Function（ハンドラ）を記述する必要があります。

Handler Function

Handler FunctionはWebの処理を行うメソッドです。仮引数としてServerRequestを持ち、返戻値はMono<ServerResponse>あるいはFlux<ServerResponse>として実装します。

▼ リスト10.13 GreetingHandler

```
@Component
public class GreetingHandler {

  public Mono<ServerResponse> hello(ServerRequest request) {
    return ServerResponse.ok().contentType(MediaType.TEXT_PLAIN)
      .body(BodyInserters.fromObject("Hello, Spring!"));
    }
}
```

リスト10.13の例は、Spring Framework Guides[注1]にある「Building a Reactive RESTful Web Service」のものを記しています。このようなメソッドを準備して、メソッド参照でRouter Functionに登録します。

Router Function

Router FunctionはURLの一部であるパスとHandler Functionを結び付けるものです。このFunctionはRouterFunction<ServerResponse>を返戻します。Springはこの型のBeanをWebアプリケーションのルート情報として利用します。@Beanを使ったメソッドでルート情報を定義し、その対象クラスが設定を表す@Configurationアノテーションを付けます。

※注1 Spring Framework Guides URL https://spring.io/guides/gs/reactive-rest-service/

▼ リスト10.14　GreetingRouter

```
@Configuration
public class GreetingRouter {

  @Bean
    public RouterFunction<ServerResponse> route(GreetingHandler
greetingHandler) {

      return RouterFunctions
        .route(RequestPredicates.GET("/hello").and(RequestPredicates.
accept(MediaType.TEXT_PLAIN)), greetingHandler::hello);
  }
}
```

リスト10.14の例はHandler Functionと同様に、Spring Framework Guidesにある「Building a Reactive RESTful Web Service」のものを記しています。RouterFunction<ServerResponse>を作成するために、RouterFunctionsのrouteメソッドを利用しています。routeメソッドでは、第1引数にRequestPredicatesインターフェース、第2引数にHadlerFunctionインターフェース（関数インターフェース）をとります。

RequestPredicatesのGETメソッドを利用して、RequestPredicatesの実装クラスのインスタンスを生成しています。リスト10.14は、パス（/hello）にGETリクエストがあり、acceptヘッダがTEXT/PLAINというアクセス条件を表しています。この条件を満たしたとき、greetingHandlerクラスのhello()メソッドを呼び出します。

❯ 関数型を用いたプログラムの例

上記で説明した関数型を用いたWebアプリケーションの例を見てみましょう。アノテーションを用いたWebアプリケーションと機能としては同じものです（Fluxの例であるサンプル8とWebClientの例であるサンプル9は異なります）。

サンプルは1～9まであり、サンプル1～4はGETメソッドを利用したサンプル、サンプル5～7はPOSTメソッドを利用したサンプル、サンプル8はFluxを利用したサンプル、サンプル9はWebClientを利用したサンプルになります。それぞれ、DemoGetHandler、DemoPostHandler、FluxDemoHandler、ClientDemoHandlerとして実装しています。

文字列を返戻するハンドラ

リスト 10.15 の例は文字列を返戻するハンドラです。

▼ リスト10.15　文字列を返戻するハンドラ

```
// サンプル1　引数はなく文字列を返戻する例
public Mono<ServerResponse> handle1(ServerRequest req){
  return ServerResponse.ok().body(Mono.just("Hello"),String.class);
}
```

パスに変数があるハンドラ

リスト 10.16 の例はパスに変数があるハンドラです。

▼ リスト10.16　パスに変数があるハンドラ

```
// サンプル2　URL に引数がある例
public Mono<ServerResponse> handle2(ServerRequest req){
  String name = req.pathVariable("name");
  return ServerResponse.ok().body(Mono.just("Hello "+name),String.class);
```

QueryString に引数があるハンドラ

リスト 10.17 は QueryString に含まれている値を利用した処理を記述する場合の例です。

▼ リスト10.17　QueryStringに引数があるハンドラ

```
// サンプル3　QueryString に引数がある場合
public Mono<ServerResponse> handle3(ServerRequest req){
  Optional<String> name = req.queryParam("name");
  return ServerResponse.ok().body(Mono.just("Hello "+name.
orElse("Anonymous")),String.class);
}
```

ServerRequest の queryParam() メソッドを利用して、送信された値を取得しています。

すべての QueryString を取得するハンドラ

リスト 10.18 はすべての QueryString を取得し、そのまま返戻するハンドラです。

▼ リスト10.18　すべてのQueryStringを取得するハンドラ

```
// サンプル 4　すべての QueryString を取得する場合
public Mono<ServerResponse> handle4(ServerRequest req) {

  return ServerResponse.ok().body(Mono.just(req.queryParams()), Map.
class);
}
```

Router Function（サンプル 1 ～ 4）

リスト 10.14 を用いた説明時は、Configuration アノテーションの付いたクラスでルート情報を 1 か所で設定していましたが、実開発では各 Handler Function を実装しているクラスで管理したほうが管理しやすくなります。そのため、サンプル 1 ～ 4 を実装している DemoGetHandler に Router Function を実装しています。

▼ リスト10.19　DemoGetHandler

```
import org.springframework.stereotype.Component;
import org.springframework.web.reactive.function.server.*;
import reactor.core.publisher.Mono;

import java.util.Map;
import java.util.Optional;
import java.util.stream.Collectors;

@Component
public class DemoGetHandler {

  // サンプル 1　引数はなく文字列を返戻する例
  public Mono<ServerResponse> handle1(ServerRequest req){
    return ServerResponse.ok().body(Mono.just("Hello"),String.class);
```

```
    }

    // サンプル2　URLに引数がある例
    public Mono<ServerResponse> handle2(ServerRequest req){
        String name = req.pathVariable("name");
        return ServerResponse.ok().body(Mono.just("Hello "+name),String.
class);
    }

    // サンプル3　QueryStringに引数がある場合
    public Mono<ServerResponse> handle3(ServerRequest req){
        Optional<String> name = req.queryParam("name");
        return ServerResponse.ok().body(Mono.just("Hello "+name.
orElse("Anonymous")),String.class);
    }

    // サンプル4　すべてのQueryStringを取得する場合
    public Mono<ServerResponse> handle4(ServerRequest req) {

        return ServerResponse.ok().body(Mono.just(req.queryParams()), Map.
class);
    }

    public RouterFunction<ServerResponse> routerule(){
        return RouterFunctions.route(RequestPredicates.GET("/func/
sample1"),this::handle1)
                .andRoute(RequestPredicates.GET("/func/sample2/
{name}"),this::handle2)
                .andRoute(RequestPredicates.GET("/func/sample3"),this::handle3)
                .andRoute(RequestPredicates.GET("/func/sample4"),this::handle4);
    }
}
```

リスト 10.19 中の routerule() メソッドが Router Function となります。複数のルートを定義する場合は andRoute() メソッドを用いてルートを追加しています。

送られた文字列をそのまま返戻する場合

リスト 10.20 は、文字列そのものを Body として POST 送信した場合の処理例です。

▼ リスト10.20　送られた文字列をそのまま返戻する場合

```
// サンプル 5　送られた文字列をそのまま返戻する場合
public Mono<ServerResponse> handle1(ServerRequest req){
  return ServerResponse.ok().body(req.bodyToMono(String.class),String.
class);
}
```

リスト 10.20 では Body に文字列として送信されたデータを Mono クラスでラッピングして受け取り、そのまま返戻することでブロックをせずに返戻しています。最終的に I/O が発生するタイミングで実行されることになります。

Form から送信されたデータを受信する例

画面から送信されるデータは、Form から送信される場合と JSON を直接 Body として送信する場合の 2 種類があります。リスト 10.21 の例では Form から送信されたデータを直接扱います。Spring MVC での Form を取り扱う方法（「5.2 Form バインディング」参照）とは異なります。

▼ リスト10.21　Formから送信されたデータを受信する例

```
// サンプル 6　x-www-form-urlencoded によって Form 送信された場合
public Mono<ServerResponse> handle2(ServerRequest req){

  Mono<MultiValueMap<String,String>> form = req.formData();

  return ServerResponse.ok().body(form,new ParameterizedTypeReference
<MultiValueMap<String,String>>(){});
}
```

Form から送信されたデータは、Spring MVC と同様に MultiValueMap にマッピングされます。取得した値をそのまま JSON として戻しています。MultiValueMap は Generics を用いているため、body() メソッドの第 2 引数は ParameterizedTypeReference クラスを利用しています。

JSONが送信される場合

次は、BODYにJSON形式の文字列が送信されているサンプルです。

▼ リスト10.22　JSONが送信される場合

```
// サンプル7　BodyにJSONが送信される場合(POST)
// firstName、lastName、birthday(yyyyMMdd)を要素とするJSONを送信する
public Mono<ServerResponse> handle3(ServerRequest req){
  return ServerResponse.ok().body(req.bodyToMono(Data.class).
map(ConvetUtil::convert),Output.class);
}
```

アノテーションを用いた開発と同様に前述したDataクラス、ConvetUtilクラス、Outputクラスを用いています。Monoクラスのままストリーム処理と同様に処理する記述方法は、WebFluxらしい記述方法になると思います。

Router Function（サンプル5～7）

サンプル1～4と同様に、POST処理であるサンプル5～7の部分を1つの塊として考えてDemoPostHandlerクラスとしています。Router FuncitionとともにDemoPostHandlerクラスの全体を以下に記します。

▼ リスト10.23　DemoPostHandler

```
import com.bigtreetc.arch.chapterten.rest.common.io.Data;
import com.bigtreetc.arch.chapterten.rest.common.io.Output;
import com.bigtreetc.arch.chapterten.rest.common.util.ConvetUtil;
import org.springframework.core.ParameterizedTypeReference;
import org.springframework.stereotype.Component;
import org.springframework.util.MultiValueMap;
import org.springframework.web.reactive.function.server.*;
import reactor.core.publisher.Mono;

import java.time.LocalDate;
import java.time.format.DateTimeFormatter;
```

```
import java.time.temporal.ChronoUnit;

@Component
public class DemoPostHandler {

  // サンプル 5　送られた文字列をそのまま返戻する場合
  public Mono<ServerResponse> handle1(ServerRequest req){
    return ServerResponse.ok().body(req.bodyToMono(String.class),String.
class);
  }

  // サンプル 6　x-www-form-urlencoded によって Form 送信された場合
  public Mono<ServerResponse> handle2(ServerRequest req){

    Mono<MultiValueMap<String,String>> form = req.formData();

    return ServerResponse.ok().body(form,new ParameterizedTypeReference<
MultiValueMap<String,String>>(){});
  }

  // サンプル7　Body に JSON が送信される場合(POST)
  // firstName、lastName、birthday(yyyyMMdd) を要素とする JSON を送信する
  public Mono<ServerResponse> handle3(ServerRequest req){
    return ServerResponse.ok().body(req.bodyToMono(Data.class).
map(ConvetUtil::convert),Output.class);
  }

  public RouterFunction<ServerResponse> routerule(){
    return RouterFunctions.route(RequestPredicates.POST("/func/
sample5"),this::handle1)
        .andRoute(RequestPredicates.POST("/func/sample6"),this::handle2)
        .andRoute(RequestPredicates.POST("/func/sample7"),this::handle3);
  }
}
```

Flux の例

リスト 10.24 は、Flux の例として 0 から 24 を順番に送信するサンプルです。

▼ リスト10.24　Fluxの例

```
// サンプル 8　テキストストリームを出力する例
public Mono<ServerResponse> fluxHandler(ServerRequest req){

   Flux<Integer> stream = Flux.fromStream(IntStream.range(0,24).boxed());

   return ServerResponse.ok().contentType(MediaType.TEXT_EVENT_STREAM).
body(stream,Integer.class);
}
```

Router Function（サンプル 8）

前述のサンプルと同様に、本ハンドラを FluxDemoHandler クラスとしています。Router Funcition とともに FluxDemoHandler クラスの全体を以下に記します。

▼ リスト10.25　FluxDemoHandler

```
import org.springframework.http.MediaType;
import org.springframework.stereotype.Component;
import org.springframework.web.reactive.function.BodyInserters;
import org.springframework.web.reactive.function.server.*;
import reactor.core.publisher.Flux;
import reactor.core.publisher.Mono;

import java.util.stream.IntStream;

@Component
public class FluxDemoHandler {

   // サンプル 8　テキストストリームを出力する例
   public Mono<ServerResponse> fluxHandler(ServerRequest req){
```

```
    Flux<Integer> stream = Flux.fromStream(IntStream.range(0,24).
boxed());

    return ServerResponse.ok().contentType(MediaType.TEXT_EVENT_STREAM).
body(stream,Integer.class);
  }

  public RouterFunction<ServerResponse> routerule(){
    return RouterFunctions.route(RequestPredicates.GET("/func/
sample8"),this::fluxHandler);
  }
}
```

WebFluxを用いたWebアクセスの例

Spring MVCでは、RestTemplateを用いたWebアクセスに、WebFluxではノンブロックでアクセスするWebClientが提供されています。このWebClientを用いて、GitHubの公開APIを呼び出す例です。

▼ リスト10.26　WebFluxを用いたWebアクセスの例

```
// サンプル9　WebClientを使った例(GET)
public Mono<ServerResponse> handle1(ServerRequest req){

  WebClient webClient = WebClient.create(GITHUB_BASE_URL);

  // QueryStringにuserが含まれているかどうかをチェック
  Optional<String> userName = req.queryParam("user");
  if(!userName.isPresent()){
    return ServerResponse.ok().body(Mono.just("user is Required"),
String.class);
  }

  // 非同期呼び出し(ノンブロック)
  Mono<List<GitHubRepository>> values = webClient.get().
```

```
uri("users/"+userName.get()+"/repos")
        .retrieve()
        .bodyToMono(new ParameterizedTypeReference<List<GitHubReposito
ry>>(){});

  return ServerResponse.ok().body(values, new ParameterizedTypeReference
<List<GitHubRepository>>(){});
}
```

Router Function (サンプル9)

前述のサンプルと同様に、本ハンドラを ClientDemoHandler クラスとしています。Router Funcition とともに ClientDemoHandler クラスの全体を以下に記します。

▼ リスト10.27　ClientDemoHandler

```
import com.bigtreetc.arch.chapterten.rest.common.io.GitHubRepository;
import org.springframework.beans.factory.annotation.Value;
import org.springframework.core.ParameterizedTypeReference;
import org.springframework.stereotype.Component;
import org.springframework.web.reactive.function.client.WebClient;
import org.springframework.web.reactive.function.server.*;
import reactor.core.publisher.Mono;

import java.util.List;
import java.util.Optional;

/**
 * Created by taka on 2018/05/01.
 */
@Component
public class ClientDemoHandler {

  private static final String GITHUB_BASE_URL = "https://api.github.com";
```

```
  // サンプル9  WebClientを使った例(GET)
  public Mono<ServerResponse> handle1(ServerRequest req){

    WebClient webClient = WebClient.create(GITHUB_BASE_URL);

    // QueryStringにuserが含まれているかどうかをチェック
    Optional<String> userName = req.queryParam("user");
    if(!userName.isPresent()){
      return ServerResponse.ok().body(Mono.just("user is Required"),
String.class);
    }

    // 非同期呼び出し(ノンブロック)
    Mono<List<GitHubRepository>> values = webClient.get().
uri("users/"+userName.get()+"/repos")
        .retrieve()
        .bodyToMono(new ParameterizedTypeReference<List<GitHubReposito
ry>>(){});

    return ServerResponse.ok().body(values, new ParameterizedTypeReference
<List<GitHubRepository>>(){});
  }

  public RouterFunction<ServerResponse> routerule() {
    return RouterFunctions.route(RequestPredicates.GET("/func/sample9"),
this::handle1);
  }
}
```

リスト10.28は、GitHubのAPIに対する返戻値をマッピングするGitHubRepositoryにおいて、必要としている属性だけを取り出してマッピングをしています。

▼ リスト10.28 GitHubRepository

```
import com.fasterxml.jackson.annotation.JsonProperty;

public class GitHubRepository {

  private String id;

  @JsonProperty("full_name")
  private String fullName;

  @JsonProperty("open_issues_count")
  private int issueCount;

  public String getId() {
    return id;
  }

  public void setId(String id) {
    this.id = id;
  }

  public String getFullName() {
    return fullName;
  }

  public void setFullName(String fullName) {
    this.fullName = fullName;
  }

  public int getIssueCount() {
    return issueCount;
  }

  public void setIssueCount(int issueCount) {
```

```
    this.issueCount = issueCount;
  }
}
```

@JsonProperty アノテーションを用いて、返戻値の JSON を本クラスにマッピングしています。

全体のルーティング設定

最後にそれぞれの Router Funcition を統合する、Bean を設定するクラスを定義します。

▼ リスト10.29　RouteHandler

```
import com.bigtreetc.arch.chapterten.rest.func.ClientDemoHandler;
import com.bigtreetc.arch.chapterten.rest.func.DemoGetHandler;
import com.bigtreetc.arch.chapterten.rest.func.DemoPostHandler;
import com.bigtreetc.arch.chapterten.rest.func.FluxDemoHandler;
import org.springframework.context.annotation.Bean;
import org.springframework.stereotype.Component;
import org.springframework.web.reactive.function.server.RouterFunction;
import org.springframework.web.reactive.function.server.ServerResponse;

@Component
public class RouteHandler {

  private DemoGetHandler demoGetHandler;
  private DemoPostHandler demoPostHandler;
  private FluxDemoHandler fluxDemoHandler;
  private ClientDemoHandler clientDemoHandler;

  public RouteHandler(DemoGetHandler getHandler,
        DemoPostHandler postHandler,
        FluxDemoHandler fluxHandler,
        ClientDemoHandler clientHandler) {
    this.demoGetHandler = getHandler;
    this.demoPostHandler = postHandler;
```

```
        this.fluxDemoHandler = fluxHandler;
        this.clientDemoHandler = clientHandler;
    }

    @Bean
    public RouterFunction<ServerResponse> route(){
        return this.demoGetHandler.routerule()
            .and(demoPostHandler.routerule())
            .and(fluxDemoHandler.routerule()
            .and(clientDemoHandler.routerule())
            );
    }
}
```

RouterFunction<ServerResponse> を返戻する Bean（@ Bean で指定）を作ることで、Spring に関数型の WebFlux の処理があることを設定します。ここではコンストラクタインジェクションを使って、各ハンドラのインスタンスをインジェクションし、それぞれのハンドラで定義しているルートメソッドをルールとして連結してルーティングを実現しています。

本 chapter では、今後重要となる WebFlux の概要を、サンプルを見ながら説明しました。

ローカル開発環境の構築について

ローカル開発環境の構築について

本書では、Spring/Spring Bootをある程度知っている方を読者として想定していますが、サンプルプロジェクトの開発環境を構築して実際に触ってもらうことで、Springの公式チュートリアルとの違いを把握したり、少し応用してみたいと思った方や、これからSpring Bootを触り始める方にも参考になると考えています。

なお、以降のサンプルプロジェクトの開発環境構築には複数のソフトウエアが必要になります。これらのソフトウエアのイントールについてのインストールオプションは特記事項の記載がない場合、デフォルト設定でインストールしてください。

11.1 Gitのインストール

サンプルプロジェクトは、ソフトウエア開発のプラットフォームのGitHubでOSSとして公開されています。GitHubは、Gitを用いたソフトウエア開発プロジェクトのための共有Webサービスです。

Gitをダウンロードページ注1からダウンロードして、インストールしておきましょう。インストール後、git --versionコマンドが正常に動作することを確認し、サンプルプロジェクトのダウンロードに進みましょう。

▼ リスト11.1　gitバージョン表示

```
$ git --version
git version 2.18.0.windows.1
```

※注1　Gitのダウンロードページ URL https://git-scm.com/downloads/

11.2 サンプルプロジェクトのダウンロード

サンプルプロジェクトは、GitHubのプロジェクトURL[注2]から入手できます。プロジェクトの配置先は任意の場所で問題ありませんが、日本語を含むパスに配置すると誤動作が生じる場合があるので注意してください。

配置先を確認したらgit cloneコマンドを実施し、サンプルプロジェクトをダウンロードしましょう。

▼ リスト11.2　サンプルプロジェクトの入手（git clone）

```
$ git clone https://github.com/miyabayt/spring-boot-doma2-sample.git
Cloning into 'spring-boot-doma2-sample'...
remote: Counting objects: 3713, done.
remote: Compressing objects: 100% (298/298), done.
remote: Total 3713 (delta 152), reused 437 (delta 95), pack-reused 3155
Receiving objects: 100% (3713/3713), 13.08 MiB | 531.00 KiB/s, done.
Resolving deltas: 100% (1491/1491), done.
```

サンプルプロジェクトのブランチ設定

サンプルプロジェクトは、継続して開発を進めています。また、サービス提供用のコードでもありません。このため、最新版のプログラムには一部不具合が含まれている可能性があります。

本書では、動作確認済みバージョンのプログラムを取得するため、git checkoutコマンドを実施しましょう。なお、対象のブランチは2018_springbootbookです。

▼ リスト11.3　サンプルプロジェクトの作業スペース切り替え（git checkout）

```
$ git checkout 2018_springbootbook
Branch '2018_springbootbook' set up to track remote branch '2018_
springbootbook' from 'origin'.
```

※注2　サンプルプロジェクトのリポジトリ　URL　https://github.com/miyabayt/spring-boot-doma2-sample

```
Switched to a new branch '2018_springbootbook'
```

11.3 Dockerのインストール

Dockerのインストールは必須ではありませんが、サンプルプロジェクトを動かすためにMySQLサーバーに接続する必要があります。ここではDockerを使ってMySQLコンテナを起動する手順を説明します。

ここでは、無償版のDocker Community Editionを利用するので、ダウンロードページ[注3]から利用しているOS向けのDockerをダウンロードしてください。本書執筆時点では、ダウンロードするためにユーザー登録が必要になっているので、注意してください。

ダウンロードが完了したらインストーラーを実行してインストールしましょう。

なお、Windowsの場合、Docker Community Editionのインストール要件は、Windows 10 ProまたはWindows 10 Enterpriseです。本要件を満たさない場合はDocker Toolboxを代わりにインストールしてください。なお、Docker Toolboxを利用する場合、インストール後、「Docker Quickstart Terminal」を実行し、Dockerを起動してください。

インストール後、リスト11.4のとおりDockerコマンドが正常に動作することを確認し、JDKのインストールに進みましょう。

▼ リスト11.4　Dockerのインストール確認

```
$ docker --version
Docker version 18.03.0-ce, build 0520e24302

$ docker-compose --version
docker-compose version 1.20.1, build 5d8c71b2

$ docker ps
CONTAINER ID        IMAGE                   COMMAND
CREATED             STATUS                  PORTS                   NAMES
```

※注3　Dockerのダウンロードページ URL https://store.docker.com/

11.4 JDKのインストール

JDK のバージョンは、本書の執筆時点（2018 年 10 月）の最新版の JDK 11 を用います。なお、JDK 8 については、「コラム JDK 8 でビルドする場合」を参照してください。

まず、JDK をダウンロードするため、JDK の配布ページ※注4 を開いて、JDK 11 をダウンロードしてください。ダウンロード後、ダウンロードした zip を右クリックして解凍します。展開したファイルの bin フォルダ（例 C:\jdk-11.0.1\bin）を環境変数の Path に追加しましょう。

環境変数の設定後、リスト 11.5 のとおり java -version コマンドが正常に動作することを確認し、IDE のインストールに進みましょう。

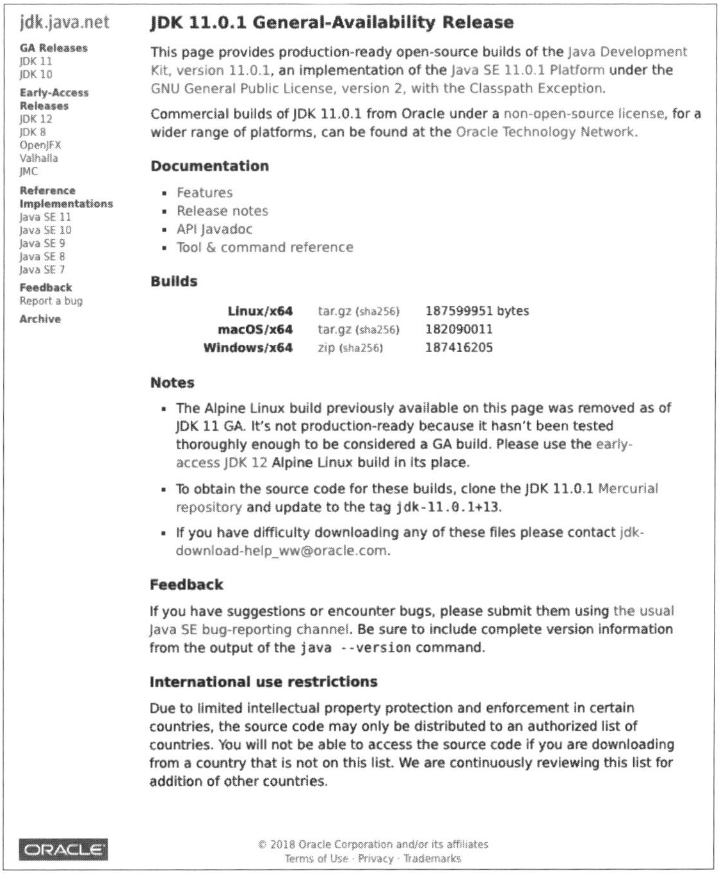

jdk.java.net

GA Releases
JDK 11
JDK 10
Early-Access Releases
JDK 12
JDK 8
OpenJFX
Valhalla
JMC
Reference Implementations
Java SE 11
Java SE 10
Java SE 9
Java SE 8
Java SE 7
Feedback
Report a bug
Archive

JDK 11.0.1 General-Availability Release

This page provides production-ready open-source builds of the Java Development Kit, version 11.0.1, an implementation of the Java SE 11.0.1 Platform under the GNU General Public License, version 2, with the Classpath Exception.

Commercial builds of JDK 11.0.1 from Oracle under a non-open-source license, for a wider range of platforms, can be found at the Oracle Technology Network.

Documentation

- Features
- Release notes
- API Javadoc
- Tool & command reference

Builds

Linux/x64	tar.gz (sha256)	187599951 bytes
macOS/x64	tar.gz (sha256)	182090011
Windows/x64	zip (sha256)	187416205

Notes

- The Alpine Linux build previously available on this page was removed as of JDK 11 GA. It's not production-ready because it hasn't been tested thoroughly enough to be considered a GA build. Please use the early-access JDK 12 Alpine Linux build in its place.
- To obtain the source code for these builds, clone the JDK 11.0.1 Mercurial repository and update to the tag `jdk-11.0.1+13`.
- If you have difficulty downloading any of these files please contact jdk-download-help_ww@oracle.com.

Feedback

If you have suggestions or encounter bugs, please submit them using the usual Java SE bug-reporting channel. Be sure to include complete version information from the output of the `java --version` command.

International use restrictions

Due to limited intellectual property protection and enforcement in certain countries, the source code may only be distributed to an authorized list of countries. You will not be able to access the source code if you are downloading from a country that is not on this list. We are continuously reviewing this list for addition of other countries.

ORACLE

© 2018 Oracle Corporation and/or its affiliates
Terms of Use · Privacy · Trademarks

図 11.1　JDK 11 の配布ページ

※注4　JDK の配布ページ URL https://jdk.java.net/11/

▼ リスト11.5 JDKのインストール確認

```
$ java -version
openjdk version "11.0.1" 2018-10-16
OpenJDK Runtime Environment 18.9 (build 11.0.1+13)
OpenJDK 64-Bit Server VM 18.9 (build 11.0.1+13, mixed mode)
```


11.5 IDEのインストール

Spring Bootを使った開発ではEclipseベースのSpring Tool Suite（STS）を利用するケースがよくありますが、本書では筆者が好んで使っているIntelliJ IDEA（以降はIntelliJと表記）の使い方を説明します。IntelliJはチェコに本社を置くJetBrains社が提供する統合開発環境で、最近の統計ではEclipseよりも多い割合で利用されています。

まず、インストーラーをダウンロードするためにダウンロードページ[注5]を開きます。IntelliJには、有償版のUltimate Editionと無償版のCommunity Edition（CE）があります。無償版を利用する場合は、利用しているOSを選択した上で、右側のDownloadボタンを押してダウンロードしてください。JDK 11については、バージョン 2018.2以降のサポートとなっています。2018.2以前のバージョンを利用している場合、IntelliJをアップデートしましょう。

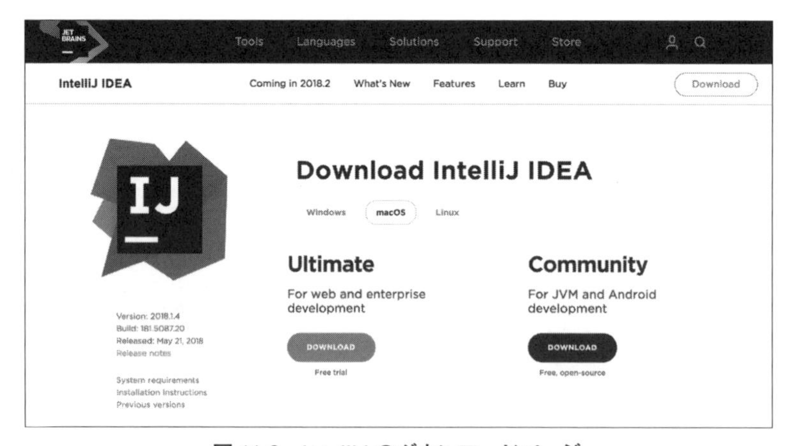

図11.2 IntelliJのダウンロードページ

※注5 IntelliJのダウンロードページ URL https://jdk.java.net/11/

IntelliJの設定

インストールが完了したらIntelliJを起動して、以下の初期設定を行います。

JDKをIntelliJに登録する

はじめに、前節でインストールしたJDKをIntelliJで扱えるように登録します。

図11.3　Welcome to IntelliJ IDEAウィンドウ

Welcome to IntelliJ IDEAウィンドウの右下にある「Configure」から「Project Defaults」→「Project Structure」の順に開いてください。

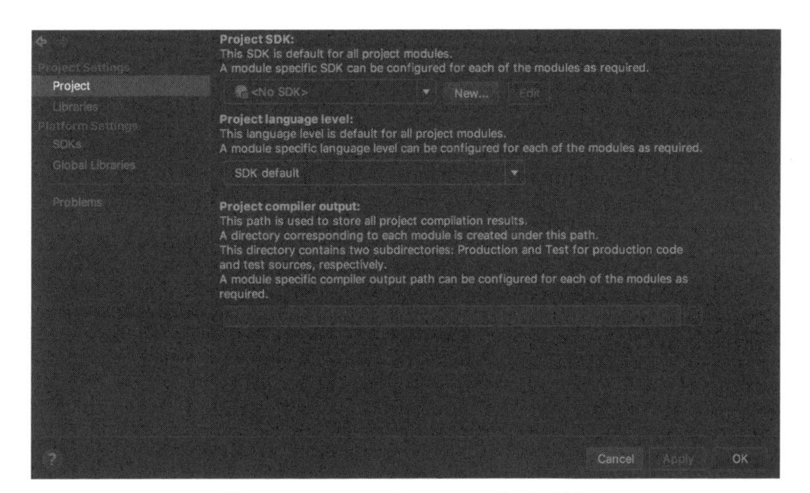

図11.4　Project Structureウィンドウ

Project Structure ウィンドウの「Project SDK」が赤い文字で「No SDK」になっている場合は、「New...」ボタンを押して、「+JDK」を選択します。するとディレクトリ選択画面が表示されるので、インストールしたJDK のインストール先（C:\jdk-11.0.1 など）を選択してください。

なお、Mac での JDK のインストール先は、/Library/Java/JavaVirtualMachines/jdk-11.0.1.jdk/Contents/Home/ です。Mac の場合は、JDK のディレクトリ選択画面で上述のパスを選択してください。

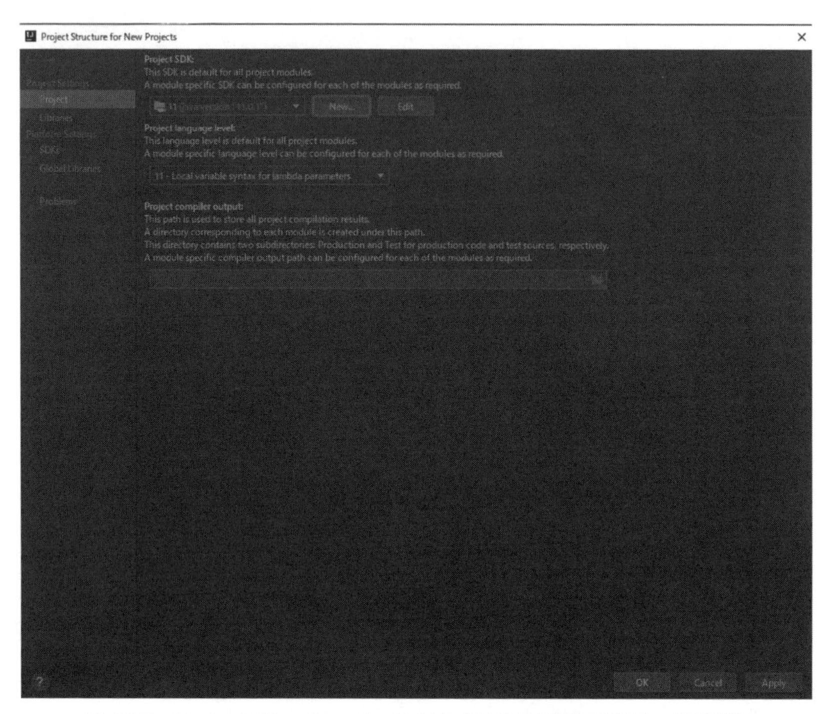

図 11.5　Project Structure ウィンドウ（JDK の登録が終わった状態）

正しく設定ができた場合は、「Project SDK」が「11（java version "11.0.1"）」のように「No SDK」ではなくなっていることが確認できるので、「OK」を押して設定を完了します。

Column JDK 8への対応について

Oracle JDKは、2017年9月以前は無償で利用できていましたが、リリースモデルの変更[注6]により有償サポート（Oracle Premier Support）を購入しないと、パッチ提供（セキュリティアップデートなど）を継続して（JDK 8のサポート終了は2019年1月[注7]）受けられないようになりました。

上述の変更により、本書で扱うサンプルプロジェクトはJDK 11を対象にしていますが、JDK 8でもビルドできます。

JDK 8でビルドするためには、リスト11.6のとおりbuild.gradleのsourceCompatibilityとtargetCompatibilityを修正しましょう。

▼ リスト11.6　コンパイルオプション（JDK 8）の指定（build.gradle）

```
sourceCompatibility = 1.8
targetCompatibility = 1.8
```

build.gradleの修正の後、図11.12のとおりbootRunタスクを実行するとサンプルアプリケーションが起動できます。

Annotation Processorの有効化

サンプルプロジェクトではLombokを利用しているので、IntelliJのAnnotation Processorを有効化する必要があります。「Welcome to IntelliJ IDEA」ウィンドウの右下にある「Configure」から「Settings」（Macでは「Preferences」）を開き、「Build, Execution, Deployment」→「Compiler」→「Annotation Processors」の順に開いてください。

※注6　JDKの新しいリリース・モデルおよび提供ライセンスについて URL https://www.oracle.com/technetwork/jp/articles/java/ja-topics/jdk-release-model-4487660-ja.html

※注7　Oracle Java SEサポート・ロードマップ URL https://www.oracle.com/technetwork/jp/java/eol-135779-ja.html

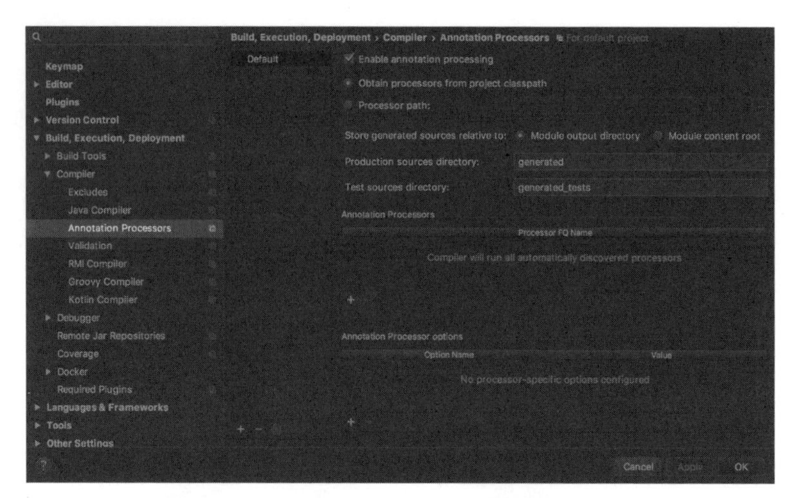

図 11.6　Annotation Processors 設定ウィンドウ

設定ウィンドウの一番上にある「Enable annotation prosessing」にチェックを付けます。

プラグインのインストール

続いて必要になるプラグインをインストールします。Settings ウィンドウ（Mac では Preferences ウィンドウ）の「Plugins」を選択して、「Browse repositories...」ボタンを押します。

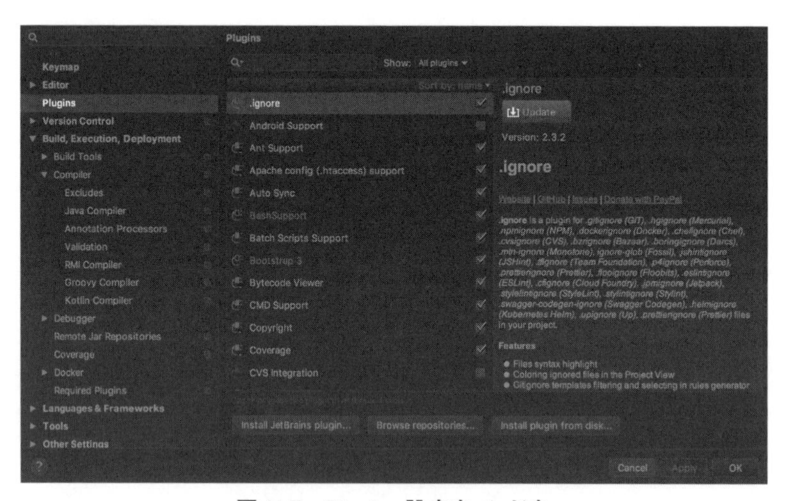

図 11.7　Plugins 設定ウィンドウ

検索キーワードに「lombok」と入力すると、「Lombok Plugin」がリストに出てくるので、選択してから「Install」ボタンを押します。

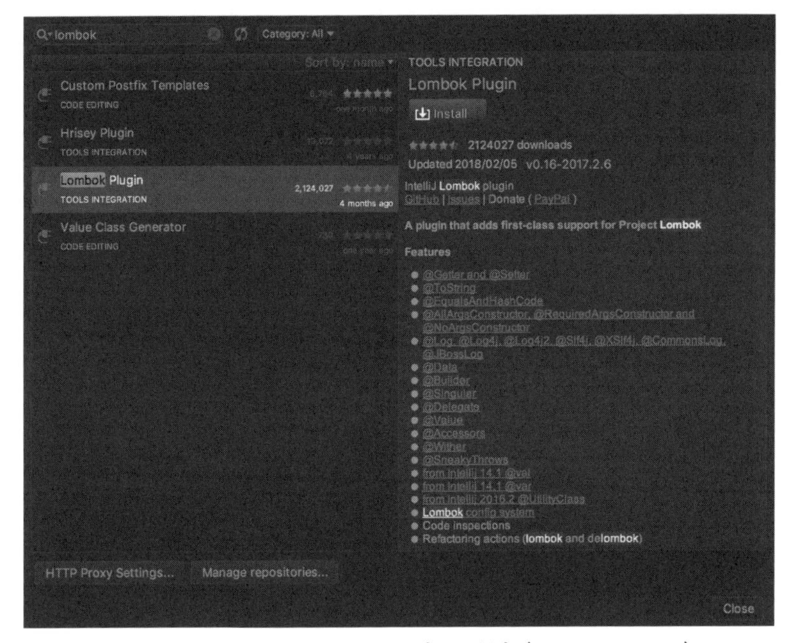

図 11.8　Browse Repositories ウィンドウ（Lombok Plugin）

Windows 版の IntelliJ の設定

Windows 版の IntelliJ の場合は、コンソールに出力されるログに文字化けが生じるため、以下の設定を行ってください。

① IntelliJ のメニューから「Configure」→「Edit Custom VM Options…」を選択する。
② 設定ファイルを作成するパスを問われるので、「YES」を選択する。
③ エディタで設定ファイルが開かれるので、「-Dfile.encoding=UTF-8」を最後の行に追加する。
④ IntelliJ を再起動する。

IDEでサンプルプロジェクトを開く

Welcome to IntelliJ IDEA ウィンドウの「Import Project」を押して、git から clone した際のディレクトリを選択してください。

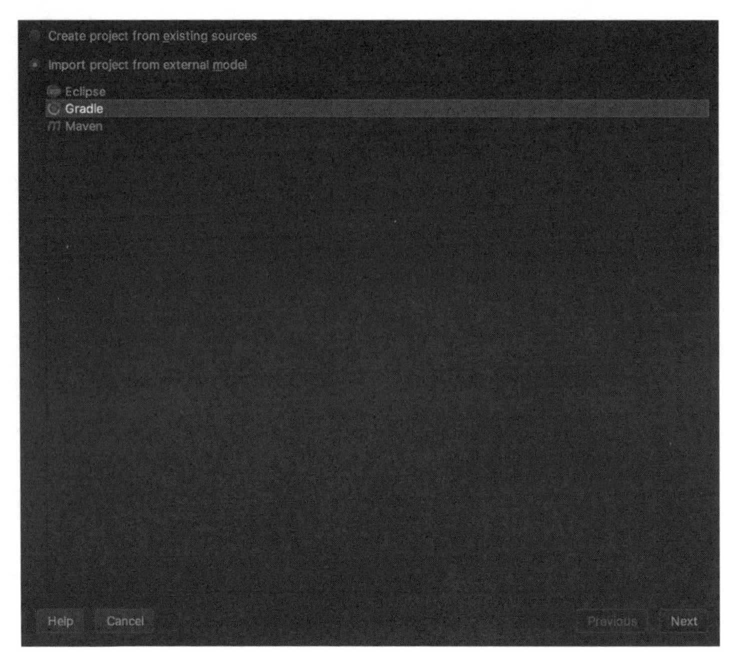

図 11.9　Import Project ウィンドウ

「Import project from external model」の「Gradle」が選ばれている状態にしてから「Next」ボタンを押します。

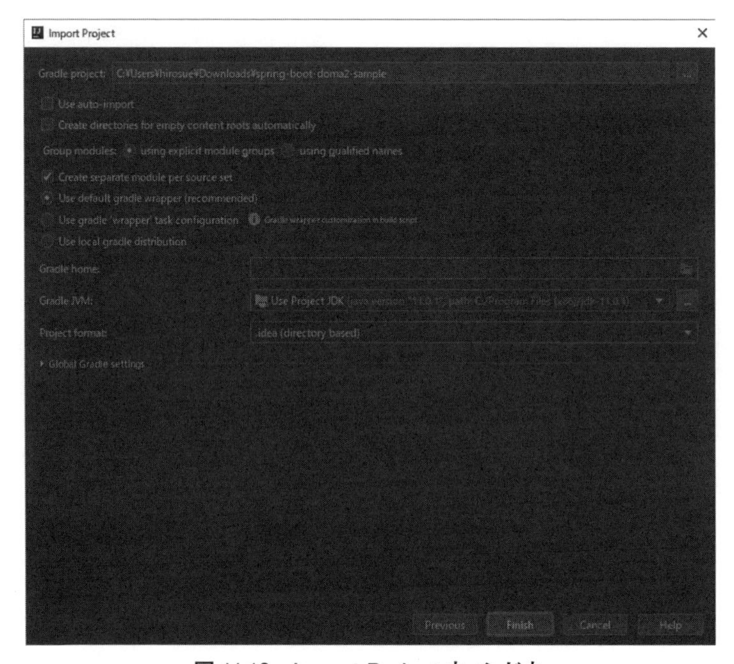

図 11.10　Import Project ウィンドウ

Gradle プロジェクトとして開く場合は、以下の項目にチェックを付けてください。

- **Use auto-import**
- **Create directories for empty content roots automatically**

「Gradle JVM」には、Project SDK として登録した JDK を選択してください。最後に「Finish」ボタンを押します。

アプリケーションを起動する

MySQL コンテナの起動

Gradle ウィンドウから Tasks → docker → composeUp タスクを実行します。

なお、Gradle ウィンドウが表示されていない場合は、「View」→「Tool Windows」→「Gradle」を選択することで表示させることができます。

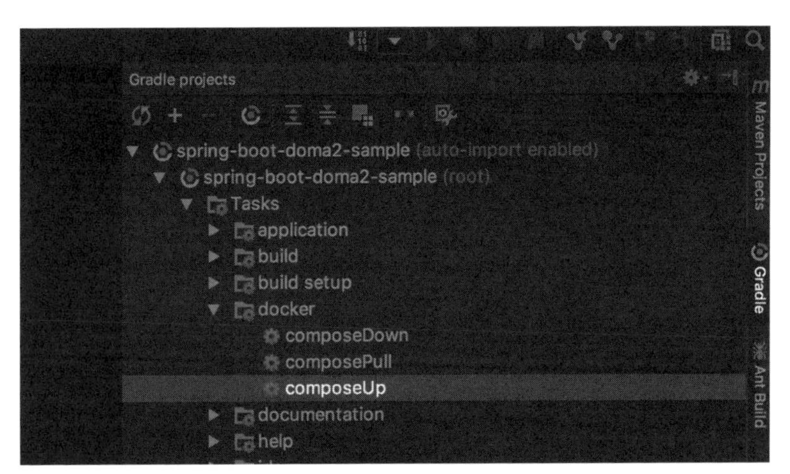

図 11.11　Gradle ウィンドウから Docker コンテナを起動する

「BUILD SUCCESSFUL」と表示されたら、MySQL コンテナの起動は成功しています。

sample-web-admin の起動

Gradle ウィンドウから sample-web-admin → Tasks → application → bootRun タスクを実行します。

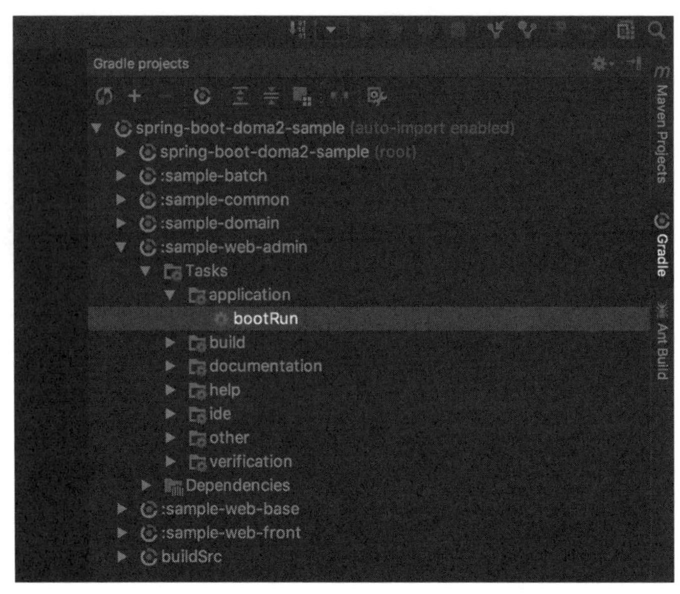

図 11.12　Gradle ウィンドウからアプリケーションを起動する

正しく起動できている場合は、以下のようにログが出力されます。

▼ リスト11.7　アプリケーションを起動したときのログ出力

```
(……省略……) : Jetty started on port(s) 18081 (http/1.1)
(……省略……) : Started Application in 15.24 seconds (JVM running for 17.079)
```

ここでは、ポートが 18081 で起動していることが確認できるので、ブラウザで「http://localhost:18081/admin」にアクセスすると、ログイン画面が表示されるはずです。

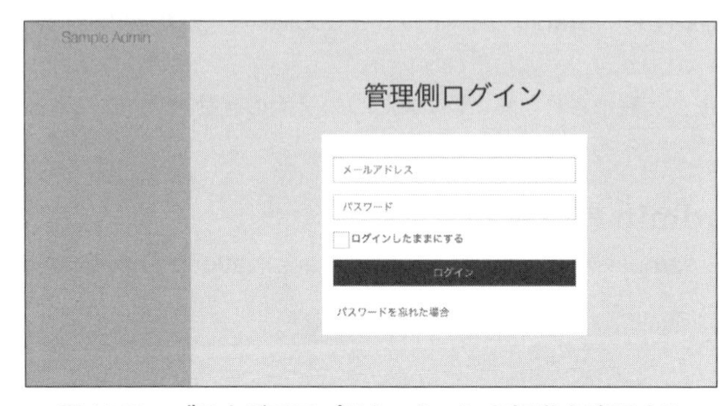

図 11.13　ブラウザでアプリケーションの起動を確認する

Docker Toolbox の場合のデータベース接続設定

Docker Toolbox を利用する場合、データベースの接続先を変更する必要があります。まず、コマンドプロンプトから docker-machine ls コマンドを実施し、Docker の IP アドレスを確認します。

▼ リスト11.8　DB接続先の変更（application-local.yml）

```
$ docker-machine ls
NAME      ACTIVE    DRIVER    STATE     URL
SWARM     DOCKER    ERRORS
default   *        virtualbox   Running   tcp://192.168.99.100:2376
v18.05.0-ce
```

確認した IP アドレスをもとに、sample-web-admin/src/main/resources/application-local.yml の DB 接続先をリスト 11.9 のとおり変更します。

▼ リスト11.9　DB接続先の変更（application-local.yml）

```
 1: spring:
 2:  profiles: local
 3:  messages:
 4:   cache-seconds: -1
 5:  datasource:
 6:   platform: mysql
 7:   driver-class-name: com.mysql.jdbc.Driver
 8:   # url: jdbc:mysql://127.0.0.1:3306/sample?useSSL=false&characterEnco
ding=UTF-8        # <---- 変更前
 9:   url: jdbc:mysql://192.168.99.100:3306/sample?useSSL=false&characterE
ncoding=UTF-8  # <---- 変更後
```

Column bootRunがエラーとなる場合の対処（データベースの再構築）

本サンプルプロジェクトでは、DBマイグレーション機能（Flyway、chapter7で詳細を解説）を採用しています。本サンプルプロジェクトのインストール検証の際、リスト11.10のようなエラーが発生し、DBマイグレーションが失敗する事象を確認しています。

▼ リスト11.10　アプリケーションの起動エラー（DBマイグレーション）

```
org.springframework.beans.factory.BeanCreationException: Error
creating bean with name 'flywayInitializer' defined in class path
resource [org/springframework/boot/autoconfigure/flyway/FlywayAuto
Configuration$FlywayConfiguration.class]: Invocation of init method
failed; nested exception is org.flywaydb.core.api.FlywayException:
Validate failed: Detected failed repeatable migration: 6 insert
permissions}
```

DBマイグレーション修正の本来の手続きでは、Flyway公式サイト[注8]のとおりrepairして再度マイグレーションする必要がありますが、本プロジェクトでは、データベースにコンテナ技術を採用しているため、エラーが発生した場合は、リスト11.11のとおりDBコンテナを破棄および再構築し、再度アプリケーションを実行することでトラブルシュートの時間を短縮できます。

▼ リスト11.11　データベース再構築

```
$ pwd
/path/to/directory/spring-boot-doma2-sample/docker
$ docker ps
CONTAINER ID      IMAGE  COMMAND
CREATED    STATUS PORTS  NAMES
d044cd260c65        docker_mysql        "docker-entrypoint.s…"
3 weeks ago         Up 10 hours         0.0.0.0:3306->3306/tcp
docker_mysql_1
$ docker kill docker_mysql_1 && docker rm docker_mysql_1
$ docker-compose up -d
```

※注8　Flyway Repair URL https://flywaydb.org/documentation/command/repair

```
Creating docker_mysql_1 ... done
$ docker ps
CONTAINER ID      IMAGE  COMMAND
CREATED    STATUS PORTS  NAMES
afc9e4dbe8ab        docker_mysql        "docker-entrypoint.s…"
3 seconds ago       Up 12 seconds        0.0.0.0:3306->3306/tcp
docker_mysql_1
```

サンプルアプリについて

chapter 12

サンプルアプリについて

サンプルプロジェクトは、以下 Web アプリケーションを内包しています。

- ユーザーにサービス提供するアプリケーション（sample-web-front）
- サービス提供に付随する管理アプリケーション（sample-web-admin）

ここでは、chapter11 でセットアップした「サービス提供に付随する管理アプリケーション（sample-web-admin）」（以降は「管理アプリケーション」と略す）の利用方法を説明します。

12.1 管理アプリケーションが提供する機能

管理アプリケーションは以下の機能を提供しています。

- 顧客管理（顧客マスタ）
- システム設定（担当者マスタ）
- システム設定（祝日マスタ）
- システム設定（メールテンプレート）
- システム設定（ファイル管理）
- システム設定（ロール管理）

12.2 管理アプリケーションの利用方法

管理アプリケーションの簡単な使い方を説明します。

① ログイン
② システム担当者のパスワード変更

ログイン

ブラウザで「http://localhost:18081/admin」にアクセスします。

図 12.1 のとおりログイン画面が表示され、以下ログイン情報を入力すると、トップ画面（図 12.2）に遷移します。

表 12.1　ログイン情報

ログインID	パスワード
test@sample.com	passw0rd

図 12.1　ログイン画面

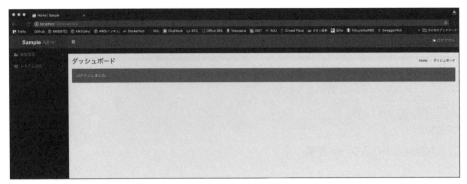

図 12.2　トップ画面

〉 システム担当者のパスワード変更

左のグローバルメニューよりシステム設定→担当者マスタを選択し、担当者管理画面を開きます。

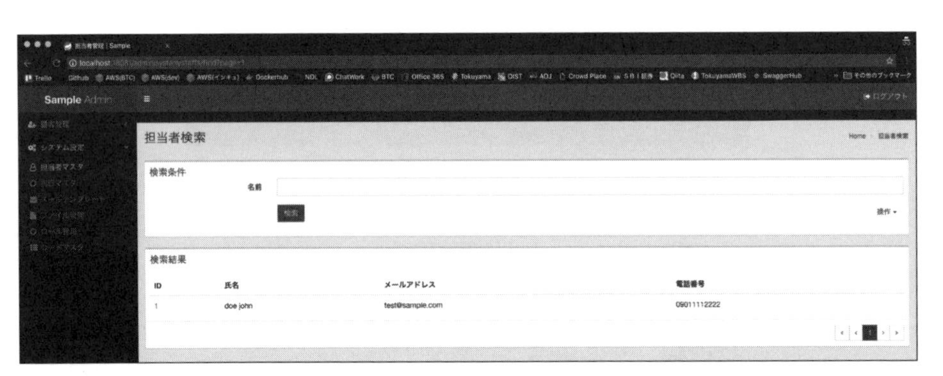

図 12.3　担当者管理画面

担当者検索結果一覧の ID 項目はリンクになっています。「1」のリンクをクリックすると、担当者詳細画面に遷移します。

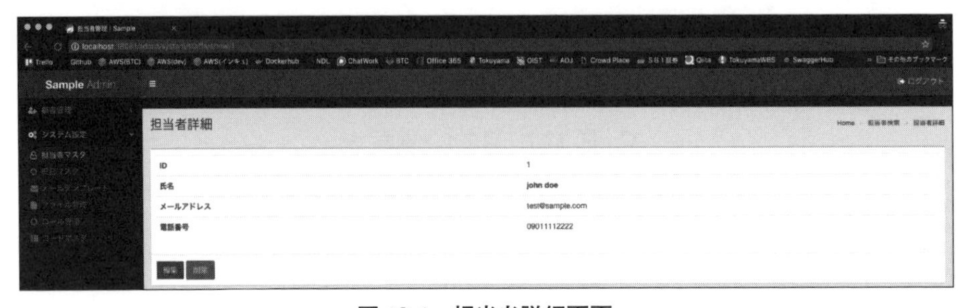

図 12.4　担当者詳細画面

担当者詳細画面でパスワードをデフォルトから変更し、右上のログアウトボタンをクリックし、ログイン画面に移動します。

図 12.5　担当者編集画面

変更したパスワードを入力して再度ログインし、変更したパスワードが有効になっていることを確認してください。

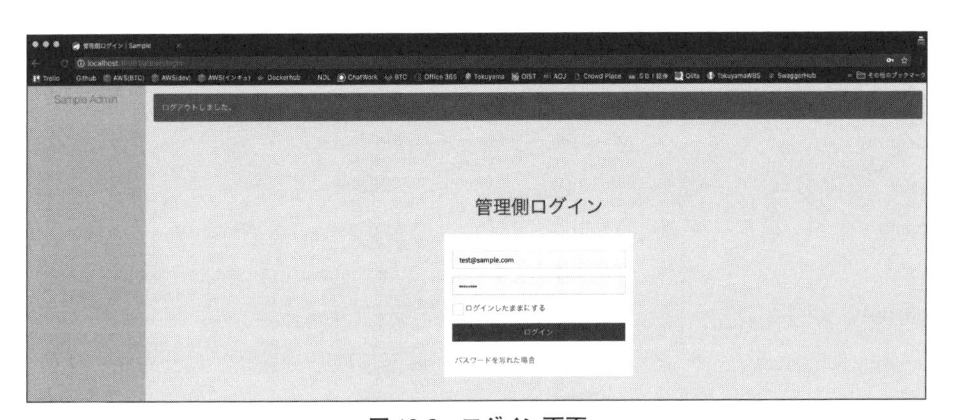

図 12.6　ログイン画面

その他の機能の利用方法は、サンプルプロジェクトのソースコードを、本書を参考に確認してください。

なお、サンプルプロジェクトはオープンソースとなっているため、提供するバージョンによっては、提供している機能が一部正常動作しないこともあります。上述の場合は、PullRequest や Issue で対応してください。

INDEX

INDEX

INDEX

INDEX

索引

Profile

著者：廣末 丈士（ひろすえ たけし）

株式会社ビッグツリーテクノロジー＆コンサルティング アーキテクチャグループ マネージャー。

10年以上にわたりJavaを用いたオープン系のシステム開発に従事。直近ではSpring BootをバックエンドとしたSPA（Vue.js/AngularJS）構成の開発プロジェクトのテックリードとして日々奮闘中。業種を問わず多種多様なクライアントの課題に対して、コスト対効果、利便性対セキュリティなど、バランスを重視したソリューションの提供に強みを持つ。

自身のプロジェクト開発基盤の整備だけでなく、社内プロジェクト開発のサポートや社外への情報発信にも注力している。

［第5章～第9章、第12章を担当］

著者：宮林 岳洋（みやばやし たけひろ）

株式会社ビッグツリーテクノロジー＆コンサルティング アーキテクチャグループ マネージャー。

10年以上にわたりWeb系システムの開発・運用に従事。前職では高トラフィック大規模ECシステムの開発・運用に携わり、自動テスト基盤の構築と運用コストの削減に寄与。また、開発内製化の支援、システム監視の適正化支援、自動テスト導入などのコンサルティング業務を経験。

複雑な業務アプリケーションや自社インターネットサービスの開発、高トラフィックのシステム設計・運用、AWSなどクラウドを用いたサービス構築、Java／Node.jsを用いたサーバーサイドアプリケーションの開発に強みを持つ。

アーキテクチャグループのマネージャとして、Spring Bootを用いた開発基盤の整備をリードし、実プロジェクトにも多数適用。

［第1章～第4章、第11章を担当］

監修者：高安 厚思（たかやす あつし）

株式会社ビッグツリーテクノロジー＆コンサルティング アーキテクチャグループ リード。

アーキテクトとしての活動を通し『StrutsによるWebアプリケーションスーパーサンプル』シリーズ、『Seasar入門』『サーブレット/JSPプログラミングテクニック 改訂版』（ともに共著、ソフトバンククリエイティブ刊）などの執筆や、雑誌『日経SYSTEMS』などへの寄稿を行っている。

アーキテクチャ構築に関する研究と啓蒙およびクラウド・AIなどへの最新技術の適応研究・実践に多忙な日々を送りながら、休日はもっぱらAKB48（とくにチーム8）／NMB48のDVDを観て過ごしている。

東京大学工学部非常勤講師。SQuBOK設計開発領域担当委員。

［全体監修と第10章を担当］

現場至上主義
Spring Boot2徹底活用

2018年12月14日　初版第1刷発行

著　者　廣末 丈士／宮林 岳洋
監修者　高安 厚思
発行人　片柳 秀夫
編集人　三浦 聡
発行所　ソシム株式会社
http://www.socym.co.jp/
〒101-0064
東京都千代田区神田猿楽町1-5-15
猿楽町SSビル3F
TEL　03-5217-2400（代表）
FAX　03-5217-2420

印刷・製本　音羽印刷株式会社

STAFF
ブックデザイン　アダチヒロミ（アダチ・デザイン研究室）
編　集　三津田 治夫（株式会社ツークンフト・ワークス）

定価はカバーに表示して有ります。
落丁・乱丁は弊社販売部までお送りください。送料弊社負担にてお取り替えいたします。

ISBN978-4-8026-1185-5 Printed in Japan